混凝土建筑结构施工设计

赵挺生　蔡明桥　李树逊　方向明　编著

中国建筑工业出版社

图书在版编目（CIP）数据

混凝土建筑结构施工设计/赵挺生等编著．—北京：中国建筑工业出版社，2004
ISBN 7-112-06416-3

Ⅰ．混...　Ⅱ．赵...　Ⅲ．混凝土结构—混凝土施工
Ⅳ．TU755

中国版本图书馆 CIP 数据核字（2004）第 027839 号

本书针对钢筋混凝土建筑施工短暂状况，阐述早龄期混凝土结构与模板支撑体系共同作用机理、早龄期混凝土结构施工设计验算方法以及临时结构设计方法，对控制钢筋混凝土结构施工倒塌事故、施工质量和安全性具有参考价值。

本书可作为建筑施工企业施工组织设计、钢筋混凝土结构施工短暂状况设计验算科学研究以及规范制定人员参考。

*　*　*

责任编辑：郦锁林
责任设计：彭路路
责任校对：张　虹

混凝土建筑结构施工设计
赵挺生　蔡明桥　李树逊　方向明　编著
*
中国建筑工业出版社出版、发行（北京西郊百万庄）
新　华　书　店　经　销
北京云浩印刷有限责任公司印刷
*
开本：850×1168 毫米　1/16　印张：11　字数：303 千字
2004 年 6 月第一版　2005 年 4 月第二次印刷
印数：3501—5000 册　定价：**22.00** 元
ISBN 7-112-06416-3
TU・5665（12430）

本社网址：http：//www.china-abp.com.cn
网上书店：http：//www.china-building.com.cn

前　言

近年来，我国建筑工程质量事故呈现上升趋势，不断发生房屋倒塌、公路塌陷、桥梁跨塌等恶性工程事故，引起全社会关注。党中央国务院多次指示，要求加强建设项目管理，确保建设工程质量。2003年11月24日，国务院颁布了《建设工程安全生产管理条例》(国务院令第393号)，并于2004年2月1日实施。

目前，建筑结构设计理论，是针对既定的结构对象，混凝土达到28d设计强度设计的结构物，承受设计规定的使用荷载；而施工阶段，新浇筑的混凝土重量及施工荷载，是由模板支撑和已浇好但处于养护期的混凝土梁和板所组成的临时承载系统承担，这个承载体系是一个时变结构体系，其材料性能、结构体系的形式和受力状态，都随时间而变化。施工阶段，现浇混凝土强度仍处于低于28d强度的发展期，所承受的施工荷载有时会超过正常使用的设计荷载，结构失效模式会发生改变。按适筋梁设计的钢筋混凝土构件，在施工阶段可能表现为超筋梁，由此造成施工期支模与混凝土时变结构可靠指标严重偏低。

施工阶段，现浇混凝土结构的高事故率，既反映了工程系统失效的客观规律一制造和老化阶段失效概率高，正常使用阶段失效概率低，也表明现行设计理论和方法对施工阶段现浇混凝土结构安全性分析，尚缺足够重视或者说现行设计理论还不够完善。

钢筋混凝土结构施工阶段设计是一个全新的领域，是混凝土结构设计与施工技术相融合的一门交叉学科。它是以结构力学、钢筋混凝土结构设计理论、施工技术、模板工程等学科为理论基础，以钢筋混凝土结构施工阶段现场实测、实验室试验、工程事故分析为技术支持。

本书依据作者多年的研究成果，结合钢筋混凝土结构施工实践编撰而成。第一章～第七章、附录B，由赵挺生、蔡明桥编著；第八章由赵挺生、李树逊编著；第九章～第十一章、附录A由李树逊、方向明、高升伟、丁竞炜、万龙安编著，全书由赵挺生、蔡明桥主编。字里行间凝聚着作者的博士导师张誉教授、顾祥林教授和博士后合作导师方东平教授的心血，在此表示感谢。

上海市浦东新区建设（集团）有限公司对本书中施工阶段现场实测试验及本书的出版给予了全力支持，上海市浦东新区建设主管部门和相关施工单位也给予了支持和关心，在此一并表示感谢。

感谢中国博士后科学研究基金的资助。

限于我们的水平，书中不当之处在所难免，敬请读者批评指正。

目　录

第一章 建筑工程质量事故概述

第一节 概 述

建筑物从开始施工建造到投入使用，再到使用若干年后进入老化维修阶段的整个生命周期过程中，施工阶段因结构的不完整性、所受荷载的复杂性，以及结构抗力的不成熟性，导致结构的平均风险率最高，失效概率最大，如图 1-1 所示。

现浇混凝土结构施工，通常采用一层或多层模板支撑、二次支撑，承担新浇筑的楼层混凝土结构的重力荷载和施工活荷载。模板支撑和二次支撑，将荷载传给先前浇筑好的数层楼板上。由于施工周期短，这些承担施工荷载的楼板混凝土仍处于养护期，混凝土还不成熟。而这些承载楼层的施工荷载，有时会达到甚至超过成熟混凝土结构正常使用状态所承担的设计荷载。由此造成现浇混凝土结构质量事故增加，严重的会使模板支撑临时结构以及现浇混凝土结构垮塌。如 2000 年 10 月 25 日，南京电视台演播中心，施工期间模板支撑整体倒塌，造成 6 人死亡，11 人重伤；1981 年 3 月 27 日，美国 Harbour Cay 五层板柱建筑，在进行屋面混凝土浇筑时发生整体倒塌。

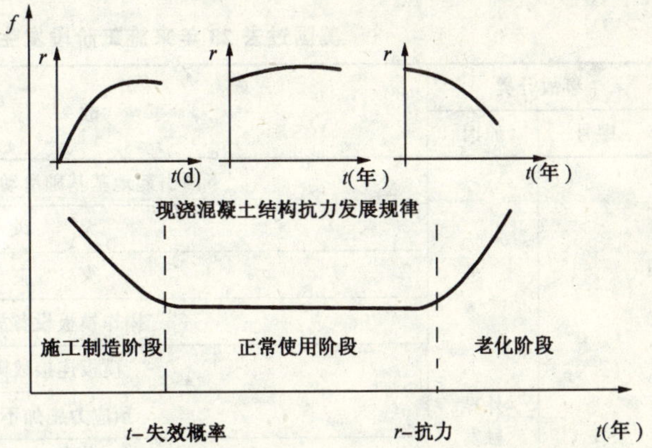

图 1-1 系统失效规律与混凝土结构抗力发展规律

工程质量事故统计分析表明，施工阶段建筑工程失效事故，明显高于正常使用阶段。在美国，大约 57％的工程破坏事故发生在施工阶段。俄罗斯这个比例为 70％，我国更加突出。据不完全统计，1958～1987 年间国内 285 起建筑结构倒塌事故分析表明，施工期间发生的事故占 83％，如表 1-1 所示。全国建筑工程因发生倒塌事故而死亡 3 人以上的，1991 年 13 起，1992 年 31 起，1993

1958～1987 年国内 285 起倒塌事故统计分析 表 1-1

房屋类别	倒塌起数	施工期间倒塌		使用期间倒塌	
		起 数	百分比	起 数	百分比
民用建筑	102	85	35.9	17	35.4
工业建筑	106	96	40.5	10	20.8
仓库、车库	38	33	13.9	5	10.4
构筑物	15	1	0.4	14	29.2
房屋悬挑构件	24	22	9.3	2	4.2
总 计	285	237	100	48	100

年 47 起，1995 年上半年仅上海就发生事故 25 起，死亡 30 人。据对全国近 10 年 357 起倒塌事故统计分析表明，有 78％的事故发生在施工阶段。

Hadipriono，Wang 对美国过去 23 年 85 起施工期间发生的工程事故分析表明，有 49％的工程事故发生于混凝土浇筑期，如图 1-2 所示。事故原因可归为触发事件、临时结构架设不当、施工程序不当三类，表 1-2 为在这 85 起工程事故中各种事故原因的统计分析结果。

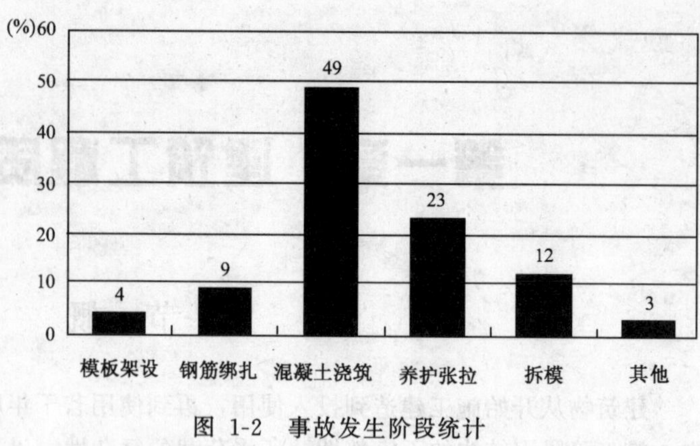

图 1-2 事故发生阶段统计

美国过去 23 年来施工阶段发生的建筑工程事故原因统计 表 1-2

事故分类		事故原因	发生次数统计	
序号	原因		次数	所占比率(％)
1	外界触发事件	下雨引起地基基础滑动、河水冲刷	4	4.76
		大风	1	1.19
		火灾	4	4.76
		操作模板设备故障	5	5.95
		模板连接故障	4	4.76
		预应力施加不当	1	1.19
		施工堆载、施加的其他荷载	4	4.76
		混凝土浇筑及施工垃圾冲击荷载	27	32.14
		施工设备产生冲击荷载	3	3.57
		附近作业产生的振动	5	5.95
		拆模不当	6	7.14
		其他未知原因	20	23.81
合计			84	100
2	临时结构架设不当	横向支撑不足	17	16.50
		支撑配置、连接不当	23	22.33
		基础不稳	7	6.80
		设计不合理	8	7.77
		支撑数量不足	4	3.88
		二次支撑设置不合理	1	0.97
		移动设施故障	4	3.88
		施工设施安装、维护不当	2	1.94
		永久结构构件失效	1	0.97
		地基不好	4	3.88
		永久结构施工、设计不当	2	1.94
		其他未知原因	30	29.13
合计			103	100

续表

事故分类		事 故 原 因	发生次数统计	
序号	原因		次 数	所占比率(%)
3	施工程序不当	对临时设施的设计施工重视不够	23	24.21
		浇筑期间未对临时设施检查	22	23.16
		为拆模进行的混凝土试验不真实	2	2.11
		工人缺乏工作经验	4	4.21
		各个工作团体间联络不当	1	1.05
		施工期间临时设施设计方法改变	5	5.26
		其他未知原因	38	40.00
合 计			95	100

第二节 典型钢筋混凝土结构模板工程事故案例

建筑工程事故主要有两类，即施工过程中的质量事故、倒塌事故和建筑投入使用后的坍塌事故。建筑使用期间发生倒塌事故的主要原因是使用不当，设计、施工缺陷等；钢筋混凝土建筑施工过程中的质量事故和倒塌事故近年来时有发生，这些事故主要与模板工程密切相关，如表 1-3 所示。表面上看，这些工程事故是由模板支撑失稳引起，其实质是对模板支撑承担的荷载估计不足，对钢筋混凝土结构施工短暂状况性能把握不准。下面介绍国内外发生的几起典型模板工程倒塌与钢筋混凝土结构质量事故案例。

近年来发生的模板工程事故统计 表 1-3

时 间	地 点 项 目	原 因	伤 亡 人 数
1993.3.3	福建德化县水泥厂成品库	屋面模板支撑失稳倒塌	2人死亡，3人重伤
1993.3.4	广东揭阳市府门楼	模板支撑失稳	4人死亡
1993.4.24	重庆某学院军体棚	36m 屋面梁模板支撑失稳	2人死亡，2人重伤
1993.5.14	株洲某文体活动楼	支撑系统失稳	1人死亡，2人重伤
1993.5.21	大连市某储运仓库	模板支撑失稳	3人死亡，2人重伤
1993.8.31	福建武夷山加油站	支撑失稳、模板倒塌	7人死亡，1人重伤
1998.4.7	云南永善 35m 跨石拱桥	拱模支撑失稳	10人死亡，22人重伤
1998.3.31	青海省铝厂 33 号住宅楼	横杆滑脱	2人死亡，1人重伤
1998.3	江苏丹阳热电厂冷却库	脚手架整体倒塌	伤6人
2000.10.25	南京电视台演播中心	模板支撑整体倒塌	6人死亡，11人重伤
2003.10.7	广东江门新会益华商业广场	浇筑中庭7层屋面时模板支架整体倒塌	16人死亡，5人重伤

案例 1 Harbour Cay 多层板柱建筑

Harbour Cay 为一栋五层板柱混凝土建筑，标准层结构平面如图 1-3 所示，内柱尺寸为 250mm×460mm，A 列和 K 列边柱为 250mm×300mm，板厚度为 200mm，层高 2.6m。

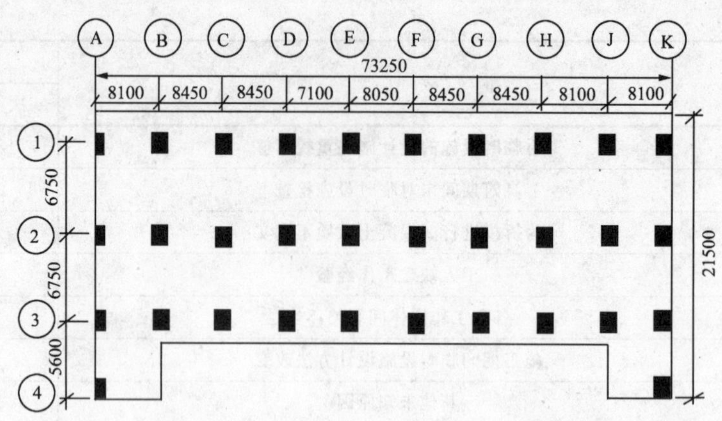

图 1-3 Harbour Cay 板柱建筑平面示意

采用飞模模板支撑，设三层木支柱。于 1981 年 3 月 27 日浇筑顶层混凝土时发生整体倒塌事故。如图 1-4 所示。

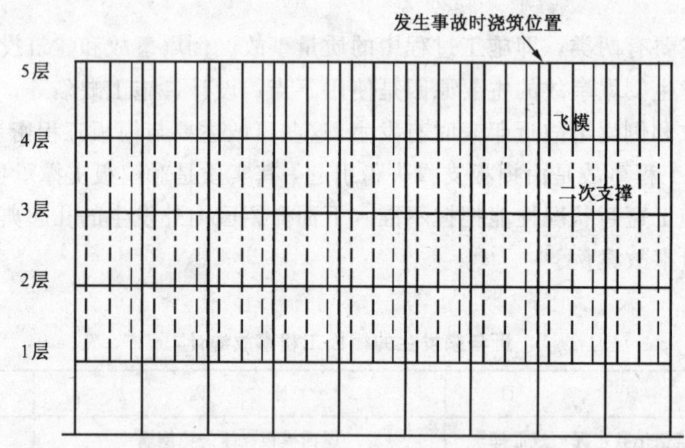

图 1-4 Harbour Cay 板柱建筑倒塌时的状态

事故调查研究表明，板柱连接处的抗冲切能力不足，是导致事故发生的主要原因。

案例 2 某市标准件五厂综合楼现浇板倒塌事故

某市标准件五厂综合楼，在浇筑 9m 跨度的第二层肋形楼板时，因支撑系统失稳，于 1987 年 5 月 29 日凌晨零时 45 分，突然全部倒塌，倒塌面积约 324m²，造成 1 人重伤，12 人轻伤的重大工程质量事故，经济损失约 2.5 万元。

(1) 工程概况

该工程由某三级集体施工企业施工，企业建筑设计室设计。于 1987 年 2 月 15 日开工，地基为梁式钢筋混凝土板基础。建筑面积 2900m²，两跨 5 层框架结构，跨度为 9m 和 5m，总长 42.3m，宽 14.4m，高 24.65m，柱距 4m，一层层高 8.5m，其余楼层层高 4m。

(2) 倒塌原因分析

造成这起倒塌事故的主要原因是模板支撑失稳。

该工程现浇第二层肋形楼板的底层从自然地面起支撑净高达 9m，框架支模没有按规范要求的“支架的立柱或桁架必须用撑拉构件固定，确保其稳定”制作。从现场调查看，整个支架没有一道剪刀支撑，水平支撑不足，用两节支模的下节几乎没有水平支撑（4.0m 高），故引起上部受力后大梁移位，引起支撑移位，从而造成综合性失稳倒塌。

施工方法全凭工人的操作经验办事。这样高的现浇框架事先没有施工方案设计，没有技术交底，仅靠木工使用一般楼层 4m 高左右的支撑两节连接成 9m，两节支撑间只垫了一块通长木板，没有其他可靠的紧固连接措施，如图 1-5 及图 1-6 所示。当在施工中已出现大梁移位时，没有采取可

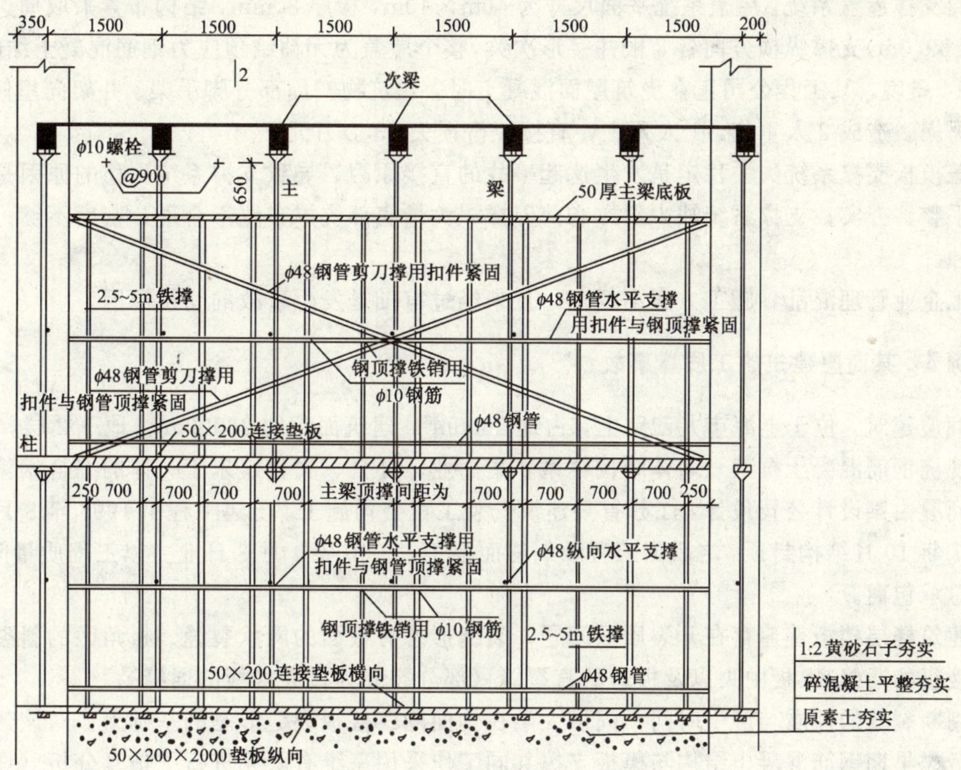

图 1-5　某工程模板工程架立状态（主梁方向）

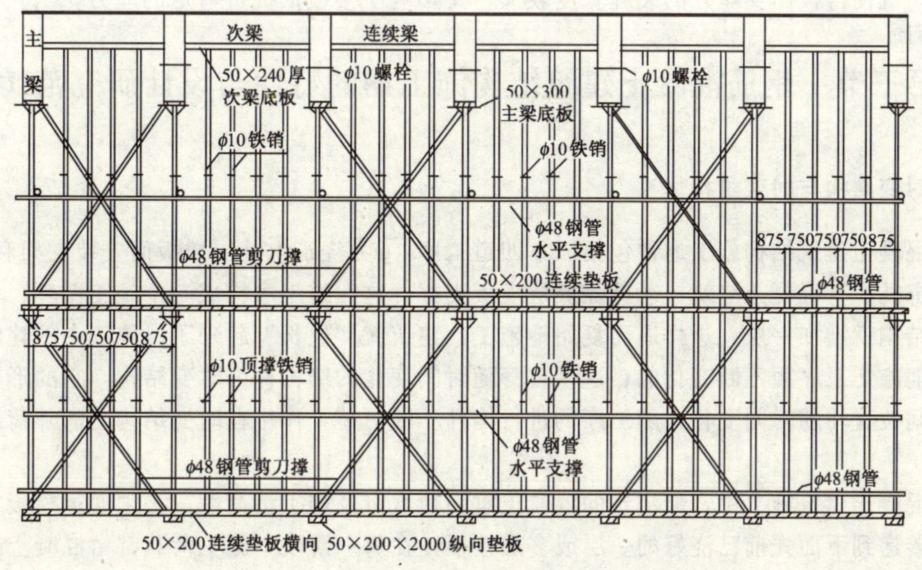

图 1-6　某工程模板工程架立状态（次梁方向）

靠有效的措施，只就事论事处理一下，导致大梁不断移位带动支架移位，加上泵送混凝土作业，冲击振动较大，施工人员过于集中，模板支架抵抗振动扭力不足，支撑立杆失稳，引起结构整体倒塌。

案例3　某桥梁厂文体楼屋面模板坍塌事故

某桥梁厂文体楼为多功能比赛厅，建筑面积800多m^2。主楼四角各有一个五边形钢筋混凝土薄壁井筒支撑屋盖系统。屋盖系统平面尺寸为40m×40m，板厚80mm，结构布置采取周边4根大梁(跨度29.3m)支撑纵横方向各8根井字形次梁，整个屋盖为无粘结预应力钢筋混凝土结构。1993年5月14日晚，某工程公司正在浇筑屋面混凝土时，建筑物四周部分脚手架、井架向里倾斜，导致屋面坍塌。造成2人重伤，1人死亡，直接经济损失33.8万元。

屋盖模板支撑系统失去稳定是发生这起事故的直接原因。导致支撑系统失稳的原因是地面没有清理平整、夯实；支撑系统缺少斜撑和剪刀撑；大量底部支撑布置不合理，密度不够；扣件和架管锈蚀。

施工企业管理混乱，施工方案不规范，且未经过审批是发生事故的间接原因。

案例4　某商厦建筑施工质量事故

某商厦建筑，位于上海市九江路上，占地2600m^2，建筑面积约26000m^2。地下2层，地上22层。为现浇钢筋混凝土框架—筒体结构体系，集商业、办公、文化娱乐于一体的综合楼。

该商厦由某设计公司设计，江苏省某建筑安装工程公司施工。土建工程于1995年8月开始施工，1997年10月结构封顶。之后因工程款纠纷而停工，2000年4月3日业主以工程质量问题，起诉工程总承包商。

该建筑楼层楼板普遍存在开裂质量问题，裂缝形态有板面的网状裂缝、板角区的斜裂缝（多为贯穿楼板的通缝）、板中央以及板边的直裂缝（部分裂缝为贯穿楼板的通缝）。

为判断裂缝的性质与产生时间，同济大学在全面勘察楼板裂缝形态的基础上，对该建筑施工过程，考虑早期钢筋混凝土结构与模板支撑共同工作采用三维有限元进行了仿真分析（详见第八章）。分析表明房屋标准层中楼板的裂缝系因为施工过程中作用在楼板上的荷载引起的弯矩大于楼板所能承受的弯矩，以及楼板的厚度偏薄所引起的。施工过程中未能很好地控制板中负钢筋的保护层厚度，既使得板面支座处的裂缝宽度较大，又影响了楼板抵抗负弯矩的能力。

第三节　钢筋混凝土建筑结构施工期的特性与设计研究范畴

一、时变结构与时变结构体系

钢筋混凝土建筑结构施工通常包括以下四道工序：①为浇筑上一层楼板而安装支架和模板；②进行钢筋绑扎；③混凝土浇筑；④拆除底层模板支撑。这四道工序构成一个施工循环，每一次施工循环，结构就增加一层，这样周而复始地施工，建筑就“生长”起来了。施工中的建筑，是随时间也即随施工工序而不断变化的，这种自身随时间变化的结构称为时变结构，它的形状、材料性能、空间位置均随时间变化，随工序的进行构件不断更替，作用在时变结构上的外荷载也在不断变化。

钢筋混凝土建筑施工中，新浇筑的混凝土重力荷载以及施工活荷载，必须通过模板支撑以及二次支撑传递到下面先前已浇好的一层或多层楼板，在每一阶段，施工荷载都由混凝土时变结构和支撑系统组成临时承载系统承担，这一临时承载系统的形状和混凝土材料性能与支模层数、施工周期密切相关，其承担施工荷载随施工工序不断变化。本文称由混凝土时变结构和支撑系统组成的临时承载系统为时变结构体系。

二、时变结构体系荷载的时变性

模板是为浇筑混凝土而设置的挡板，包括竖向柱模板和水平向的梁模板，本文中模板指直接承担新浇筑混凝土梁板重力荷载的水平构件。由支柱、梁、连接件及斜撑等部件组成的，支撑梁、板、柱等构件的新浇筑混凝土所用的临时设施，统称模板支撑。本文中提及的模板支撑仅指其中的支柱。二次支撑是指模板支撑拆模后，重新设置的支柱。模板支撑、二次支撑的作用是将模板承担的荷载传递到下面先前浇筑好的一层或多层楼板上。直接承担模板支撑传递下来的荷载的楼层，称为支撑楼层（或支撑楼板）。

堆积在新浇筑好楼面上的材料、设备重力荷载以及施工人员、施工作业荷载、新浇筑的混凝土的静水侧向压力为施工活荷载。新浇筑的混凝土结构重力荷载以及其下的模板支撑自重为施工静荷载，施工静荷载和施工活荷载统称施工荷载。

本层混凝土浇筑完成至下层混凝土建筑完成所需的时间即为施工周期，本层模板支撑架设到本层模板支撑拆除，即为一个施工循环，一个施工循环所需时间为施工周期的倍数，直接与模板支撑层数有关。在一个施工周期内包括在新楼层进行混凝土浇筑、混凝土养护、底层支撑拆除、新浇筑楼层上架设模板支撑、钢筋绑扎各施工工序。由于作业性质不同，各工序所需施工设施、材料、施工人员数量差异较大，导致作用于时变结构体系的荷载随施工工序（即随时间）不断变化。

三、时变结构体系材料性能的时变性

钢筋混凝土建筑结构施工时变结构体系材料性能的时变性，来自于早龄期混凝土中水泥水化反应还未完成，混凝土未经充分养护，早龄期混凝土强度和弹性模量处于发展阶段，随时间逐渐增长，钢筋混凝土结构构件的受力性能，也随时间变化。影响混凝土强度以及弹性模量时变性的主要因素，有水泥性能、添加剂、混凝土拌制温度、混凝土配合比、养护温湿度、养护时间以及施工荷载作用等。过大的施工荷载直接引起早龄期混凝土损伤，影响混凝土的强度以及弹性模量，这也是钢筋混凝土建筑结构施工不可避免的，本书将在第六章作简要介绍。

四、钢筋混凝土结构施工设计研究内容

钢筋混凝土建筑结构施工期间，施工荷载由模板支撑、二次支撑和由支撑相互连接的一层或多层楼板组成的时变结构体系承担，其结构形状、材料性能、空间位置和环境作用以及构件也在随时间和施工工序不断变化。

任何结构体系都是为承担荷载设计的，合理地确定作用于施工时变结构体系上的荷载，是保证结构体系安全的基本前提。施工时变结构体系，是由早龄期混凝土结构和模板支撑组成的临时承载体系，早龄期混凝土结构是建筑结构设计对象的早期形态，必须进行施工阶段的安全检验。施工荷载的统计，应面向模板支撑设计，面向早龄期混凝土结构安全检验为目标。模板、支撑的跨度 L_z 远小于混凝土结构跨度 L_c（$L_z \approx 1/5 \sim 1/3 L_c$），施工活荷载的统计分析，应兼顾模板支撑小跨度临时结构的设计和大跨度早龄期混凝土结构的安全检验的需要。

目前建筑结构设计理论，是针对给定的、已知的、不变的结构。结构所受的荷载是已知的，静荷载不随时间改变，动荷载随时间按已知的规律（包括随机）改变。钢筋混凝土建筑结构施工时变结构体系，作为材料性能和结构形状随时间改变的结构，超出了传统建筑结构设计理论研究范畴。钢筋混凝土建筑结构时变体系工作性能的现场实测研究，就成为认识施工时变结构体系中模板支撑与早龄期混凝土结构共同作用规律的重要手段，是研究钢筋混凝土建筑结构施工时变结构体系分析模型的基础。

钢筋混凝土建筑结构施工安全性分析的目的是为安全、经济、高效地施工提出技术保障。早龄期混凝土结构作为建筑结构设计产品的早期形态，不可能因施工而临时更改，高层建筑施工安全控制的途径是通过设计合理支模层数、施工周期，来保证承担施工荷载的每层楼板、模板支撑不会超载。

由此构成钢筋混凝土建筑结构施工时变结构体系的研究范畴，如图 1-7 所示。本书着重就施工时变结构体系中模板支撑与早龄期混凝土结构相互作用性能进行阐述，同时介绍其施工设计验算和临时结构设计。

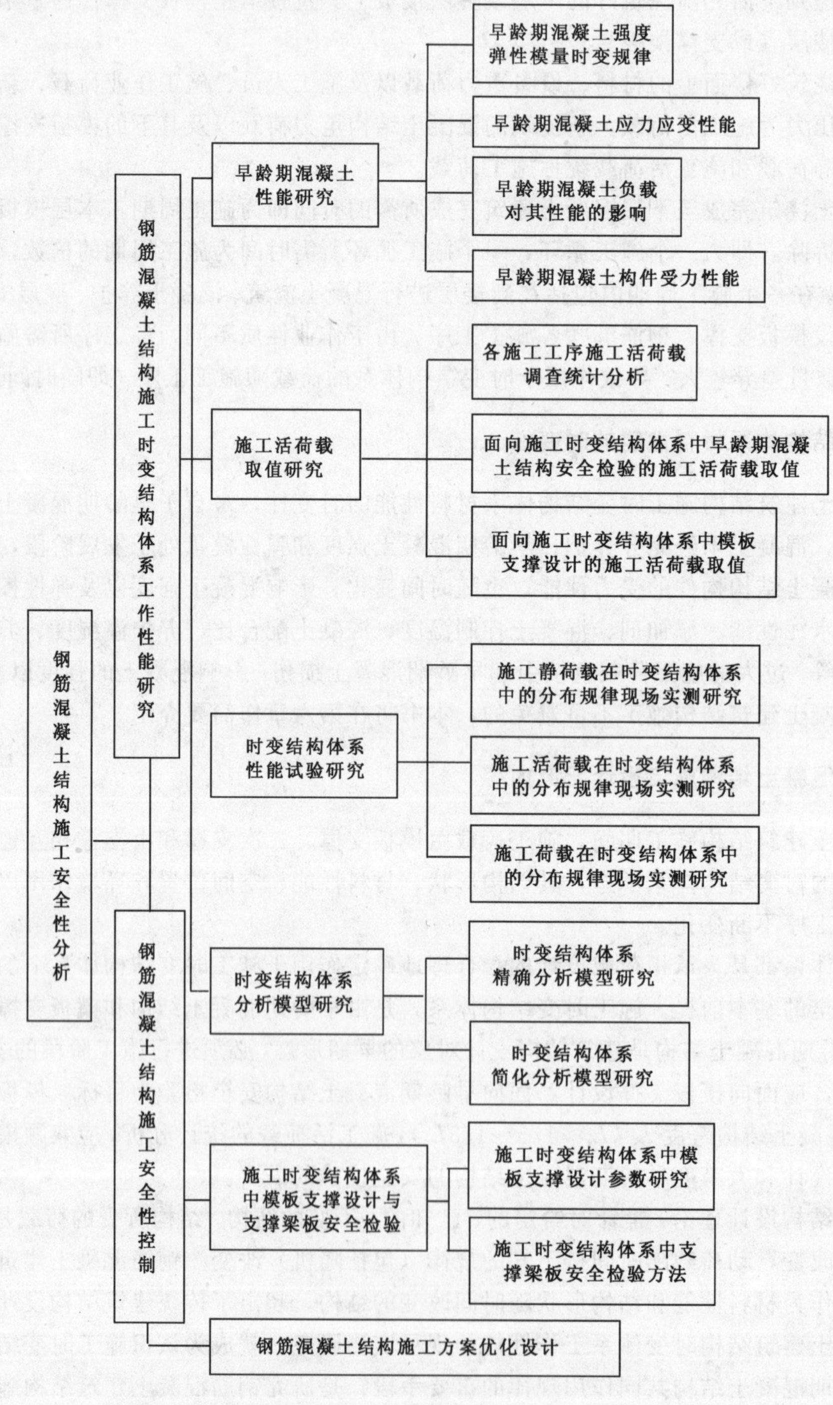

图 1-7　钢筋混凝土结构施工阶段设计分析内容

第四节 钢筋混凝土结构施工阶段设计验算有关标准

《建筑结构可靠度设计统一标准》(GB 50068—2001) 作为建筑结构设计的一部母法，对钢筋混凝土建筑结构施工阶段设计验算作出了明确规定。其中第 3.0.3 条规定“建筑结构设计时，应根据结构在施工和使用中的环境条件和影响，区分下列三种设计状况：

1. 持久状况。在结构使用过程中一定出现，其持续期很长的状况。持续期一般与设计使用年限为同一数量级；

2. 短暂状况。在结构施工和使用过程中出现概率较大，而与设计使用年限相比，持续期限很短的状况，如施工和维修等。

3. 偶然状况。在结构使用过程中出现概率很小，且持续时间很短的状况，如火灾、爆炸、撞击等。

对不同的设计状况，可采用相应的结构体系、可靠度水准和基本变量等。”首次明确建筑施工过程是“短暂状况”，是建筑结构设计对象。并在第 3.0.4 条给出了建筑施工短暂状况进行承载能力极限状态设计与正常使用极限状态验算的规定。

“3.0.4 建筑结构的三种设计状况应分别进行下列极限状态设计：

1. 对三种设计状况，均应进行承载能力极限状态设计；

2. 对持久状况，尚应进行正常使用极限状态设计；

3. 对短暂状况，可根据需要进行正常使用极限状态设计。”

由于钢筋混凝土建筑结构施工期间，新浇筑混凝土不具有承载能力，其自重荷载和施工活荷载通常用模板支撑体系支撑，并将其传给先前已浇好的一层或多层楼板。这一临时承载体系中的混凝土材料仍处于养护期、强度逐渐增长，混凝土构件的承载能力也在逐渐增长，同时随施工的进展，这一临时承载体系的结构形状、空间位置随时间变化，其组成的构件也在不断更替，作用在其上的外荷载也在不断变化，是时变结构体系。尽管《建筑结构可靠度设计统一标准》(GB 50068—2001)对建筑结构施工短暂状况规定应进行承载能力极限状态设计和正常使用极限状态验算，《混凝土结构设计规范》(GB 50010—2002) 并未对仍处于养护期的施工期混凝土构件设计验算作出规定。《建筑工程施工质量验收统一标准》(GB 50300—2001)，对建筑工程施工质量验收作出统一规定，不涉及建筑结构施工短暂状况设计验算内容；《混凝土结构工程施工质量验收规范》(GB 50204—2002)第 4.1.1 条规定“模板及其支架应根据工程结构形式、荷载大小、地基土类别、施工设备和材料供应等条件进行设计。模板及其支架应具有足够的承载能力、刚度和稳定性，能可靠地承受浇筑混凝土的重量、侧压力以及施工荷载。”第 4.3.1 条规定“底模及其支架拆除时的混凝土强度应符合设计要求；当设计无具体要求时，混凝土强度应符合表 4.3.1 的规定”，见表 1-4。

底模拆除时的混凝土强度要求 表 1-4

构件类型	构件跨度（m）	达到设计的混凝土立方体抗压强度标准值的百分率（%）
板	≤2	≥50
	>2，≤8	≥75
	>8	≥100
梁、拱、壳	≤8	≥75
	>8	≥100
悬臂构件	—	≥100

这两条有关混凝土建筑施工短暂状况设计验算的规定，仅对模板、支架以及混凝土结构设计验算作出规定，未对模板、支架和早龄期混凝土结构组成的时变结构整体的设计验算作出规定，也就无法正确把握模板、支架和早龄期混凝土结构组成的时变结构整体的安全性。

《建筑施工安全技术统一规范》，也作出了与《混凝土结构工程施工质量验收规范》（GB 50204—2002）类似的规定，第7.1.1条规定“模板施工前，应根据建筑物结构特点和混凝土施工工艺进行模板设计，并编制安全技术措施。”，第7.1.2条规定“模板及支架应具有足够的强度、刚度和稳定性，能可靠地承受新浇混凝土自重、侧压力和施工中产生的荷载及风荷载。”

此外，《建筑施工扣件式钢管脚手架安全技术规范》（JGJ 130—2001）、《特种作业人员安全技术考核管理规则》（GB 5036—85）、《高处作业分级》（GB 3608—83）、《特种作业人员安全技术考核管理规则》（GB 5306—85）、《安全网》（GB 5725—1997）、《密目式安全立网》（GB 16909—1997）、《钢管脚手架扣件》（GB 15831—1995）、《塔式起重机安全规程》（GB 5144—94）、《机械设备防护罩安全要求》（GB 8196—87）、《施工升降机安全规则》（GB 10055—1996）、《施工卷扬机安全规程》（GB 13329—91）等都对涉及的施工短暂状况的临时设施的设计验算作出了规定。

第二章 施工时变结构安全分析现状

施工阶段钢筋混凝土建筑结构事故的不断发生，促使人们对建筑结构设计理论进行反思，并且认识到目前建筑结构分析设计理论的局限性：分析给定的、已知的、不变的结构；结构所受的荷载也是已知的；静荷载不随时间改变，动荷载随时间按已知规律（包括随机）变化。而施工期间钢筋混凝土建筑结构，是自身随时间改变的时变结构。为此，国内外学者对钢筋混凝土建筑结构施工时变结构体系分析模型、施工荷载在混凝土时变结构和模板支撑系统中的分布规律实测以及施工活荷载的调查统计、钢筋混凝土建筑结构施工安全控制的优化设计方法、早龄期混凝土特性等方面进行了一系列有益的研究，取得了可喜的成果。

第一节 时变结构体系分析模型

对时变结构体系进行力学性能分析，需建立合理的时变结构体系分析模型。20 世纪 50 年代以来，各国学者相继提出精确分析模型、简化分析模型和精化分析模型以及等效框架分析模型等理论。

1. 精确分析模型

精确分析模型是瑞典人 Nielsen 于 1952 年首次提出的。模型假定：①承担施工荷载的楼板为弹性板；②不考虑承担施工荷载楼板的混凝土材料的收缩和徐变；③支架和模板支撑为均匀连续的弹性结构；④忽略模板支撑系统扭矩和剪力；⑤基础（这里基础指建筑结构的基础）完全刚性。由此，建立承担施工荷载楼板与模板支撑系统相互作用的分析模型，求解时变结构内力。

该方法将支撑看成是夹在混凝土楼板之间的弹性均质层，结构与板共同工作；支架和楼板承担荷载统一以荷载比率表述，荷载比率定义为模板支架内力或楼板承担施工荷载与楼板重力荷载加模板自重之比。对板柱建筑，3 层模板支撑，7d 施工周期，浇筑后 5d 拆模的施工方案，计算出一个施工循环内，楼板承担的最大施工荷载为 2.56D（D 为楼板自重）。该法计算精度高，但计算繁琐不实用。

2. 简化分析模型（Simplified Method）

1963 年 Grundy 和 Kabaila 对板柱建筑提出一种简化分析模型，此法假定：①楼板的支撑和二次支撑为无限刚性连杆；②各层楼板抗弯刚度相同，或随混凝土弹性模量增长而增长，楼板由支撑相互连接，当加上新荷载时，所有楼板的挠度都相等；③支架均匀连续分布，可以将支架反力视作均布荷载处理；④相对楼板而言假定基础为无限刚性。由此，确定楼板、模板支撑或二次支撑承担的施工荷载：

(1) 工序 A 浇筑顶层楼板：新浇楼板重力荷载由其下的支撑楼板按刚度比例分担；模板支撑或二次支撑上的荷载，直接根据力的平衡条件确定；

(2) 工序 B 拆除最底层模板支撑或二次支撑：最底层模板支撑或二次支撑承担的施工荷载，由其上的楼板按刚度比例分担；模板支撑或二次支撑上的荷载，直接根据力的平衡条件确定。

对于板柱建筑，3 层模板支撑，7d 施工周期，浇筑后 5d 拆模的施工方案，用 Grundy 和 Kabaila 的简化分析模型，给出的一个施工循环内，楼板承担的最大施工荷载为 2.36D（D 为楼板自重）。与 Nielsen 的精确方法相比，偏小 7.8%。由于该法简便实用，不需要专用计算工具，就能获得施工中荷载传递系数和施工过程中的楼板及支撑承担的最大施工荷载，实用性强，美国混凝土协会推荐在《混凝土模板工程》ACI 347—88 中使用这个方法[15]。

1974 年，R. K. Agarwal 和 N. J. Gardner 对两栋板柱结构施工过程中支撑内力进行现场测试，对简化方法进行了修正，在遵循简化方法基本假定外，并假定二次支撑安装前，支撑拆除后混凝土楼板能自由变形，故安装二次支撑时，二次支撑不受力，其计算结果与试验结果基本符合。

此后，有关钢筋混凝土建筑结构施工期模板支撑和支撑楼板相互作用性能研究，未有新的进展。进入 20 世纪 80 年代，世界各国经济正处于恢复发展时期，多高层建筑现浇混凝土结构达到了飞速发展，伴随而来的工程倒塌事故连续不断。1981 年 3 月 27 日，美国 Harbour Cay5 层板柱建筑，在浇筑顶层屋面时发生倒塌，使得建筑工程领域研究专家极为震惊。钢筋混凝土建筑结构施工期间模板支撑和支撑楼板相互作用性能的研究，再次成为土木工程领域内的研究热点之一。

1992 年李惠明提出了基于简化方法的时变结构内力计算的连续方法，可以计算时变结构任一时刻的内力分布和位移。

1995 年，Duan M. Z.，W. F. Chen，在简化方法的基础上，考虑支撑为弹性杆，提出改进的简化方法，并强调应考虑施工活荷载的作用以及支撑刚度与楼板刚度的比值对荷载传递的影响。

3. 精化分析模型（Refined Mothed）

从 1983 年开始，刘西拉和 W. F. Chen 对“楼板和支撑相互作用结构体系”进行了系统研究，采用二维有限元方法（如图 2-1 所示），分析了支撑为弹性杆件和不同边界条件对施工期结构荷载传递的影响，指出简化方法的计算结果基本合理，但仍低估了楼板的最大荷载。为了更精确地描述施工过程，采用三维有限元方法（如图 2-2 所示）对板的边界条件、基础刚度、柱的轴向变形、板的形状比（混凝土楼板长短跨之比）以及支撑徐变等非线性因素，进行了全面研究。指出除支撑刚度外，其他因素对施工期荷载的分配没有大的影响。1991 年 W. F. Chen 等指出由于混凝土刚度增长、徐变和收缩等因素作用，养护阶段新浇筑混凝土楼板的自重，会在时变结构中按照其相应的刚度进行重新分配。并在精化方法和简化方法的基础上提出考虑这一因素的修正方法。

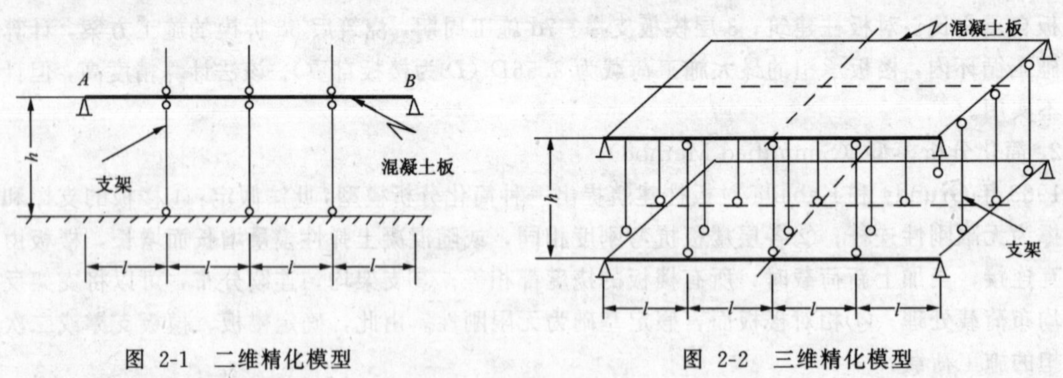

图 2-1 二维精化模型　　图 2-2 三维精化模型

1992 年 M. EI-Shraf 和 W. F. Chen 在精确方法基础上，建立了通过位移协调条件考虑楼板变形累积效果的改进方法。

4. 等效框架方法

对于板柱建筑，施工阶段结构失效的主要原因之一是板—柱连接处抗剪能力不足。当用简化方法分析多跨板柱建筑时，往往低估施工时变结构顶层板柱连接处的剪切应力。

为此，Halvorsen，Parsons，Stivarors 于 1991 年把支撑按实际刚度简化为混凝土柱，采用等效框架方法，分析多高层建筑混凝土时变结构与模板支架承担的施工荷载，如图 2-3 所示。该法克服了简化方法不能考虑板柱节点间直接剪力和不平衡弯矩的影响。

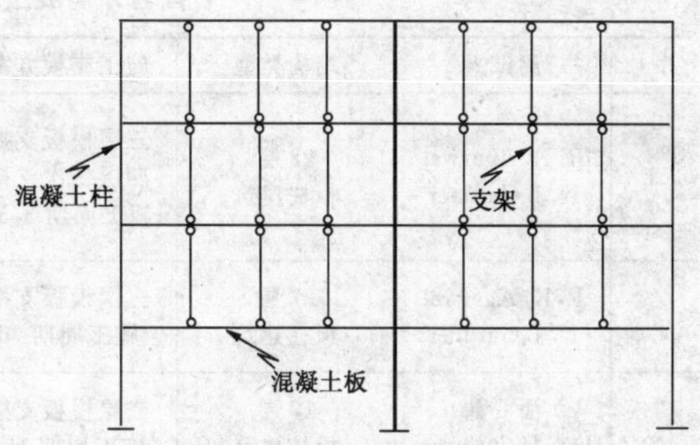

图 2-3 等效框架模型

5. 其他方法

方东平等假定：①结构为二维平面线弹性杆系结构，支撑为弹性杆件与上下楼板铰接；②同时考虑柱、墙和梁的作用；混凝土弹性模量及强度均为龄期的函数，楼板刚度随时间变化；③相对于楼板刚度，基础为无限刚性；④考虑浇筑、拆模等施工操作的作用，以及荷载和变形在施工各个阶段的累积对荷载传递的影响；⑤考虑荷载在养护期间的重新分配，即顶层新浇筑的楼板由开始时不承担自重，到逐渐按自身与其下由支撑相连的临时结构的刚度比来分担楼板自重。对框架结构，取沿各梁跨中连线方向 1m 宽的板带，与支撑系统组成单跨或多跨的平面时变结构；对板柱结构，取沿两柱（或各柱）及沿其连线方向 1m 宽的板带，与支撑系统组成单跨或多跨的平面时变结构；对剪力墙结构，取沿各墙段中点连线方向 1m 宽的板带和墙带，与支撑系统组成单跨或多跨的平面时变结构。建立施工期钢筋混凝土结构分析的平面线弹性模型，如图 2-4 所示。

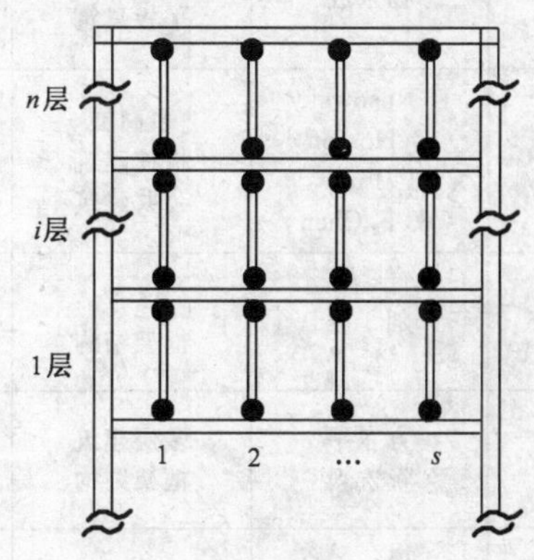

图 2-4 施工期钢筋混凝土结构分析的平面线弹性模型

对施工中各种影响因素的分析表明：施工周期延长，楼板承担的最大施工荷载有减小的趋势；支模层数的增加，施工中楼板承担的最大施工荷载略有增加但影响不大；随着支撑刚度的增加，楼板承担的最大施工荷载也会增加；在两层支撑下设立一层二次支撑时，与不设立二次支撑相比，楼板承担的最大施工荷载的最大值有所减小；施工中必须特别注意避免使地基刚度过小。

曹志远，赵宪忠等将施工结构系统作为一个整体模块（超级元）运算，求解时变结构内力。作者在对上海大舞台工程质量检测鉴定中，采用三维有限元方法，对其施工时变结构体系的受力性能进行了仿真分析。分析表明，施工期间楼板承担的施工荷载超出其承载力，是该建筑楼板严重开裂的主要原因之一。

多高层建筑混凝土时变结构分析方法不断改进，其分析模型基本可以归为两类：简化模型和精确模型（精化模型、等效框架模型以及平面线弹性分析模型），由于简化模型简便，而成为板柱结构施工安全性分析的一种通用方法。

第二节 施工活荷载调查与时变结构内力分布实测

现浇混凝土结构广泛采用快速施工工艺，施工周期由传统的 10d、15d，压缩到 5d、7d 一层。新浇筑的混凝土重量及施工活荷载，由其下的多层处于养护期的混凝土楼板与模板支架组成的临时承载体系承担。在这一系统中，混凝土材料性能、结构形状、结构的空间位置不断变化、构件更替，其承担的荷载也在改变。现场实测，其作为认识混凝土楼板与模板支架共同作用规律的重要手段，受到国内外学者的关注，先后对不同结构类型，不同施工方案进行了一系列现场实测工作（详见表 2-1)。

国内外混凝土结构施工过程实测情况　　表 2-1

序号	测试人	结构类型	施工支模方案	测试目的	测试情况	测试楼层	测试日期
1	R. K. Agarwal N. J. Gardner	22 层 板柱建筑	三层模板支撑 四层二次支撑 施工周期 3.5d	施工荷载在时变结构内分布	飞模钢支架内力	7～13	1974
2	R. K. Agarwal N. J. Gardner	27 层 板柱建筑	三层模板支撑 施工周期 7d	施工荷载在时变结构内分布	钢支架内力	19～22	1974
3	潘　蒲 杨宗放	17 层 板柱建筑	二层模板支撑 施工周期 15d	施工荷载在时变结构内分布	钢支架内力、楼板挠度	7～9	1984
4	潘　蒲 杨宗放	24 层 双向密肋 平板建筑	二层模板支撑 施工周期 10～15d	施工荷载在时变结构内分布	钢支架内力、楼板挠度	14～16	1986
5	D. Rosowsky D. Hoston P. Fuhr W. F. Chen	多高层 板柱建筑 公共建筑	测试了 20 多个工程，主要研究浇筑顺序的影响以及施工活荷载分布规律		浇筑层支架内力		1992 1993 1996
6	刘　雁	16 层 框架结构	二层模板支撑 施工周期 7～10d	施工荷载在时变结构内分布	主梁模板支架内力	12～14	1999
7	方东平 祝宏毅	多层建筑 框架结构	二层模板支撑 施工周期 15d	施工荷载在时变结构内分布	钢支架、楼板内力、挠度	2～4	2000
8	A. W. Beeby	7 层板柱建筑	一层模板支撑 二层二次支撑	研究早拆模和模板支架荷载	支架内力	1～7	2001
9	袁　勇	高层建筑转换板	三层模板支撑	新浇筑混凝土荷载分布	支架内力	－1～2	2000

1. 时变结构内力分布实测

1974 年，R. K. Agarwal，N. J. Gardner 进行过两栋板柱高层建筑施工荷载的现场实测，结果表明，简化模型预测结果与实测结果符合较好；潘蒲，杨宗放在 1984 年也对两栋高层板柱建筑进行了现场实测，得出了相同结论；2001 年 A. W. Beeby 对一栋七层板柱建筑进行了现场实测，结果表明，用简化模型预测得到的第三层楼板承担最大施工荷载与实测值一致，其后各层实测值则明显小于理论值。

D. Rosowsky D. Hoston P. Fuhr W. F. Chen，对高净空公共建筑，进行过一系列现场测试，研究了混凝土浇筑顺序、施工活荷载的分布规律。

刘雁，方东平，祝宏毅，对多高层框架结构，两层模板支撑，测试了施工静荷载在时变结构内的分布规律，袁勇对高层建筑转换层新浇混凝土荷载在模板支架中的分布进行了实测。

上述测试工作，对了解不同结构形式的时变结构的内力有重要的意义，但尚需在下列方面作进一步改进：①研究多集中于板柱结构，对框架结构的实测也限于 2 层模板支撑，且施工周期为 15d，而对目前 3 层模板支撑，5～7d 施工周期这种施工环境下的施工荷载分布规律研究的较少；②研究多集中于以结构自重为主的恒荷载的传递规律，对施工活荷载的传递规律实验研究较少；③研究多集中于对浇筑和拆模阶段构件受力的量测，对整个施工期特别是养护阶段荷载的连续受力量测较少；④研究多集中于对荷载的量测而对结构位移的量测较少。

2. 施工活荷载调查与统计

施工阶段现浇混凝土结构和支模系统，除承受新浇筑混凝土重量外，还必须承担施工设备、材料、人员荷载。这些荷载持续时间短，但峰值高，是施工阶段现浇混凝土结构和支模系统结构验算和设计的主要荷载之一。

近年来，国内外不少学者展开了施工活荷载的调查、统计、分析、研究，清华大学对 8 幢高层钢筋混凝土结构施工过程中的施工荷载进行了调查。苗吉军、顾祥林等对上海和山东 50 余幢高层钢筋混凝土建筑的施工活荷载进行了调查，调查表明施工活荷载在 2.5～3.5kN/m^2 之间出现频率较高。施工活荷载极差大，最大施工活荷载可达 44kN/m^2，但荷载均值较小，为 0.5～1.5kN/m^2，方差大，为 1.0～3.0kN/m^2。χ^2 拟合优度检验表明，施工活荷载分布服从指数分布（见表2-2），其概率密度函数为：

$$f(x)=\lambda \exp(-\lambda\chi),\ \chi>0 \tag{2-1}$$

χ^2 拟和优度检验（显著水平 0.05）　　表 2-2

施工阶段	模板支撑	混凝土浇筑	模板拆除	放线、钢筋绑扎
$\Sigma(n_j-np_j)^2/np_j$	0.693	4.715	4.792	12.61
$\chi^2_{0.95}(\gamma)$	9.488	5.991	5.991	12.83
结果比较	不拒绝	不拒绝	不拒绝	不拒绝
均值	0.845	0.395	0.82	0.98
标准差	0.600	0.490	1.125	1.010
λ	1.183	2.532	1.22	1.02

按板跨等效均布原则，取 95%保证概率，求得施工各阶段活荷载标准值：钢筋绑扎阶段为 3.0kN/m^2；支撑阶段为 2.5kN/m^2；浇筑阶段为 1.5kN/m^2；拆模阶段为 2.5kN/m^2。

Ayoub 对美国 7 个州、12 个城市的 22 幢不同结构形式的钢筋混凝土结构施工过程，进行过现场调查和统计分析工作，用 1ft^2（0.093m^2）网格统计。分析表明指数分布作为 Γ 分布和 W 氏分布的特例（当 T 分布、W 分布形参取 1 时），三者分布结果接近。而且与观察值符合性优于对数正态（当网格面积≥9.3m^2），而当网格面积<9.3m^2，不同保证率最优分布亦不同。如当网格面积为 2.3m^2，95%保证率时，对数正态较优，而保证率大于 99%时，Γ 分布和 W 氏分布、指数分布较优。按不同设计目标的荷载影响面 A，提出支撑新浇筑楼板的支模设计活荷载 L 建议值：

$$L=2.4\text{kN/m}^2\quad (A\leqslant 15\text{m}^2) \tag{2-2}$$

$$L=2.4\left(0.4+\frac{2.32}{\sqrt{A}}\right)\geqslant 1.7\text{kN/m}^2\quad (A>15\text{m}^2) \tag{2-3}$$

钢筋混凝土建筑结构施工活荷载取值，国内外也不尽相同，详见表 2-3 所示。

国内外施工活荷载（竖向荷载）取值　　表 2-3

施工活荷载取值	推荐标准
2.44kN/m^2	ACI347 模板工程指南
3.70kN/m^2	ACI347 模板工程指南（使用动力运输车时）
3.50kN/m^2　$A\leqslant 1\text{m}^2$	日本临时设施工业会

续表

施工活荷载取值	推荐标准
(4.0～0.5A) kN/m^2 1m^2<A≤5m^2	日本临时设施工业会
1.50kN/m^2 A>5m^2	日本临时设施工业会
>1.50kN/m^2	日本劳动安全卫生规则
3.0～5.0kN/m^2	德国混凝土年鉴
2.50kN/m^2	《混凝土结构工程施工及验收规范》(GB 50204－92)

施工活荷载的调查为施工阶段钢筋混凝土建筑结构的安全性分析，提供了必要的依据，但尚需在样本容量，有效受载面积等方面作进一步完善。

第三节 早龄期混凝土性能

早龄期混凝土性能作为钢筋混凝土建筑结构施工设计的重要指标，受到研究人员的重视。N. J. Gardner，Sau，Klieger 就低龄期混凝土强度、弹性模量增长规律，分别从混凝土材料角度——成熟度和结构角度进行研究。朱伯芳研究了低龄期混凝土的抗拉强度、极限拉伸变形，以及低龄期混凝土弹性模量的时变规律，研究更为深入全面。我国《混凝土结构工程施工及验收规范》(GB 50204—92) 也给出了四种水泥拌制的混凝土在不同温度下龄期—强度曲线。

施工阶段低龄期混凝土强度低，但仍承担着很高的施工荷载，不可避免地对混凝土造成损伤。李建林、朱子龙于 1994 年、1998 年通过试验探讨了混凝土裂缝损伤的自愈合能力，研究表明经过两次裂缝损伤的早龄期混凝土，仍具有自愈合能力，掺粉煤灰有助于裂缝的愈合；金贤玉对 2d 内的早龄期混凝土遭受静力损伤、爆破振动损伤与冲击损伤的自愈合能力进行了研究，得出 0.5、1、1.5、2d 龄期早期静力损伤不影响混凝土 28d 强度的应力比分别为：0.05、0.10、0.20、0.30；遭受 0.74g 内爆破振动峰值加速度的早龄期混凝土，其 28d 强度不受影响；0.5d 的早龄期混凝土即使遭受 100kg 荷载，100g 加速度冲击，其 28d 强度也不受影响。

相对于设计阶段取用 28d 龄期混凝土的性能研究而言，对低龄期混凝土的研究还很不完善。施工阶段作为结构高风险时期，全面探究低龄期混凝土的性能——受载混凝土强度发展规律、应力－应变全过程、钢筋和混凝土协同作用能力等，对于了解低龄期混凝土的结构性能、控制施工阶段风险具有重要意义。

第四节 时变结构可靠度分析与优化设计

对于钢筋混凝土建筑结构施工阶段的可靠度分析与安全检验，可采用传统的可靠度理论和规范采用的极限状态设计方法，按施工阶段分步分析、检验。Ashraf M. EI-Shahhat，David V. Rosowsky，W. F. Chen，利用优化方法确定了目标可靠指标 $\beta=2.5\sim3.0$ 时的施工活荷载分项系数为 $\gamma_L=2.4\sim3.6$。安全检验方程为：

$$\lambda_c\varphi R_n\geqslant C\ [1.2\ (D_n+C_{Dn})\ +\gamma_L C_{Ln}] \tag{2-4}$$

式中 λ_c——考虑混凝土早期强度的降低系数；

φ——抗力分项系数，取 0.9；

R_n——结构抗力标准值；

C——时变结构体系分析确定的楼板承担的最大施工荷载比率；

1.2——恒载分项系数；

D_n——恒载标准值效应；

C_{Dn}——施工恒载标准值效应；

γ_L——施工活荷载分项系数；

C_{Ln}——施工活荷载标准值效应，当β=2.5～3.0时，取γ_L=2.4～3.6。

N. J. Gardner 建议采用 ACI318—83 或 CAN23.3M84 给出的分项系数确定极限施工荷载允许值和施工荷载设计值进行安全检验，陈宗严也提出了相同的方法。佟晓利、巴松涛对一柱网为6000mm×4000mm，板厚为190mm，10层框架结构，楼板混凝土强度等级C20，施工周期为7d，2层模板支撑和2层模板支撑加一层二次支撑施工方案，各施工阶段楼板弯曲和剪切失效概率，采用一次二阶矩方法进行了分析，结果表明在某一施工步骤，楼板的失效概率会大于《建筑结构可靠度设计统一标准》规定的正常使用期间的失效概率。

时变结构可靠度分析与优化设计，由于受时变结构分析模型、钢筋混凝土建筑结构施工活荷载调查统计以及早龄期混凝土性能研究还不成熟的制约，研究相对滞后。

第三章　钢筋混凝土结构施工短暂状况分析

第一节　时变结构分析方法

钢筋混凝土结构施工短暂状况研究施工期钢筋混凝土建筑结构的安全性。施工期新浇筑的混凝土结构不具有承受自重以及外荷载的能力，因此通常采用模板支撑将新浇筑混凝土结构的自重荷载以及施工荷载传递到先前浇筑好的一层或数层混凝土楼板上，这一由模板支撑与早龄期混凝土结构组成的临时承载结构是随时间缓慢变化的时变结构体系，可以采用离散性的时间冻结法近似处理，将其模拟成一序列时不变结构，进行静力或动力分析。

通常按施工过程，如支模、钢筋绑扎、浇筑混凝土、混凝土养护等工序将钢筋混凝土结构施工时变结构体系进行冻结处理成时间轴上的一序列时不变结构，也即研究施工过程中最不利的若干状态，每个状态中不考虑结构的变化来分析该状态中结构的强度、刚度和稳定性。分析中需要考虑以下四类决策：

(1) 根据历史经验、认真的现场调查结构的特点和结构建造过程，决定需要进行力学分析的若干最不利的工作状态，也即关键工序状态。

(2) 决定各个最不利工作状态的荷载组合。由于一个结构的施工期不是很长，遇到特大自然灾害的概率很小，因而可以不考虑地震作用，风荷载也可以只考虑常遇风压，在有水灾可能的工地还需根据洪水的危险性分析适当考虑洪水的影响。在一般的荷载中还必须考虑临时性的施工荷载，包括建筑材料的堆积、建筑机械的作用、人流运动等。此外，还应该考虑施工中可能发生的撞击荷载。

(3) 决定在结构强度、刚度和稳定性校核中的安全系数。这要根据时变结构的工作环境，该工作状态维持时间的长短，超常荷载发生的可能性，结构的重要性等条件综合考虑决定。

(4) 混凝土材料的时变性能。

现浇钢筋混凝土结构施工，通常包括以下工序流程：准备工作→测量与放样→模板架立→钢筋架立→埋件安装→混凝土浇筑→混凝土养护→拆模、缺陷修整等一系列工序。其中一些工序对结构形状影响较小，施工荷载也较小，如准备工作、测量与放样、混凝土养护等，而一些工序不仅改变了承载结构体系的形状，而且对施工荷载也有明显改变，如混凝土浇筑，模板支撑拆除等，为分析简便，将现浇钢筋混凝土结构施工过程简化为施工荷载与结构形状变化显著的下面两道工序：

(1) 浇筑新混凝土（工序 A）

(2) 拆除临时承载体系，即施工时变结构体系中的底层模板支撑（工序 B）。

当施工建筑的标准楼层时，两道工序通常交替出现；而在建筑施工初期一般为浇筑新混凝土这一道工序，当结构进入封顶阶段时，一般为拆除施工时变结构体系中的底层模板支撑这一道工序。与此相对应，建筑每增高一层，施工时变结构体系就经历浇筑新混凝土和拆除施工时变结构体系中的底层模板支撑两个时不变结构状态。钢筋混凝土建筑结构施工短暂状况分析即从建筑的底层施工开始逐层分析两种状态下结构中内力的变化。

两种时不变结构的形状、构件性能以及作用于结构上的外荷载不尽相同，但两者都以模板支撑相连的数层楼板承担荷载，因而可以采用相同的分析方法。

两种时不变结构上的外荷载分别为新浇筑楼层混凝土自重或待拆除模板支撑的内力。

施工期钢筋混凝土结构构件内力计算步骤为：

(1) 计算浇筑新混凝土或拆除施工时变结构底层模板支撑后，时变结构内构件的内力增量；

(2) 将结构构件内力增量与该结构构件的原有内力叠加。

第二节 时变结构承载机理

现浇钢筋混凝土结构施工期间，承担荷载传递的模板支撑系统是连续均匀分布的弹性支撑，支撑楼板是弹性支撑上的弹性板，如图 3-1 所示。

根据变形协调和力的平衡，在外荷载 F 作用下，有：

$$\begin{cases}\Delta_{上}=\Delta_{下}+\Delta_{支}\\ F=F_{上}+F_{下}\end{cases} \tag{3-1}$$

$$F_{下}=k_{下}\ \Delta_{下} \tag{3-2}$$

$$F_{上}=k_{上}\ \Delta_{上}=k_{上}\ (\Delta_{下}+\Delta_{支})\ =k_{上}\left(\Delta_{下}+\frac{F_{下}}{k_{支}}\right) \tag{3-3}$$

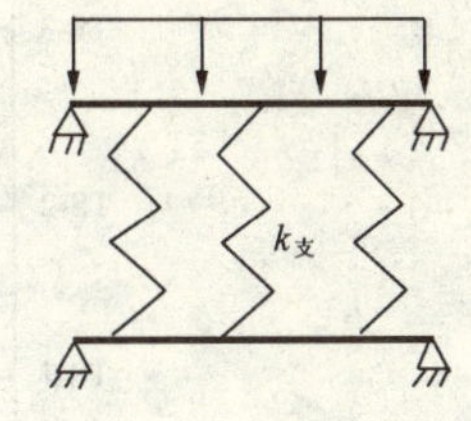

图 3-1 时变结构简化模型

式中 F——体系承担的外力，如新浇楼层混凝土自重荷载，拆除支撑内力等；

$F_{上}$，$F_{下}$——分别为上下层楼板分担的荷载；

$\Delta_{上}$，$\Delta_{下}$，$\Delta_{支}$——分别为上下层楼板的变形以及支架变形；

$k_{上}$，$k_{下}$——分别为上下层楼板的刚度；

$k_{支}$——为弹性支撑的刚度。

由式 (3-2)、式 (3-3) 可以看出施工时变结构体系中楼层承担的施工荷载具有以下特征：

(1) 带弹性支撑的楼板承担的施工荷载与楼板的刚度成正比；

(2) 带弹性支撑的楼板承担的施工荷载与弹性支撑的刚度成反比（即与弹性支撑的变形成正比）。

与通常结构承担的荷载效应按构件刚度分配机制不同，施工时变结构中，楼板承担的荷载效应，除按楼板刚度进行分配外，同时还按楼板下弹性支撑的变形能力进行分配。当楼板下弹性支撑刚度无限时，时变结构退化为普通结构，荷载按楼板刚度比例分配。

第三节 弹性支撑连续梁模型（CBSS）

一、模型建立

1952 年，Nielsen 建立施工期早龄期混凝土结构与模板支撑共同作用分析的精确模型时，指出承担荷载传递的模板支撑系统是连续均匀分布的弹性支撑，支撑楼板是弹性板。施工时变结构体系中模板支架和早龄期混凝土楼板，作为弹性材料，施工期承担施工荷载的早龄期混凝土楼板，即是弹性支撑上的连续板（如图 3-2 所示）。

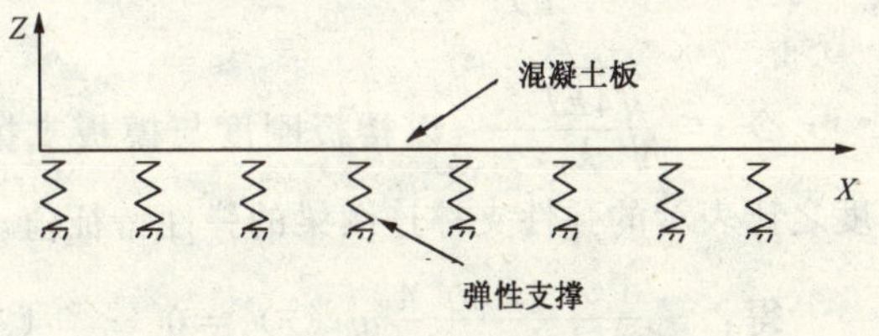

图 3-2 弹性支撑连续梁模型

为便于分析，这里假定：

(1) 临时支撑与上层模板和下层楼板间的连接

视为铰接。

(2) 拆模时支撑一次性拆除，不考虑支撑拆除次序对结构的影响。

(3) 不考虑混凝土的收缩和徐变，混凝土结构和模板支撑均为线弹性结构。

(4) 基础是刚性的。

在现浇混凝土结构和模板支撑系统组成的时变结构体系中，上层混凝土结构可以模拟成以下层现浇混凝土结构为弹性支座的连续梁，弹性支撑的刚度就是混凝土板下的模板支撑和其下楼板的刚度，由此形成一组弹性支撑连续梁，如图 3-3 所示。

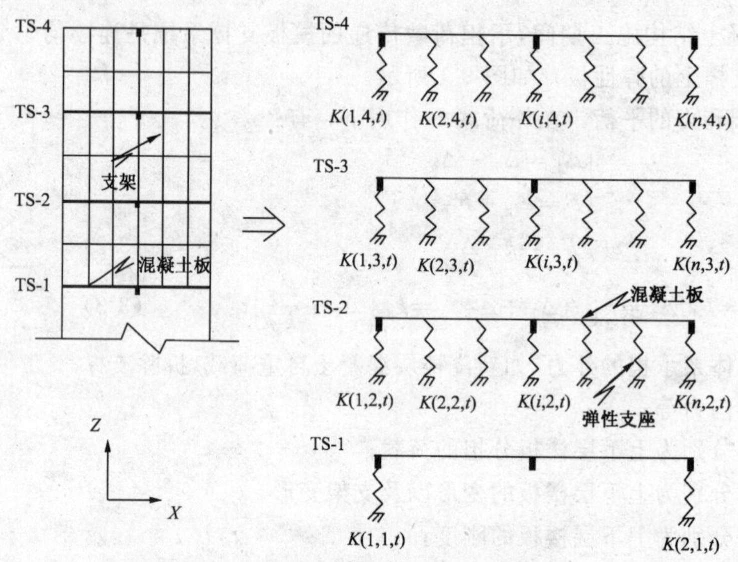

图 3-3 施工期混凝土时变结构分析实用模型 CBSS

$K(i, k, t)$——计算的楼板下部结构系统的刚度；

i——模板支架、二次支架及混凝土柱沿 x 方向位置；

k——计算的楼板在时变结构中的位置；

t——计算的楼板下部混凝土结构的龄期。

对于刚性地基上的弹性支撑连续梁，假定弹性支撑刚度为 k_0，单位宽的混凝土楼板的刚度为 EI。混凝土弹性模量取相应龄期混凝土的弹性模量，它是混凝土龄期的函数，可以采用 28d 后混凝土的弹性模量乘以弹性模量增长系数 l 表示，这里采用的混凝土弹性模量增长系数 l 如图 3-4 所示。

若混凝土楼板承担的外荷载为 $q(x)$，根据材料力学理论，其基本微分方程为：

$$EI\frac{d^4w(x)}{dx^4}=q(x)-k_0w(x) \quad (3\text{-}4)$$

当连续板或梁上没有均布荷载，仅有集中力时，即 $q(x)=0$，此时微分方程为：

$$EI\frac{d^4w(x)}{dx^4}+k_0w(x)=0 \quad (3\text{-}5)$$

令 $s=\sqrt[4]{\frac{4EI}{k_0}}$——以楼板刚度与模板支撑刚度之比表示的弹性支撑连续梁的弹性特征值。

得：
$$\frac{d^4w(x)}{dx^4}+\frac{4}{s^4}w(x)=0 \quad (3\text{-}6)$$

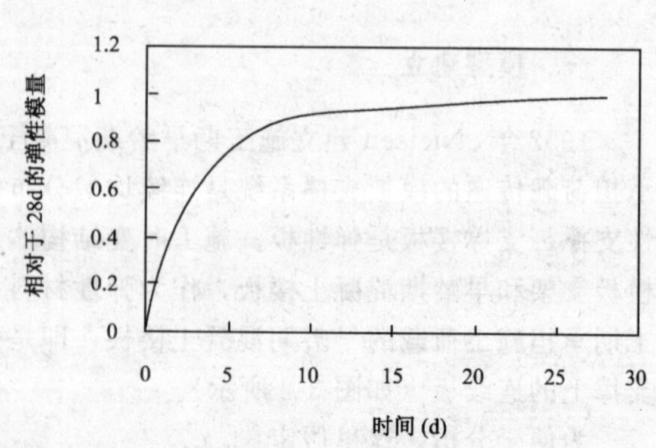

图 3-4 早期混凝土弹性模量时变关系

假设连续梁的原点的初始位移 w_0、转角 φ_0，

初始弯矩 M_0 和剪力 Q_0，在任意外荷载 M、Q 作用下，任意截面 x 的变形及内力为：

$$w\ (\xi)\ =w_0A_\xi+s\varphi_0B_\xi+\frac{4}{s^2k_0}\Sigma MC_\mathrm{m}-\frac{4}{sk_0}\Sigma PD_\mathrm{p} \tag{3-7}$$

$$\varphi\ (\xi)\ =\varphi_0A_\xi+\frac{4}{s^3k_0}\Sigma MB_\mathrm{m}-\frac{4}{s^2k_0}\Sigma PC_\mathrm{p}-\frac{4}{s}w_0D_\xi \tag{3-8}$$

$$M\ (\xi)\ =\Sigma MA_\mathrm{m}-s\Sigma PB_\mathrm{P}-s^2k_0w_0C_\xi-s^3k_0\varphi_0D_\xi \tag{3-9}$$

$$Q\ (\xi)\ =\Sigma PA_\mathrm{p}-\frac{4}{s}\Sigma MD_\mathrm{m}-sk_0w_0B_\xi-s^2k_0\varphi_0C_\xi \tag{3-10}$$

式中
$$\xi=\frac{x}{s} \tag{3-10a}$$

$$A_\xi=\cosh\frac{x}{s}\cos\frac{x}{s} \tag{3-10b}$$

$$B_\xi=\frac{1}{2}\left(\cosh\frac{x}{s}\sin\frac{x}{s}+\sinh\frac{x}{s}\cos\frac{x}{s}\right) \tag{3-10c}$$

$$C_\xi=\frac{1}{2}\sinh\frac{x}{s}\sin\frac{x}{s} \tag{3-10d}$$

$$D_\xi=\frac{1}{4}\left(\cosh\frac{x}{s}\sin\frac{x}{s}+\sinh\frac{x}{s}\cos\frac{x}{s}\right) \tag{3-10e}$$

A、B、C、D 的脚标 p、m 表示各荷载 P、M 到所考虑截面的函数。

事实上，在时变结构体系中，上层弹性支撑连续梁是支撑于下层弹性支撑连续梁上的，上层弹性支撑连续梁的地基不是无限刚性的，而存在变形，应按变形协调条件和力的平衡条件，分析时变结构体系中的每一根弹性支撑连续梁。以弹性支座刚度修正，实现变形协调，以上层梁弹性支座内力作为下层梁的外力，满足力的平衡。

不考虑下层弹性支撑连续梁的影响时，本层弹性支撑的变形 $w_{\mathrm{N}i}$：

$$w_{\mathrm{N}i}=\frac{R}{K^0_{\mathrm{N}i}} \tag{3-11}$$

式中 $w_{\mathrm{N}i}$——本层结构 i 支座的位移；

$K^0_{\mathrm{N}i}$——本层模板支柱或混凝土柱实际刚度；

R——弹性支撑内力。

考虑下层弹性支撑连续梁的影响时，本层弹性支撑的实际变形 $w_{\mathrm{N}ij}$ 为：

$$w_{\mathrm{N}ij}=\frac{R}{K_{\mathrm{N}i}}=w_{\mathrm{N}i}+w_{\mathrm{N}-1,i} \tag{3-12}$$

式中 $K_{\mathrm{N}i}$——考虑下层弹性支撑变形影响，本层弹性支撑连续梁支座刚度；

$w_{\mathrm{N}-1,i}$——下层结构 i 支座的位移。

由式（3－11）、式（3－12），考虑下层弹性支撑变形影响，本层弹性支撑连续梁支座刚度为：

$$K_{\mathrm{N}i}=K^0_{\mathrm{N}i}\cdot\frac{1}{1+\dfrac{w_{\mathrm{N}-1,i}}{w_{\mathrm{N}i}}} \tag{3-13}$$

令：
$$\gamma_\mathrm{K}=\frac{1}{1+\dfrac{w_{\mathrm{N}-1,i}}{w_{\mathrm{N}i}}} \tag{3-13a}$$

式中 γ_K——考虑下层弹性支撑变形影响，本层弹性支撑连续梁支座刚度修正系数。

对于时变结构体系中的底层弹性支撑连续梁，$w_{\mathrm{N}-1,i}=0$，$\gamma_\mathrm{K}=1.0$。

二、基于 CBSS 模型的施工期钢筋混凝土建筑结构内力分析

在时变结构体系中，除底层弹性支撑连续梁外，其余各层弹性支撑连续梁的结构相同，但由于各梁在时变结构体系中的位置不同，各弹性支撑连续梁的刚度和弹性支撑的刚度以及所承受的

外荷载均不相同。每一根弹性支撑连续梁均用相同的方法——弹性支撑连续梁模型分析，根据变形协调和力的平衡求解时变结构体系的内力。

施工时变结构体系分析，浇筑新楼层混凝土时，以浇筑楼层混凝土的自重荷载作为外荷载，施加于时变结构体系上；拆除时变结构体系中的底层模板支撑时，以拆除模板支撑的内力作为外荷载施加于时变结构体系上。浇筑新楼层和模板支撑拆除施工作业性质不同，其时变结构体系的特性也不相同，但分析方法相同。首先假定时变结构弹性支撑连续梁的地基为无限刚性，即不考虑下层弹性支撑连续梁变形的影响，弹性支撑连续梁的弹性支座刚度修正系数 $\gamma_K=1.0$，从时变结构体系中的顶层弹性支撑连续梁往底层弹性支撑连续梁顺序分析，以上层弹性支撑连续梁的弹性支座的内力作为下层弹性支撑连续梁的外力，分析时变结构体系中的每一层弹性支撑连续梁；其次，计算弹性支撑连续梁的支座刚度修正系数 γ_K，返回上一步进行分析，直至时变结构体系中的每层弹性支撑连续梁的支座位移稳定，即前后两次计算位移差值足够小，满足误差要求，或前后两次计算的弹性支座刚度修正系数差值足够小，满足误差要求，如 $|\gamma_K-\gamma'_K|\leqslant 0.00001$，然后将计算的时变结构体系中楼板支撑内力与结构的原始内力叠加，本道工序结束后，时变结构体系中构件的内力、分析流程如图 3-5 所示。

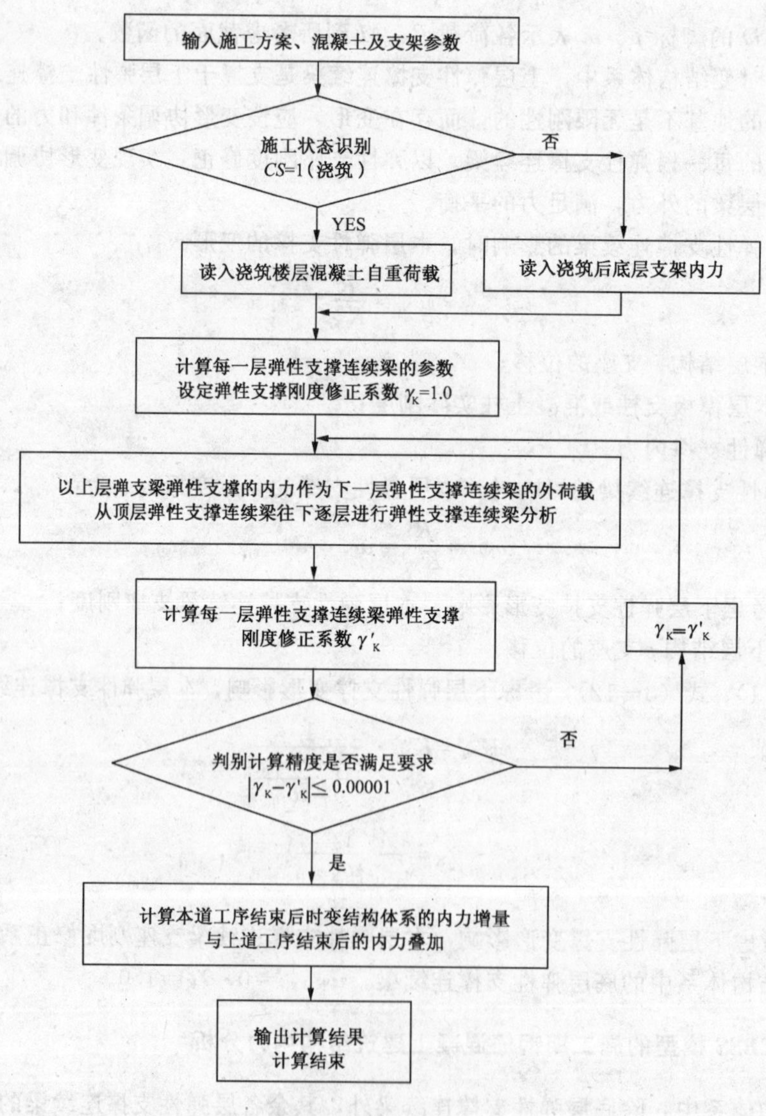

图 3-5 时变结构体系 CBSS 分析流程

钢筋混凝土建筑结构施工过程受力性能的仿真分析，从高层建筑的首层混凝土浇筑开始，直至整个钢筋混凝土建筑结构封顶、模板支撑拆除。首层浇筑混凝土的自重荷载全部通过模板支撑传给基础，浇筑二层以上楼层混凝土的自重荷载，由其下的施工时变结构体系承担，时变结构体系的内力的增量按CBSS方法分析，并与先前的内力叠加。到支模层数后，开始拆除建筑的首层模板支撑，以首层模板支撑内力作为外力，施加于拆模后的时变结构体系，用CBSS方法分析时变结构体系内力的增量，并与先前的内力叠加。钢筋混凝土建筑施工时变结构体系分析流程如图 3-6。

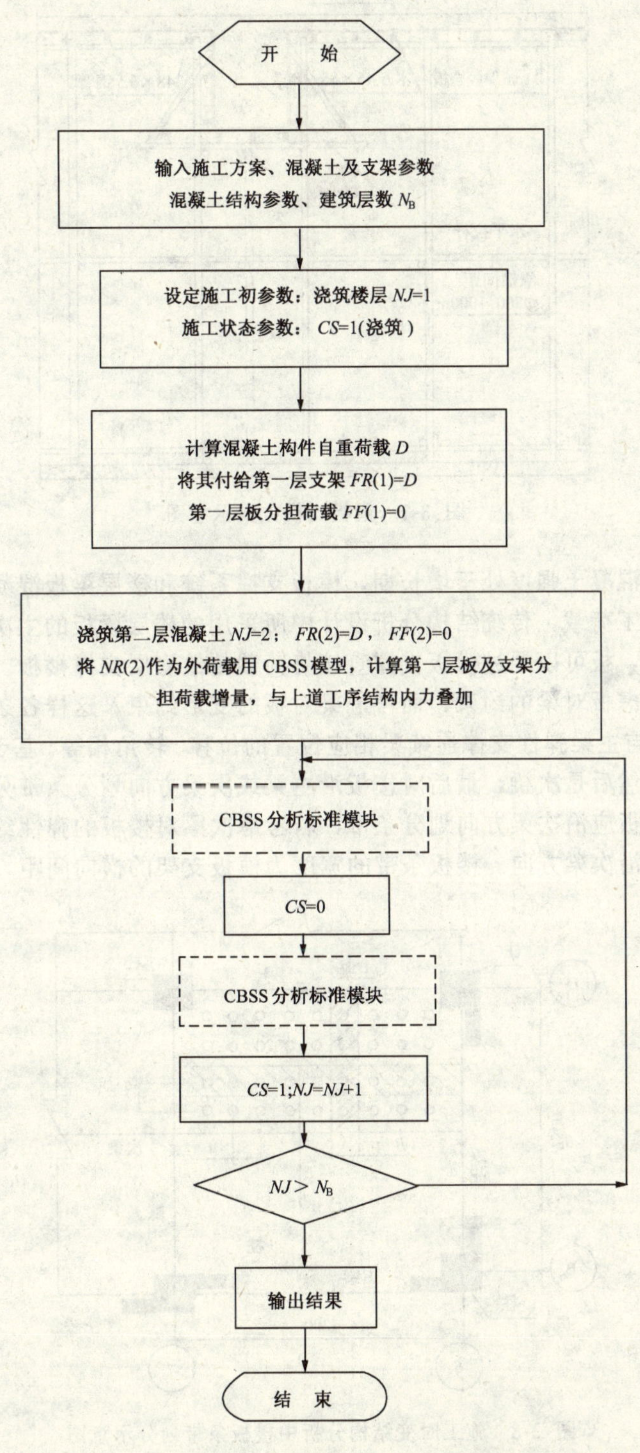

图 3-6 钢筋混凝土建筑施工时变结构分析流程

对于梁板柱体系（框架结构、框架—剪力墙结构、框架—筒体结构，其竖向结构不尽相同，但施工时变结构体系分析对象层数为模板支撑设置层数，远小于建筑层数，建筑的竖向结构在施工时变结构体系中的作用，不同于建筑物整体分析中主要承担剪力，而主要承担竖向施工荷载，是刚度不同的柱）混凝土建筑，梁的存在，造成楼层刚度不均，施工时变结构体系中模板支撑配置也不均匀（如图 3-7 所示典型梁板结构模板支架布设方案），导致梁、板下支架内力差异。

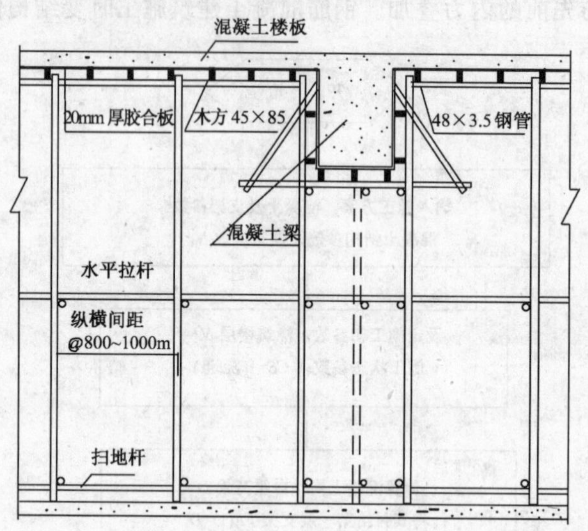

图 3-7 梁板支模方案示意图

施工阶段，结构混凝土强度处于增长期，模板支撑系统和楼层梁板混凝土结构组成一组弹性支撑连续梁，承担施工荷载，传统结构分析设计中所采用的楼层梁板的主次关系板将荷载传给梁的这种情况已不存在，板可以通过模板支撑直接将荷载传给底层支撑楼板。因此，对于时变结构体系分析，可以不考虑板对梁的约束，而考虑梁对板的变形约束。这样各条楼板弹性支撑连续梁的端部位移和转角，与主梁弹性支撑连续梁相应位置的位移、转角相等。基于本文的 CBSS 分析模型，首先分析主梁，然后是次梁，最后对楼板沿主梁或次梁方向划分条带分析。若不考虑次梁对楼板的弹性约束，楼板应沿次梁方向划分条带，若考虑次梁对楼板的弹性约束，楼板条带划分方向可以沿主梁，也可沿次梁方向。楼板条带的宽度为模板支架的横向间距，如图 3-8 所示。

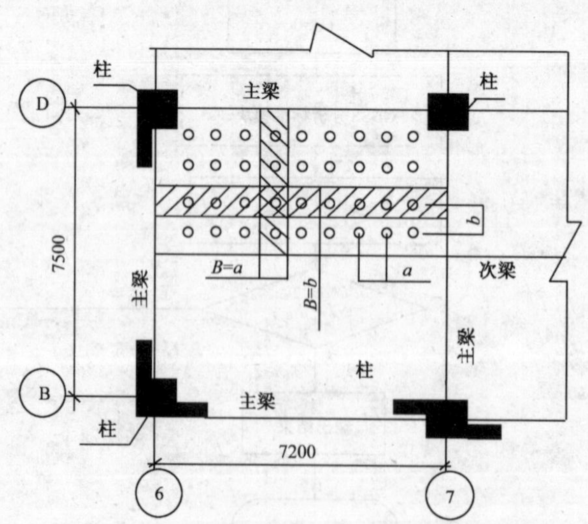

图 3-8 施工时变结构分析中楼板条带划分示意图

B—条带宽度；*a*—模板支架行距；*b*—模板支架排距

每一条板带、次梁、主梁分析方法相同，其分析过程如图 3-9 所示。

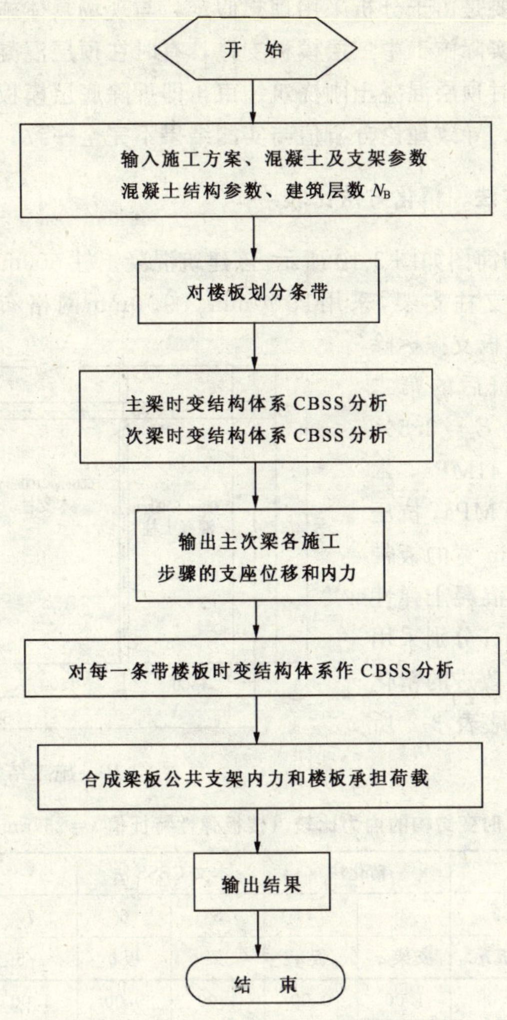

图 3-9 梁板柱体系时变结构分析流程

三、工程实测验证

采用前节的方法，对附录 A 介绍的某高层建筑施工时变结构体系进行了分析，并与现场测试结果（详见第五章）进行了比较。表 3-1 为分析获得的标准层梁板支架在一个施工循环的内力。

标准层楼板支架内力计算结果与实测结果比较（单位：D） 表 3-1

楼 层	计算Ⅰ	计算Ⅱ	实测Ⅰ	实测Ⅱ	比 较	
	①	②	③	④	③/①	④/②
顶 层	2.04	1.295	2.06	1.24	1.010	0.957
中 层	2.479	1.879	2.86	1.45	1.154	0.772
底 层	1.721	1.421	1.66	1.41	0.965	0.992
备 注	实测值详见第五章；与计算Ⅰ、计算Ⅱ与实测Ⅰ、实测Ⅱ的环境条件相对应					

从表 3-1 可以看出，除实测第一阶段中层偏大、第二阶段中层偏小外，计算结果与实测结果基本一致。产生偏差的原因主要是由于分析采用理想假定，与现场具体施工方案、拆模时间以及测试环境并非完全一致。如，实际施工中三层模板支撑，有时在顶层混凝土建筑前拆除底层模板支撑，形成两层模板支撑，有时顶层混凝土刚浇筑结束，即拆除底层模板支撑；在测试环境上，施工活动、环境温湿度差异等，导致理论分析值与实测结果不完全一致。

四、CBSS 模型与简化方法、精化方法比较

选择某板柱建筑，其结构简图如图 3-10 所示。该建筑混凝土柱 500mm×500mm，板厚 180mm，采用3层模板支撑系统，木支柱支架，采用1500mm×900mm网格布设，支柱尺寸为50mm×100mm。施工周期 7d，底层模板支撑拆除时间为顶层楼板混凝土浇筑后的第二天。混凝土 28d 的弹性模量 $E_c=3.5\times10^4$MPa，混凝土抗压强度为 41MPa，木支柱弹性模量 $E_w=7.75\times10^3$MPa，抗压强度为 5.6MPa。选取 900mm 宽的板带（弹性特征值 $s=257$），早期混凝土弹性模量的时变规律如图 3-4 所示，分别采用 CBSS 模型、简化分析模型和改进的精化分析模型进行分析，结果见表 3-2 所示。

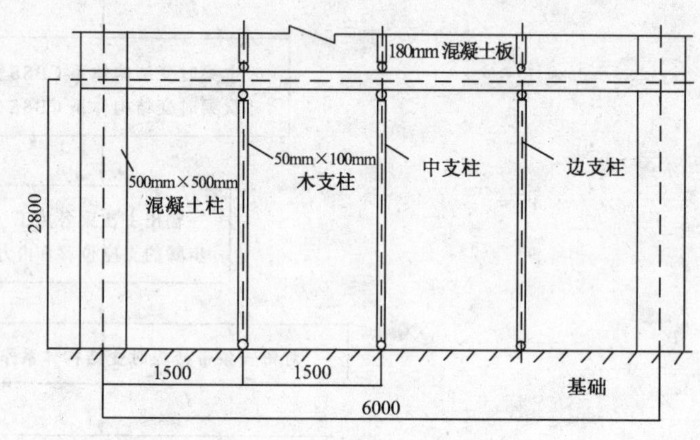

图 3-10 施工结构分析简图

不同分析方法计算的施工时变结构的内力比较（楼板弹性特征值 $s=257$mm）单位：D 表 3-2

施工工序		楼层	简化方法		精化法		本文 CBSS 法		比较			
			1	2	3	4	5	6	7	8	9	10
			支架 q	板 q	支架 q	板 q	支架 q	板 q	1/5	2/6	3/5	4/6
1	浇筑	1*	1.00	0.00	1.00	0.00	1.00	0.00	1.00	—	1.00	—
2	浇筑	1	2.00	0.00	1.76	0.43	1.49	0.51	1.34	0.00	1.18	0.84
		2*	1.00	0.00	1.00	0.00	1.00	0.00	1.00	—	1.00	—
3	浇筑	1	3.00	0.00	2.15	0.67	1.67	0.82	1.80	0.00	1.29	0.82
		2·	2.00	0.00	1.66	0.48	1.49	0.51	1.20	0.00	1.11	0.94
		3*	1.00	0.00	1.00	0.00	1.00	0.00	1.00	—	1.00	—
4	拆模	1*	—	1.00	—	1.70	—	1.24	—	0.81	—	1.37
		2	0.00	1.00	0.78	1.01	0.14	1.14	0.00	0.88	5.57	0.88
		3	0.00	1.00	0.80	0.34	0.28	0.82	0.00	1.22	2.86	0.41
5	浇筑	1	—	1.33	—	1.91	—	1.37	—	0.97	—	1.39
		2	0.33	1.33	0.94	1.34	0.27	1.40	1.22	0.95	3.48	0.96
		3	0.66	1.34	1.22	0.82	0.67	1.33	0.99	1.01	1.82	0.62
		4*	1.00	0.00	1.00	0.00	1.00	0.00	1.00	—	1.00	—
6	拆模	1	—	1.00	—	1.00	—	1.00	—	1.00	—	1.00
		2*	—	1.44	—	1.80	—	1.55	—	0.93	—	116
		3	0.44	1.45	0.87	1.09	0.45	1.53	0.98	0.95	1.93	0.71
		4	0.89	0.11	0.90	0.16	0.98	0.12	0.91	0.92	0.92	1.33

续表

施工工序		楼层	简化方法		精化法		本文 CBSS 法		比较			
			1	2	3	4	5	6	7	8	9	10
			支架 q	板 q	支架 q	板 q	支架 q	板 q	1/5	2/6	3/5	4/6
7	浇筑	2	—	1.78	—	2.02	—	1.69	—	1.05	—	1.20
		3	0.77	1.78	1.01	1.42	0.59	1.78	1.31	1.00	1.71	0.80
		4	1.55	0.45	1.43	0.64	1.37	0.63	1.13	0.71	1.04	1.02
		5*	1.00	0.00	1.00	0.00	1.00	0.00	1.00	—	1.00	—
8	拆模	2	—	1.00	—	1.00	—	1.00	—	1.00	—	1.00
		3*	—	2.03	—	1.93	—	1.99	—	1.02	—	0.97
		4	1.03	0.71	0.95	0.94	0.89	0.94	1.16	0.76	1.07	1.00
		5	0.74	0.26	0.88	0.18	0.83	0.27	0.89	0.96	1.06	0.67
9	浇筑	3	—	2.36	—	2.15	—	2.13	—	1.11	—	1.01
		4	1.36	1.04	1.13	1.27	1.03	1.18	1.32	0.88	1.10	1.08
		5	1.40	0.60	1.41	0.66	1.21	0.89	1.16	0.67	1.17	0.74
		6*	1.00	0.00	1.00	0.00	1.00	0.00	1.00	—	1.00	—
10	拆模	3	—	1.00	—	1.00	—	1.00	—	1.00	—	1.00
		4*	—	1.49	—	1.88	—	1.46	—	1.02	—	1.29
		5	0.49	1.05	0.85	1.04	0.36	1.20	1.36	0.88	2.36	0.87
		6	0.54	0.46	0.87	0.23	0.56	0.54	0.96	0.48	1.55	0.43

注：*—表示作业楼层。

由表 3-2 可知，本文 CBSS 分析方法确定楼板承担最大施工荷载发生施工工序与简化法以及精化法相同，量值基本一致，与精化法误差仅 1%。在 16d 前，本文 CBSS 法分析结果更接近于简化法（如图 3-11 所示），与改进精化分析模型的误差主要来源与对基础刚度假定不完全一致，改进精化分析模型假定基础刚度为等效板刚度，CBSS 分析模型采用基础无限刚性假定。估计最大荷载出现位置以及量值的一致性，表明了对基础刚性假设是合理的。

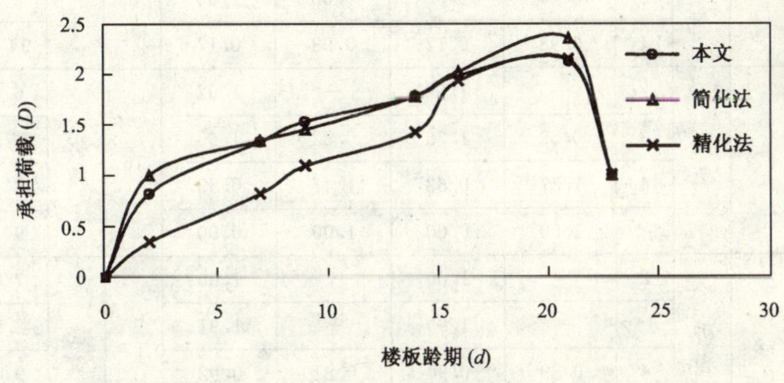

图 3-11 施工阶段第三层楼板承担施工荷载比较

由于计算时考虑了楼板刚度的时变特性、支架的弹性性能，支架承担的最大荷载量值小于简化法。

为了解楼板承担最大施工荷载的发生规律，用 CBSS 法对算例进行了施工进程追踪分析，表 3-3给出前 19 道施工工序中楼板和支架承担的施工荷载。由表 3-3 可以看出，随施工进展，楼板承担的最大施工荷载依次发生于第 3 层、第 5 层、第 8 层、第 11 层……，呈现明显规律性，在这些承担的最大施工荷载楼板中，第 3 层最大，为 2.13D，其后第 5 层为 2.05D、第 8 层为 2.02D…，标准层承担最大荷载约为第 3 层的 95%。在最大施工荷载出现后，紧接着的下一楼层承担的最大施工减小，约为最大楼层承担荷载的 85%～91%。图 3-12 为出现最大施工荷载的第 3 层、第 5 层和第 8 层楼板承担施工荷载历史比较。

施工时变结构承担施工荷载规律分析（楼板弹性特征值 $s=257$）单位：D 表 3-3

施工工序		楼层	CSSB 边支**		CSSB 中支	
			1	2	3	4
			支架 q	板 q	支架 q	板 q
1	浇筑	1*	1.00	0.00	1.00	0.00
2	浇筑	1	1.49	0.51	1.64	0.36
		2*	1.00	0.00	1.00	0.00
3	浇筑	1	1.67	0.82	1.90	0.75
		2	1.49	0.51	1.65	0.35
		3*	1.00	0.00	1.00	0.00
4	拆模	1*	—	1.24	—	1.29
		2	0.14	1.14	0.19	1.21
		3	0.28	0.82	0.40	0.70
5	浇筑	1	—	1.37	—	1.49
		2	0.27	1.40	0.39	1.55
		3	0.67	1.33	0.94	1.06
		4*	1.00	0.00	1.00	0.00
6	拆模	1	—	1.00	—	1.00
		2*	—	1.55	—	1.73
		3	0.45	1.53	0.63	1.30
		4	0.98	0.12	0.93	0.17
7	浇筑	2	—	1.69	—	1.92
		3	0.59	1.78	0.82	1.65
		4	1.37	0.63	1.47	0.53
		5*	1.00	0.00	1.00	0.00
8	拆模	2	—	1.00	—	1.00
		3*	—	1.99	—	1.91
		4	0.89	0.94	0.81	0.92
		5	0.83	0.27	0.73	0.37
9	浇筑	3	—	2.13	—	2.11
		4	1.03	1.18	1.01	1.26
		5	1.21	0.89	1.27	0.83
		6*	1.00	0.00	1.00	0.00
10	拆模	3	—	1.00	—	1.00
		4*	—	1.46	—	1.62
		5	0.36	1.20	0.52	1.26
		6	0.56	0.54	0.78	0.32

施工工序		楼层	CSSB 边支		CBSS 中支	
			7	8	9	10
			支架 q	板 q	支架 q	板 q
11	浇筑	4	—	1.60	—	1.81
		5	0.50	1.45	0.71	1.61
		6	0.95	1.05	1.32	0.68
		7*	1.00	0.00	1.00	0.00
12	拆模	4	—	1.00	—	1.00
		5*	—	1.65	—	1.86
		6	0.55	1.24	0.76	1.03
		7	0.79	0.31	0.79	0.31
13	浇筑	5	—	1.79	—	2.05
		6	0.69	1.48	0.95	1.37
		7	1.17	0.83	1.32	0.68
		8*	1.00	0.00	1.00	0.00
14	拆模	5	—	1.00	—	1.00
		6*	—	1.63	—	1.67
		7	0.63	1.17	0.57	1.12
		8	0.80	0.30	0.69	0.41
15	浇筑	6	—	1.86	—	1.87
		7	0.76	1.42	0.77	1.4195
		8	1.18	0.82	1.23	0.77
		9*	1.00	0.00	1.00	0.00
16	拆模	6	—	1.00	—	1.00
		7*	—	1.65	—	1.75
		8	0.55	1.15	0.65	1.20
		9	0.70	0.40	0.85	0.25
17	浇筑	7	—	1.79	—	1.95
		8	0.69	1.40	0.85	1.54
		9	1.09	0.91	1.39	0.61
		10*	1.00	0.00	1.00	0.00
18	拆模	7	—	1.00	—	1.00
		8*	—	1.63	—	1.83
		9	0.53	1.24	0.73	1.04
		10	0.77	0.33	0.77	0.33
19	浇筑	8	—	1.77	—	2.02
		9	0.67	1.49	0.92	1.38
		10	1.16	0.84	1.30	0.70
		11*	1.00	0.00	1.00	0.00

注：*——表示施工作业楼层；**——支架位置见图 3-10 所示。

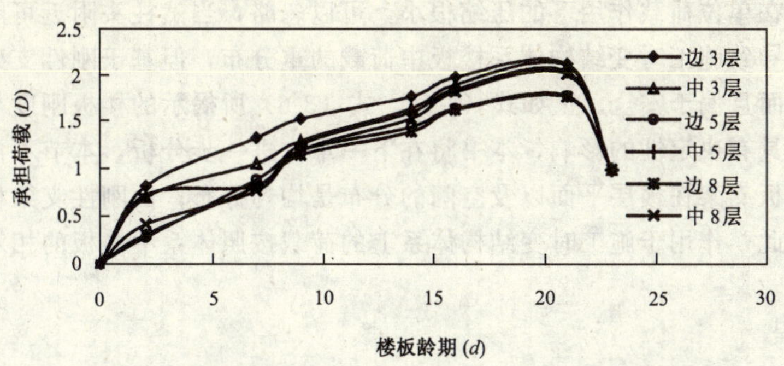

图 3-12 施工阶段第 3 层、5 层、8 层楼板承担最大施工荷载比较

(图例中边 3 层指第 3 层楼层边支架处楼板承担的最大施工荷载)

从上述图表中还可以发现，各楼层不同支架承担荷载明显不均，与承担最大施工荷载相比，最小支架承担荷载减小约 28%，如第 3 层、第 6 层、第 8 层支架。

第四节 简化分析模型

一、经典简化分析方法

经典简化分析方法是由 P. Grundy 和 A. Kabaila 于 1963 年提出的。旨在预计板柱建筑施工荷载在钢筋混凝土楼板和模板支撑中的分布。因该方法简便，很适合现场工程技术人员应用，而且计算结果偏于安全，因而被美国混凝土协会推荐在混凝土模板工程施工中应用，这里作一简要介绍。

(一) 基本假定

现浇钢筋混凝土结构施工，通常包括以下工序流程：准备工作→测量与放样→模板架立→钢筋架立→埋件安装→混凝土浇筑→混凝土养护→折模、消缺，等一系列工序。其中一些工序对结构形状影响较小，施工荷载也较小，如准备工作、测量与放样、混凝土养护等，而一些工序不仅改变承载结构体系的形状，而且施工荷载也有明显改变，如混凝土浇筑，模板支撑拆除等，为分析简便，这里将现浇钢筋混凝土结构施工过程简化为施工荷载与结构形状变化显著的下面两道工序：

(1) 浇筑新混凝土（工序 A）；

(2) 拆除临时承载体系，即施工时变结构体系中的底层模板支撑（工序 B）。

例如，对于一周一层施工周期，配置三层模板支撑，当 p 层浇筑时（工序 A），由模板支撑相连的楼板的混凝土龄期依次为 p 层 0d，$p-1$ 层 7d，$p-2$ 层 14d，$p-3$ 层 21d，四层混凝土楼板荷载加上模板支撑荷载将以某种方式在 $p-1$、$p-2$、$p-3$ 三层楼板中分布。当 5d 后拆除时变结构体系中的底层模板支撑时（工序 B），即 $p-2$ 层楼板下的支撑，原先由待拆除支撑承担的荷载将由 p 层楼板（混凝土龄期为 5d）、$p-1$ 层楼板（混凝土龄期为 12d）、$p-2$ 层楼板（混凝土龄期为 19d）三层楼板分担。

假定模板、支撑重量为混凝土楼板重量的 10%，并包括在楼板自重 D（单位面积楼板重量）中。模板、支撑从一层转运到另一层的过程中，对工序 A 和工序 B 中施工荷载的分布影响很小，分析中忽略不计。

与楼板的竖向变形相比，支架为刚性杆件。这一假定对于钢支撑而言没有问题，因为与楼板的挠度相比，支架在单位荷载作用下的压缩很小，可以忽略，当然柱头附近可能例外。木支架具有相当柔性，足以导致施工时变结构体系楼板中荷载的重分布，但基于刚性支架假设的分析结果仍具有指导意义，而且偏于安全。正如式（3-5）、式（3-6）所揭示的楼板刚度与支架刚度之比对施工时变结构体系具有决定性的影响，本书将在下一章作进一步分析，本节不再探讨。

同时假定，模板支架在楼层平面以及空间的分布是均匀分布；由刚性支架相互连接的楼板的变形完全相同。因此，作用于施工时变结构体系上的荷载按照体系中楼板的相对弯曲刚度比例分配。

（二）计算过程

假定建筑物楼层为 N_B，模板支撑设置层数为 N 层，含新浇楼层的施工时变结构体系的底层楼板在建筑中的编号为 j（$j=1, 2, \cdots, N_B$），并以 j 作为施工时变结构体系的编号，第 j 个施工时变结构体系中楼层编号 i（$i=1, 2, \cdots, N$），建筑物的 j 层编为号为 1。j 层楼板承担的荷载全量以 S_j 表示，j 层楼板上支撑承担的荷载全量以 $S_{c,j}$，显然 S_j，$S_{c,j}$都是时间的函数。

$$S_j=\sum_{k=j-N}^{k=j}\left(F^{I}_{k+N,k}+F^{C}_{k+N,k}\right) \tag{3-14}$$

$$S_{cj}=S_j-1 \tag{3-15}$$

式中 $F^{I}_{k+N,k}$，$F^{C}_{k+N,k}$分别表示为第 k 个时变结构中，新楼层混凝土浇筑、拆除模板支撑引起 $k+N$ 层楼板新增荷载。按式（3-16）及式（3-17）计算：

（1）当浇筑新楼层混凝土时，若新浇混凝土楼板单位面积重为 $1D$，即作用于施工时变结构体系上的外荷载 $F=1$（D），则施工时变结构体系中的每层楼板分担的荷载增量为：

$$F^{I}_{i,j}=\frac{k_{i,j}}{\sum\limits_{i}k_{i,j}}\cdot F=\frac{k_{i,j}}{\sum\limits_{i}k_{i,j}} \quad (i=1, 2, \cdots, N) \tag{3-16}$$

式中 $F^{I}_{i,j}$——施工时变结构中 i 层楼板分担增量荷载；

$k_{i,j}$——施工时变结构中 i 层楼板的弯曲刚度。

（2）当拆除施工时变结构体系中的底层模板支撑时，作用于施工时变结构体系上的外荷载为待拆除模板支撑内力 $S_{c,j}$，即 $F=S_{c,j}$，则施工时变结构中每层楼板分担的荷载增量为：

$$F^{C}_{i,j+1}=\frac{k_{i,j+1}}{\sum k_{i,j+1}}\cdot F=\frac{k_{i,j+1}}{\sum k_{i,j+1}}\cdot S_{c,j} \quad (i=1, 2, \cdots, N) \tag{3-17}$$

图 3-13、图 3-14 为配置三层模板支撑，7d 施工周期，顶层混凝土浇筑后第 5 天拆除底层模板支撑，考虑混凝土弹性模量恒定以及混凝土弹性模量时变两种情况，施工期混凝土建筑中各楼层承担的施工荷载的计算过程。从图中可以看出，两种情况下计算获得的该建筑整个施工期间出现承担最大施工荷载的楼层均为第三层，荷载分别为 2.36D 和 2.35D，没有明显差别，但标准楼层承担的施工荷载略有不同，分别为 2.0D 和 2.06D。因此工程应用中可以按混凝土弹性模量恒定处理，这样可以简化计算，也符合目前广泛使用早强高性能混凝土的实际情况。

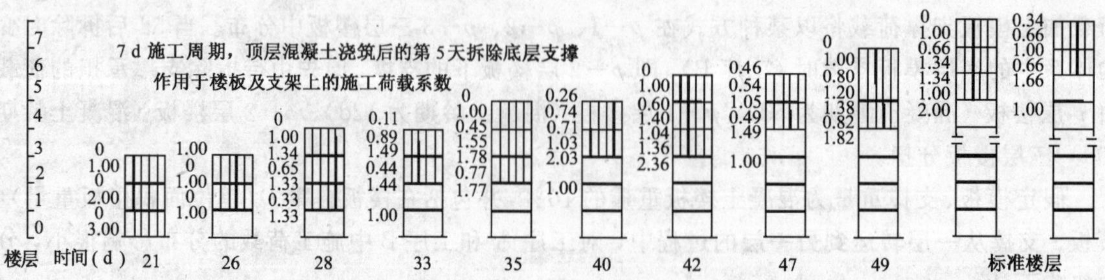

图 3-13 弹性模量恒定，三层模板支撑时作用于楼板及支撑上的施工荷载系数

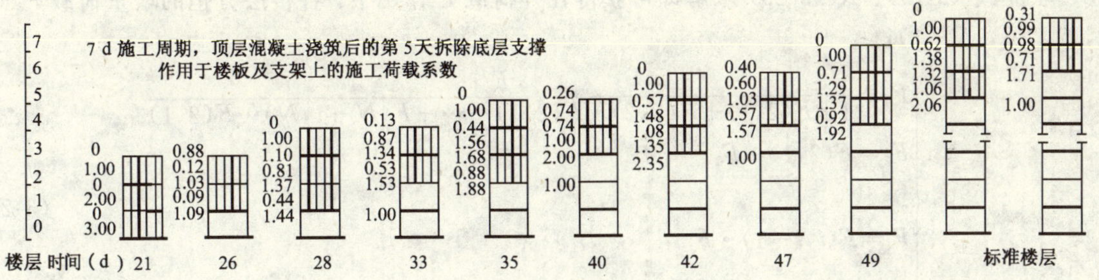

图 3-14 弹性模量时变，三层模板支撑时作用于楼板及支撑上的施工荷载系数

二、改进的简化分析方法

（一）物理方程

假定在由早龄期混凝土结构和模板支撑系统组成的临时承载体系中，模板支撑在楼层内均匀分布，除由于人为设置人行通道、运输通道，以及碰撞等无意的施工差错，造成某层模板支撑与上下层模板支撑轴线偏离，支撑数量减少，形成模板支撑薄弱层外，其余楼层模板支撑轴线位置相同；不考虑混凝土的收缩和徐变。

设标准楼层模板支撑单位面积平均刚度为 K_{F}，薄弱层模板支撑单位面积平均刚度为标准层的 $1/\xi$ 倍。假定模板支撑设置层数为 N 层，在由模板支撑系统和早龄期混凝土结构组成的临时承载体系中，楼层编号从下往上依次增大，i（$i=1$，2，…，$N+1$），模板支撑编号 j（$j=1$，2，…，N）。各楼层混凝土的弹性模量与 28d 龄期的混凝土弹性模量之比为 L_i（$i=1$，2，…，$N+1$），当第一层为基础时，L_1 取基础抗弯刚度与楼板 28d 抗弯刚度之比。定义施工时变结构体系的弹性特征值 λ 为 28d 龄期的钢筋混凝土楼板竖向变形刚度与标准层模板支撑竖向刚度之比。则施工时变结构体系中楼层楼板刚度与模板支撑刚度之比可以表示为 $K_{\mathrm{S}i}/K_{\mathrm{F}}=\lambda L_i$（$i=1$，2，…，$N+1$），若 i 层为薄弱层模板支撑，则薄弱层上楼板刚度与模板支撑刚度之比可以表示为 $K_{\mathrm{S}i}/K_{\mathrm{FW}i}=\lambda\xi L_i$。

在外荷载 F 作用下，楼板的竖向变形（挠度）为 $\Delta_{\mathrm{S}i}$（$i=1$，2，…，$N+1$），支撑的竖向压缩变形为 $\Delta_{\mathrm{F}j}$（$j=1,2,\cdots,N$），第 j 层模板支撑上下楼层（i 层和 $i+1$ 层）间的变形协调条件为：

$$\Delta_{\mathrm{S}i+1}=\Delta_{\mathrm{S}i}+\Delta_{\mathrm{F}i} \qquad (i=1,\ 2,\ \cdots,\ N) \tag{3-18}$$

式中

$$\Delta_{\mathrm{S}i+1}=\frac{F_{\mathrm{S}i+1}}{K_{\mathrm{S}i+1}},\ \Delta_{\mathrm{S}i}=\frac{F_{\mathrm{S}i}}{K_{\mathrm{S}i}},\ \Delta_{\mathrm{F}i}=\frac{\sum\limits_{1}^{i-1}F_{\mathrm{S}i}}{K_{\mathrm{S}i}}$$

则，$i+1$ 层楼板与 i 层楼板承担的荷载比值为：

$$\begin{aligned}\frac{F_{\mathrm{S}i+1}}{F_{\mathrm{S}i}}&=\frac{K_{\mathrm{S}i+1}}{K_{\mathrm{S}i}}\left[1+\frac{K_{\mathrm{S}i}}{K_{\mathrm{F}i}}\ \frac{\sum\limits_{j=1}^{i}F_{\mathrm{S}j}}{F_{\mathrm{S}i}}\right]=\frac{L_{i+1}}{L_i}\left(1+\lambda L_i\left(1+\frac{1}{F(i,i-1)}+\cdots+\frac{1}{F(i,i-1)\cdots F(2,1)}\right)\right)\\&=F(i+1,i)\quad(i=1,2,\cdots,N)\end{aligned} \tag{3-19}$$

且：

$$\sum_{i=1}^{N+1}F_i=F \tag{3-20}$$

式中　F 为施工时变结构体系承担的外荷载，浇筑时，外荷载 $F=1D$，D 为单位楼板重量；拆模时，楼板及模板支撑编号与浇筑时相反，应从上到下编号，F 为施工时变结构体系中的底层支撑拆除前承担的荷载（施工时变结构体系中底层支撑拆除前承担的荷载系数，为底层楼板承担荷载减去楼板单位面积重量，即 $F=S_{\mathrm{k}-1}|_{t=N\times T}-1$，参见下文）。

联立式（3-19）、式（3-20）求解即可获得在外荷载 F 作用下，各楼层分担的增量荷载 F_i（$i=1,2,\cdots,N+1$）：

$$\begin{cases} F_1=\dfrac{F}{1+F(2,1)+F(3,2)\cdot F(2,1)+\cdots+F(N+1,N)\cdots F(2,1)} \\ F_2=F(2,1)\cdot F_1 \\ \vdots \\ F_i=F(i,i-1)\cdot F_{i-1} \\ \vdots \\ F_{N+1}=F(N+1,N)\cdot F_N \end{cases} \tag{3-21a}$$

如，对于连续设置三层模板支撑系统，有：

$$\begin{cases} F_1=\dfrac{F}{1+F(2,1)+F(3,2)\cdot F(2,1)+F(4,3)\cdot F(3,2)\cdot F(2,1)} \\ F_2=F(2,1)\cdot F_1 \\ F_3=F(3,2)\cdot F_2 \\ F_4=F(4,3)\cdot F_3 \end{cases} \tag{3-21b}$$

当时变结构体系中的模板支撑第 i 层为薄弱层时，用 $1/\xi K_{Fi}$ 代替式（3-19）中的 K_{Fi}，获得模板支撑薄弱层上下楼层（i 层和 $i+1$ 层）分担的荷载之比为：

$$\begin{aligned}\frac{F_{i+1}}{F_i}&=\frac{L_{i+1}}{L_i}\left(1+\lambda\xi L_i+\frac{\lambda\xi L_i}{F(i,i-1)}+\frac{\lambda\xi L_i}{F(i,i-1)\cdot F(i-1,i-2)}+\cdots+\frac{\lambda\xi L_i}{F(i,i-1)\cdot\cdots\cdot F(2,1)}\right)\\&=F(i+1,i)\quad(i\in 1,2,\cdots,N)\end{aligned} \tag{3-22}$$

由式（3-19）、式（3-22）可知，相邻楼层楼板分担的荷载比值是混凝土弹性模量发展系数 L_i 以及时变结构体系的弹性特征值 λ 和薄弱层系数 ξ 的函数，$F(i+1,i)=f(L_i,\lambda,\xi)F$。

（二）施工期钢筋混凝土建筑各楼层承担的施工荷载时程

设建筑总层数为 N_B，建筑楼板从基础开始往上编号，依次为 $1,2,\cdots,k,\cdots,N_B+1$，浇筑相邻楼层时间间隔（施工周期）为 T，在施工时变结构体系中的顶层混凝土浇筑后的第 T_C 天拆除施工时变结构体系中的底层模板支撑，则，施工期钢筋混凝土建筑中 k 层楼板（$k=2,3,4\cdots,N_B+1$）承担施工荷载时程 S_{Sk} 为：

第一步，k 层浇筑完成，$t=0$：

$$S_{Sk}(t=0)=F_{J(k,k)} \tag{3-23}$$

第二步，$k-N$ 层模板支撑拆除后，$t=T_C$：

$$S_{Sk}(t=T_C)=F_{J(k,k)}+F_{C(k,k-N)} \tag{3-24}$$

第三步，$k+1$ 层浇筑完成 $t=T$：

$$S_{Sk}(t=T)=F_{J(k,k)}+F_{J(k,k+1)}+F_{C(k,k-N)} \tag{3-25}$$

……

第 $2N$ 步，$k+N$ 层楼板浇筑完成 $t=N\times T$：

$$S_{Sk}(t=N\times T)=\sum_{i=k}^{k+N}F_{J(k,i)}+\sum_{i=k-N,i\geqslant 1}^{k-1}F_{C(k,i)} \tag{3-26}$$

式中 $F_{J(k,k)}$——为 k 层楼板浇筑后 k 层楼板承担的荷载，$F_{J(k,k)}=F_{N+1}$，在不考虑由于环境以及材料收缩徐变的影响时，近似为零。

$F_{J(k,k+1)}$——为 $k+1$ 层楼板浇筑后 k 层楼板分担的增量荷载，$F_{J(k,k+1)}=F_N$。

$F_{J(k,k)}$，$F_{J(k,k+1)}$，$F_{J(k,k+2)}$，…，$F_{J(k,k+N)}$，分别取相应施工阶段的时变结构体系中的 F_{N+1}，F_N，$F_{N-1}\cdots F_1$。

$F_{C(k,k-N)}$——为 $k\sim N$ 层模板拆除引起 k 层楼板分担的增量荷载，且当 $k-N<1$ 时，$F_{C(k,k-N)}=0$。

$F_{C(k,k-N)}$，$F_{C(k,k-N+1)}$，$F_{C(k,k-N+2)}$，…，$F_{C(k,k-1)}$，分别取相应施工阶段的时变结构体系中的 F_{N+1}，F_N，F_{N-1}…F_1。

相应地，k 层模板支撑随施工进展承担的施工荷载时程 S_{Fk} 为：

第一步，$k+1$ 层浇筑完成 $t=0$：

$$S_{Fk}\ (t=0)\ =1 \tag{3-27}$$

第二步，$k \sim N+1$ 层模板支撑拆除后，$t=T_C$：

$$S_{Fk}=1-S_{S(k+1)}\ (t=T_C) \tag{3-28}$$

第三步，$k+2$ 层浇筑完成 $t=T$：

$$S_{Fk}=2-S_{S(k+1)}\ (t=T) \tag{3-29}$$

第四步，$k-N$ 层模板支撑拆除后，$t=T+T_C$：

$$S_{Fk}=2-S_{S(k+1)}\ (t=T+T_C)\ -S_{S(k+2)}\ (t=T_C) \tag{3-30}$$

……

第 2N 步，$k+N+1$ 层楼板浇筑完成 $t=NT$：

$$S_{Fk}=S_{S(k-1)}\ (t=NT)\ -1 \tag{3-31}$$

基于上述模型利用 Microsoft Excel 2000，即可编制具有数据输入和图形输出功能的施工期钢筋混凝土建筑结构分析的工程计算器，如图 3-15 所示。

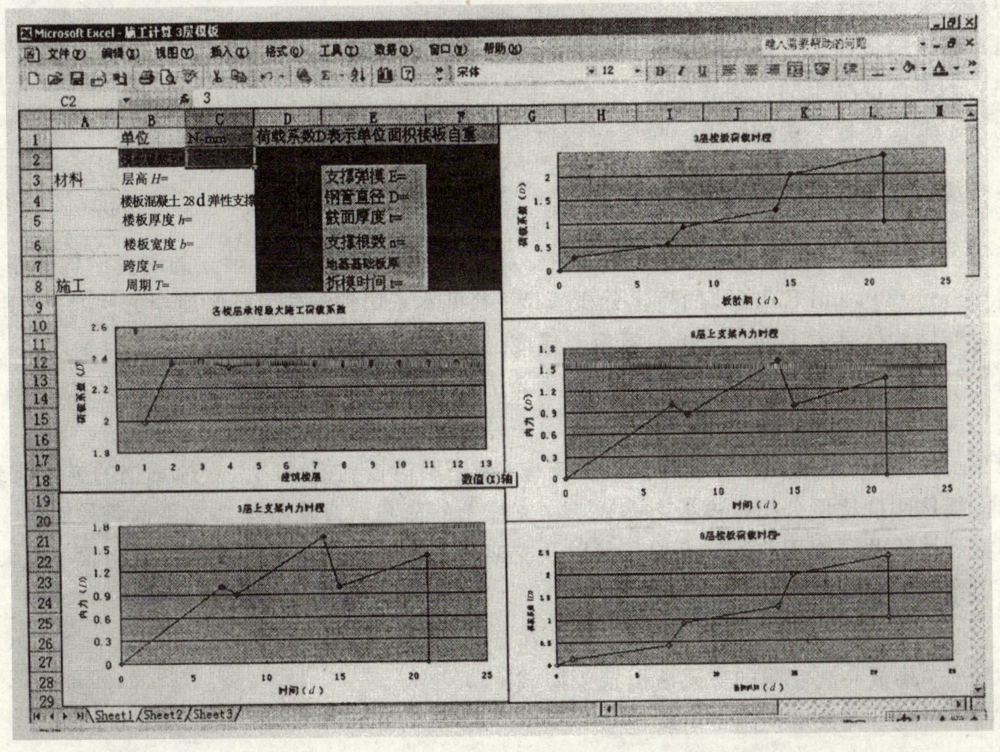

图 3-15　基于 MicrosoftExcel2000 的混凝土结构施工荷载分析工程计算器

（三）楼板承担的最大施工荷载与建筑最大施工荷载

由式（3-26）可知，建筑中楼板承担的施工荷载是随施工进展（即时间）和楼板在建筑中的位置而变的。任一层楼板所承担的施工荷载均随施工进展而递增，到其上支架拆除时，达到最大值。建筑中每一层楼板均经历某一最大荷载，这里称之为楼板最大施工荷载 S_{mk}：

$$S_{mk}=\max\left[S_{Sk}\ (t=0),\ S_{Sk}\ (t=T_C),\ \cdots,\ S_{Sk}\ (t=NT)\right]\ =S_{Sk}\ (t=NT) \tag{3-32}$$

式中 k 取 2，3，…，N_B+1。

楼板所承担的这一最大施工荷载 S_{mk} 随楼板位置而变化，称建筑所有楼层楼板承担的最大荷载中的最大值为建筑最大施工荷载，通常是由支撑于地面相连的最上层楼板，即 $N+1$ 层楼板所承担的施工荷载最大，因此建筑最大施工荷载 S_{mB} 为：

$$S_{mB}=\max\left[S_{S2},\ S_{S3},\ \cdots,\ S_{S(NB+1)}\right]=S_{S(N+1)} \tag{3-33}$$

第五节　梁板柱简化分析方法

施工期间梁板柱体系混凝土建筑的特点是，新浇筑楼层混凝土自重荷载和施工荷载，由模板支撑系统和楼层梁板混凝土结构组成的临时承载结构承担，这一临时承载结构是结构形状、材料性能、空间位置、所受荷载以及构件均随时间变化的时变结构体系。传统结构分析设计中，楼层梁板的主次关系——板将荷载传给梁——在施工时变结构体系中已不存在，板上的荷载直接由模板支撑，模板支撑再将荷载传给施工时变结构体系中的底层楼板。因此，假定：

(1) 楼板的支撑和二次支撑均为无限刚性连杆；

(2) 各层楼板抗弯刚度相同，或随混凝土弹性模量增长而增长，楼板由支撑相互连接，当加上新荷载时，所有楼板的挠度都相等；

(3) 支架竖向连续；

(4) 相对楼板而言假定基础为无限刚性；

(5) 不考虑混凝土的收缩和徐变；

(6) 不考虑楼板对梁的约束，而梁对楼板端部有刚性约束作用。

一、梁板柱体系时变结构简化计算方法

基于上述原则，在梁板柱体系时变结构中，梁、楼板可以作为两个独立的时变结构体系处理，直接用 Grundy, P. and Kabaila 的简化分析模型（参见本章第四节中“经典简化方法”），分别确定梁、板时变结构体系中，梁、楼板、模板支撑或二次支撑承担的施工荷载：

(1) 工序 A 浇筑顶层楼板：新浇筑的楼板重力荷载由其下的支撑楼板按刚度比例分担；模板支撑或二次支撑上的荷载，直接根据力的平衡条件确定；

(2) 工序 B 拆除最底层模板支撑或二次支撑：最底层模板支撑或二次支撑承担的施工荷载，由其上的楼板按刚度比例分担；模板支撑或二次支撑上的荷载，直接根据力的平衡条件确定。

将梁和楼板共同使用的支架承担荷载以及支架传给楼板的荷载进行叠加，获得梁下支架及其传给楼层结构的实际荷载：

$$N=N_B+0.5N_s \tag{3-34}$$

式中　N——梁板共同使用的支架承担施工荷载；

N_b——板下支架承担施工荷载；

N_s——梁下支架承担施工荷载。

二、梁板柱体系时变结构简化计算应用实例

采用本文提出的梁板柱体系时变结构简化计算方法，对附录 A 的某高层建筑施工工程进行了分析。选取图 3-16 所示梁板柱体系，主梁截面 400mm×600mm，板厚 110mm，三层模板支撑，7d 施工周期，拆模时间为浇筑后第 2 天，为简便计算，这里假定各层梁、板刚度相等，板下支架间距 1000mm×1000mm，梁下支架设于梁两边，每边一根，间距 1000mm。梁与板共用支架，不考虑模板支架荷载及施工活荷载。梁新浇混凝土自重荷载传给每一根支架的荷载为 $D=3.0$kN，板新

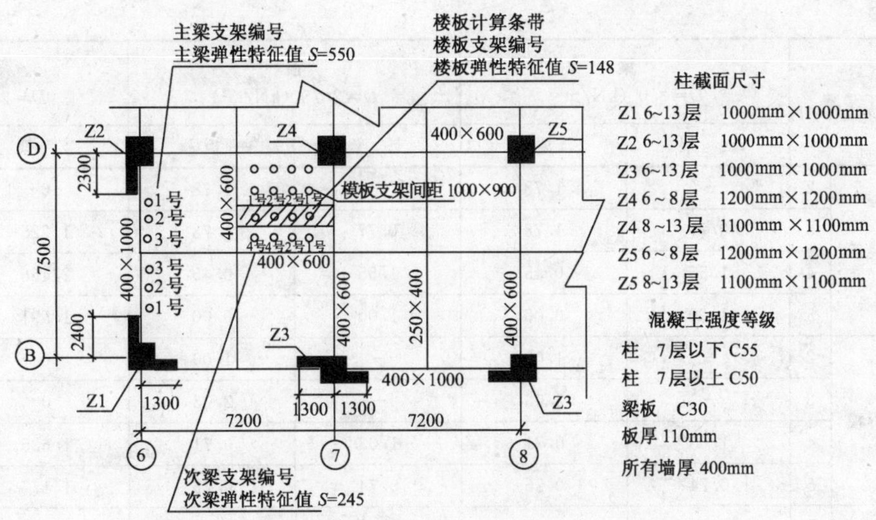

图 3-16 某高层建筑局部结构特性图

浇筑的混凝土传给支架的荷载为 $D=2.75$kN。梁板下共用支架承担施工荷载按式（3-34）计算。

表 3-4 给出了测区内主梁下支架及其传给梁板的荷载的计算过程。表 3-5 给出了计算主梁、次梁及主次梁交叉下支架传给楼板的最大荷载与实测值的比较。

梁板柱体系施工荷载分析 表 3-4

施工步骤		梁 $D=3.0$ (kN/m²)		板 $D=2.75$ (kN/m²)		梁板柱体系 $D=2.75$ (kN/m²)	
		支 架	梁	支 架	板	支 架	板
1层浇筑	1	1.00	0.00	1.00	0.00	1.591	0
2层浇筑	1	2.00	0.00	2.00	0.00	3.182	0
	2	1.00	0.00	1.00	0.00	1.591	0
3层浇筑	1	3.00	0.00	3.00	0.00	4.772	0
	2	2.00	0.00	2.00	0.00	3.182	0
	3	1.00	0.00	1.00	0.00	1.591	0
1层拆模	1	—	1.00	—	1.00	0	1.591
	2	0.00	1.00	0.00	1.00	0	1.591
	3	0.00	1.00	0.00	1.00	0	1.591
4层浇筑	1	—	1.33	—	1.33	0	2.116
	2	0.33	1.33	0.33	1.33	0.525	2.116
	3	0.66	1.34	0.66	1.34	1.05	2.132
	4	1.00	0.00	1.00	0.00	1.591	0
2层拆模	1	—	1.00	—	1.00	0	1.591
	2	—	1.44	—	1.44	0	2.291
	3	0.44	1.45	0.44	1.45	0.7	2.307
	4	0.89	0.11	0.89	0.11	1.416	0.175

续表

施工步骤		梁 D=3.0 (kN/m²)		板 D=2.75 (kN/m²)		梁板柱体系 D=2.75 (kN/m²)	
		支 架	梁	支 架	板	支 架	板
5层浇筑	2	—	1.78	—	1.78	0	2.832
	3	0.77	1.78	0.77	1.78	1.225	2.832
	4	1.55	0.45	1.55	0.45	2.466	0.716
	5	1.00	0.00	1.00	0.00	1.591	0
3层拆模	2	—	1.00	—	1.00	0	1.591
	3	—	2.03	—	2.03	0	3.23
	4	1.03	0.71	1.03	0.71	1.625	1.130
	5	0.74	0.26	0.74	0.26	1.177	0.414
6层浇筑	3	—	2.36	—	2.36	0	3.754
	4	1.36	1.04	1.36	1.04	2.164	1.655
	5	1.40	0.60	1.40	0.60	2.227	0.955
	6	1.00	0.00	1.00	0.00	1.591	0
4层拆模	4	—	1.49	—	1.49	0	2.370
	5	0.49	1.05	0.49	1.05	0.78	1.67
	6	0.54	0.46	0.54	0.46	0.859	0.732
7层浇筑	4	—	1.83	—	1.83	0	2.911
	5	0.83	1.38	0.83	1.38	1.32	2.195
	6	1.21	0.79	1.21	0.79	1.925	1.257
	7	1.00	0	1.00	0	1.591	0

底层支架传给楼板荷载实测结果与计算结果比较 **表3-5**

测试阶段	测试位置	实测平均 ①	实测最大 ②	计算1* ③	计算2** ④	①/③	①/④
Ⅰ	次梁边	1.71	2.39	1.68	1.18	1.02	1.45
	主梁边	1.09	1.54	2.38	1.66	0.45	0.65
	主次梁交叉	2.02	3.31	2.03	1.42	0.99	1.43
	平均	1.733		2.03	1.42	0.85	1.22
Ⅱ	次梁边	1.29	3.86	1.68	1.18	0.76	1.1
	主梁边	1.43	4.17	2.38	1.66	0.6	0.86
	主次梁交叉	1.20	2.67	2.03	1.42	0.59	0.85
	平均	1.323		2.03	1.42	0.65	0.94

注：*——计算1为所有楼层中的最大值；**——计算2为标准层；

计算值均考虑 $0.1D$ 的模板支架自重荷载；

实测Ⅰ为第一阶段实测值，实测Ⅱ为第二阶段实测值，详见第五章。

从表 3-5 可以看出，第一阶段实测结果与所有楼层中底层支架传给楼板最大荷载接近，第二阶段实测结果与标准层中底层支架传给楼板最大荷载接近。由于结构施工中，模板设置在竖向不连续，拆模时间一般在顶层混凝土浇筑后一天以内，模板支架架设的偏差较大，导致实测最大模板支架内力明显高于预测值，而平均值稍偏小。

第四章　钢筋混凝土结构楼板承担施工荷载规律

第一节　钢筋混凝土结构施工短暂状况的基本参数

根据上章分析可知，相邻楼板承担的施工荷载比是混凝土弹性模量发展系数 L_i 以及时变结构体系的弹性特征值 λ 和薄弱层系数 ξ 的函数，即 $F(i+1, i) = f(L_i, \lambda, \xi)F$。也即施工期钢筋混凝土建筑结构中楼层承担的施工荷载，由施工时变结构体系的力学特性和施工方案确定，其基本参数包含反映施工时变结构体系力学特性的结构特征参数和反映施工方案特性的施工特征参数。

(1) 施工时变结构体系的弹性特征值 λ，它反映了多层建筑钢筋混凝土结构与模板支撑组成的临时承载体系中构件的相对刚度，直接决定施工时变结构体系的受力性能；

(2) 混凝土弹性模量发展规律（表征参数 L_i）；

(3) 基础刚度（表征参数 L_1）；

(4) 模板支撑薄弱层（表征参数 ξ）；

(5) 模板支撑设置层数 N；

(6) 施工周期 T；

(7) 拆模时间 T_c。

这些参数影响钢筋混凝土结构施工短暂状况的性能，直接关系钢筋混凝土结构施工短暂状况的安全与可靠性。

这里以附录 A 某高层建筑为背景进行分析。标准层施工采用三层模板支撑，施工周期为 7d，施工时变结构体系中的底层模板支撑拆除时间为顶层楼板混凝土浇筑后的第 2 天。采用木质 9 层胶合板模板，厚 20mm，45mm×85mm 方木格栅，ϕ48×3.5mm 钢管支柱（实测弹性模量为 $1.8214\times10^5 N/mm^2$），支架间距 0.8～1.0m。

基于上章的实用简化分析模型，对弹性特征值、基础刚度、模板支撑薄弱层三个结构特征参数和施工周期 T、拆模时间 T_c 两个施工特征参数进行分析。

第二节　施工时变结构体系的弹性特征值的影响

基于本文计算软件，分析了拆模时间 T_c 为 2d，配置三层或四层模板支撑，施工周期 T 为 5d、7d 和 10d 条件下，建筑中承担最大施工荷载楼层所承担的最大施工荷载随施工时变结构体系弹性特征值的变化规律，如图 4-1 所示。

从图中可以看出，对于三层连续模板支撑，顶层混凝土浇筑后第 2 天拆除时变结构体系中的底层模板支撑时，建筑最大施工荷载（即第三层楼板承担最大施工荷载）系数为 2.045～2.310，标准楼层承担的最大施工荷载系数为 2.037～2.171；对于四层模板支撑，顶层混凝土浇筑后第 2 天拆除时变结构体系中的底层模板支撑时，建筑最大施工荷载（即第四层楼板承担的最大施工荷载）系数为 2.032～2.315，标准楼层承担的最大施工荷载系数为 2.029～2.170。而且，施工时变

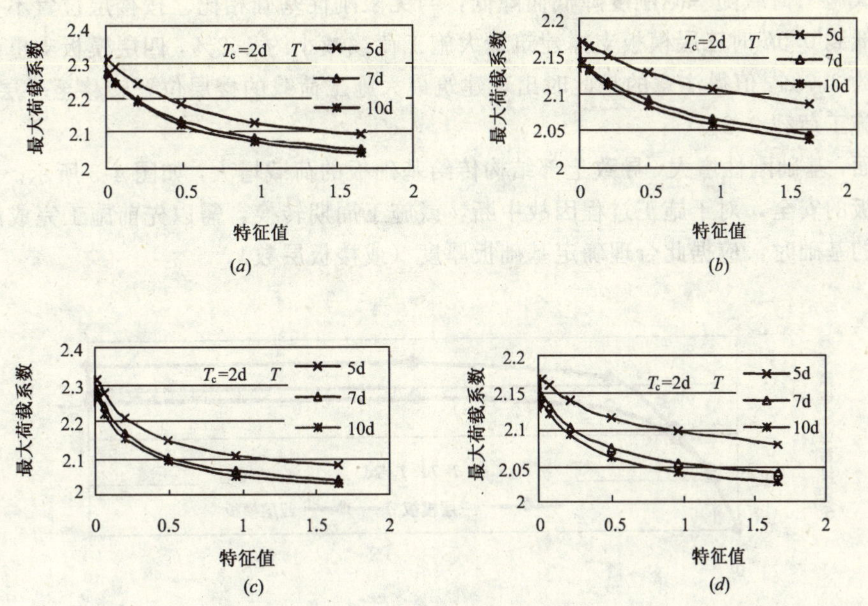

图 4-1 施工时变结构体系弹性特征值对楼层最大施工荷载的影响
(*a*) 三层模板最大层（第三层楼板）；(*b*) 三层模板标准层（第七层楼板）；
(*c*) 四层模板最大层（第四层楼板）；(*d*) 四层模板标准层（第十层楼板）

结构体系的弹性特征值越小、施工周期越短，楼板承担的最大施工荷载越大，随着弹性特征值的增大、施工周期的延长，楼板承担的最大施工荷载逐渐减小，并趋于稳定。

第三节 基础刚度影响

基础板刚度对建筑底部楼层承担施工荷载影响明显，对上部楼层无明显影响。三层模板支撑时，有影响的楼层为建筑的底部四层，随基础刚度的降低，一层、二层施工荷载增大，三层、四层减小，其中尤以第一层楼层荷载增加幅度最为显著，与无限刚性基础相比，当基础刚度降低到 $0.5h$ 时，施工荷载增大 33.16%，已接近于第三层（97.76%），如图 4-2（*a*）所示；当设置四层模板支撑时，有影响的楼层为建筑的底部五层，随基础刚度的降低，一层、二层、五层施工荷载增大，三层、四层减小，第一层荷载增加幅度最大，与无限刚性基础相比，当基础刚度降低到 $0.5h$ 时施工荷载增大 46.25%，并超过第四层（103.29%），如图 4-2（*b*）所示。

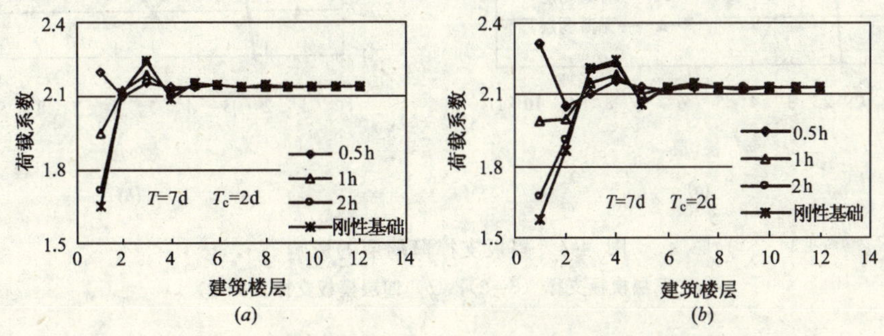

图 4-2 基础板刚度对建筑楼层承担施工荷载的影响
（1h 表示 1 倍楼板厚的基础板）
(*a*) 三层模板支撑；(*b*) 四层模板支撑

建筑最大施工荷载随基础刚度降低而降低，与无限刚性基础相比，按楼层位置不变分析，当基础刚度降低到 0.5h 时三层模板支撑建筑最大施工荷载减小约 4.2%，四层模板支撑建筑最大施工荷载减小约 3.7%，值得注意的是此时出现建筑最大施工荷载的楼层位置转移至一层，并超过刚性基础最大施工荷载 3.2%。

另一方面，基础刚性增大，导致上部结构传给基础板的荷载增大，如图 4-3 所示。为保证基础板及其上楼板的安全，对于施工过程因故中断，或施工周期转换，需以先前施工完成的楼板作为新施工阶段的基础时，应据此合理确定基础板厚度（或楼板层数）。

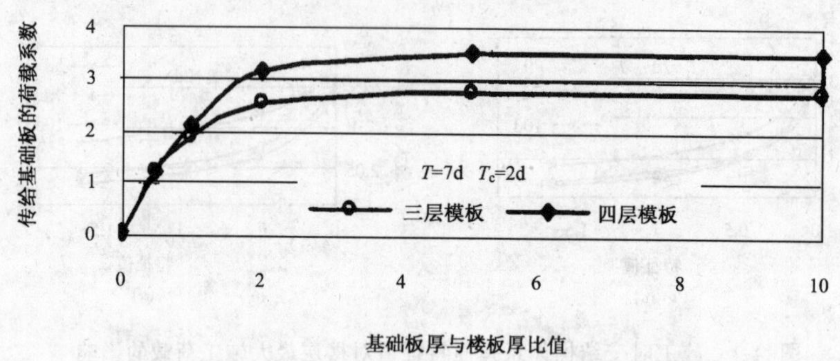

图 4-3 基础板相对厚度与上部传给基础板的荷载

第四节 模板支撑薄弱层的影响

基于上述模型，对 110mm 厚楼板，层高 4000mm，支撑网格 1000mm×800mm，C30 混凝土，ϕ48×3.5mm 钢管支撑，7d 施工周期，两层模板支撑、三层模板支撑和四层模板支撑三种施工方案，顶层混凝土浇筑后的第 1 天及第 2 天拆除底层模板支撑，模板支撑薄弱层对现浇钢筋混凝土建筑结构施工期间各楼层承担的施工荷载的影响进行了分析，如图 4-4、图 4-5 所示。

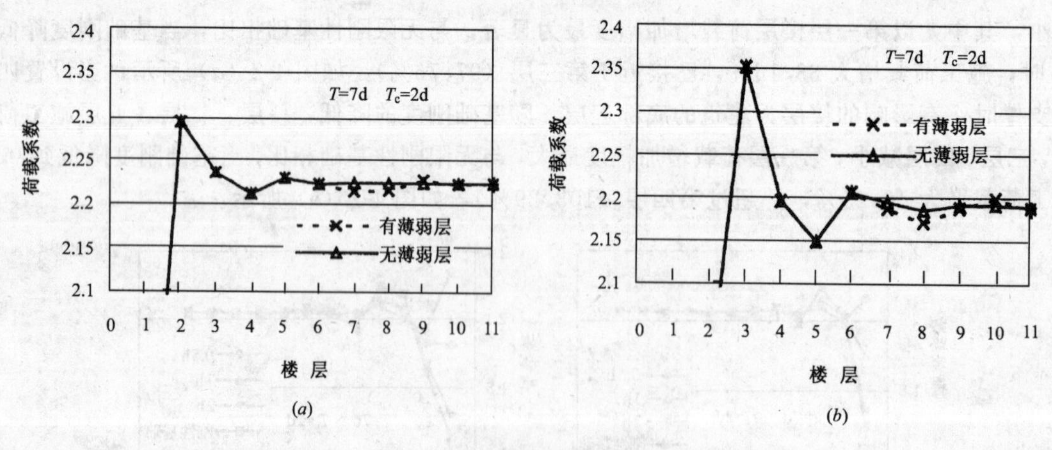

图 4-4 模板支撑薄弱层的影响

(a) 三层模板支撑（$\xi=2$）；(b) 四层模板支撑（$\xi=2$）

模板支撑薄弱层存在，使楼板下弹性支撑刚度减小，在楼板刚度不变的条件下，薄弱层支撑上楼板承担的施工荷载增大，而其下的楼板承担的施工荷载明显减小，薄弱层下楼板承担的施工荷载的减小幅度大于其上楼板承担的施工荷载增大幅度。

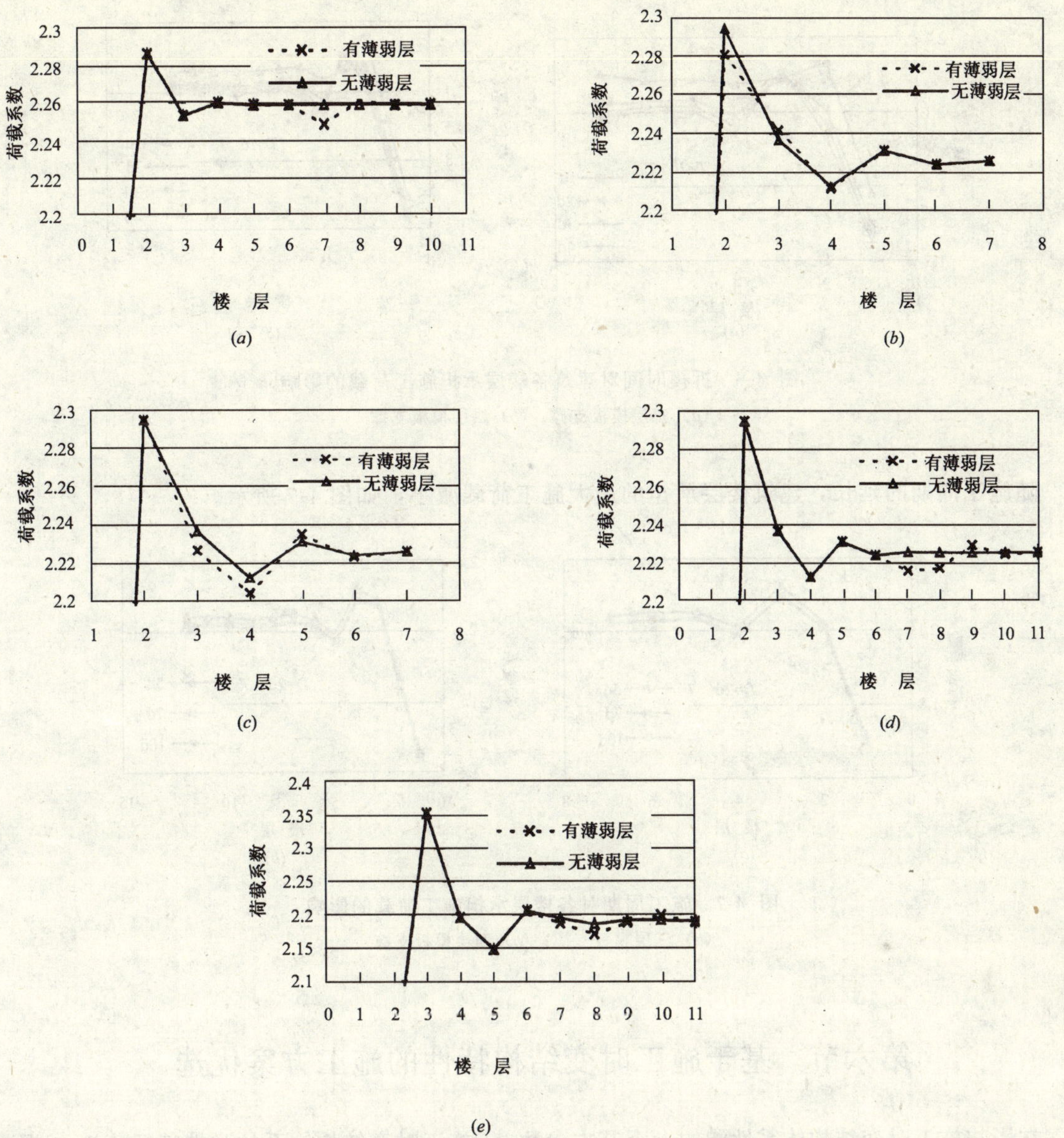

图 4-5 模板支撑薄弱层对楼层承担最大施工荷载的影响

(*a*) 薄弱层位于标准层（二层模板支撑，第 1 天拆模）；

(*b*) 模板支撑薄弱层位于三层（三层模板支撑，第 1 天拆模）；

(*c*) 模板支撑薄弱层位于五层（三层模板支撑，第 1 天拆模）；

(*d*) 模板支撑薄弱层位于六层（三层模板支撑，第 1 天拆模）；

(*e*) 薄弱层位于标准层（四层模板支撑，第 1 天拆模）

第五节 施工周期与拆模时间影响

随着拆模时间的延长，建筑中各楼层承担的施工荷载逐渐减小。当拆模时间很短时，如在施工时变结构体系的顶层混凝土浇筑后的第 1 天内拆模，将会导致所有楼层中承担最大施工荷载的楼层位置提前，如图 4-6 所示。

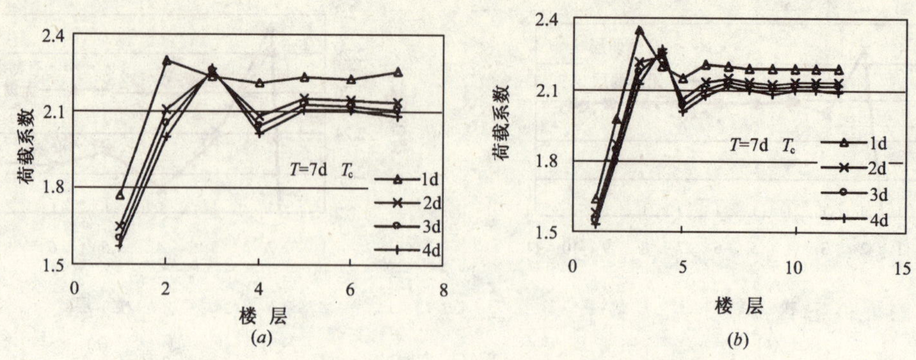

图 4-6 拆模时间对建筑各楼层承担施工荷载的影响

(*a*) 三层模板支撑；(*b*) 四层模板支撑

随施工周期的延长，建筑楼层承担的最大施工荷载减小，如图 4-7 所示。

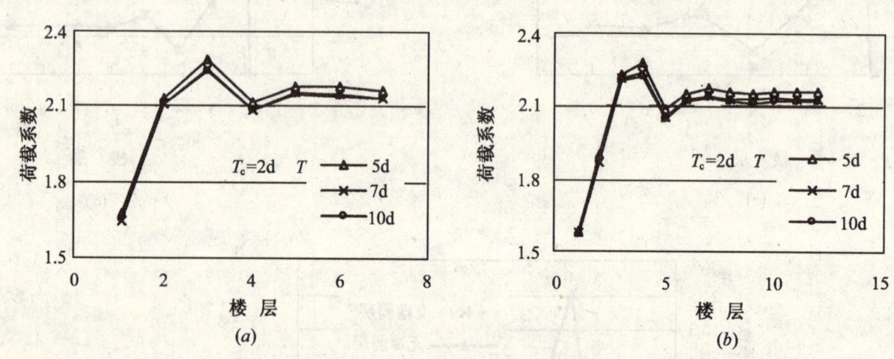

图 4-7 施工周期对各楼层承担施工荷载的影响

(*a*) 三层模板支撑；(*b*) 四层模板支撑

第六节 基于施工时变结构特性的施工方案优选

在影响施工时变结构体系性能的七个基本参数：①施工时变结构体系的弹性特征值 λ；②混凝土弹性模量发展规律（表征参数 L_i）；③基础刚度（表征参数 L_1）；④模板支撑薄弱层（表征参数 ξ）；⑤模板支撑设置层数 N；⑥施工周期 T；⑦拆模时间 T_c 中，前四个参数直接决定时变结构性能，是施工期钢筋混凝土时变结构参数，后三个参数间接影响时变结构性能，称为施工期钢筋混凝土时变结构施工参数。这些参数直接或间接影响钢筋混凝土结构施工时变结构的受力性能，合理选择施工时变结构的参数，可以有效调节钢筋混凝土结构施工期承担的施工荷载水平，进而控制钢筋混凝土结构施工阶段的安全。

一、施工周期的选择

施工周期是指从本层楼板混凝土浇筑开始，到下一层楼板混凝土浇筑完成所需时间。施工周期的长短，直接决定临时承载的施工时变结构体系混凝土构件的强度和刚度，并影响到混凝土结构承担的施工荷载大小，从而对施工安全产生影响。

施工周期延长，楼板承担的最大施工荷载减小，同时，随施工周期的延长，承担最大施工荷载的楼板混凝土龄期延长，混凝土强度刚度增大，有利于施工安全。但影响工程进度，并由于施工设施租赁时间延长，影响施工企业效益。

缩短施工周期有利于加快工程进度，加速施工设施的周转，从而提高施工企业效益。然而，施工周期缩短将加大楼板承担的最大施工荷载，对施工安全带来不利影响。

分析表明，施工周期达 7d 以上，由于施工周期的延长，楼板承担的最大施工荷载减小已不明显；相反 7d 以内，随施工周期的进一步缩短，楼板承担的最大施工荷载呈明显增大趋势。

施工周期的选择，应在保证施工安全的前提下，根据经济分析选择施工周期，建议施工周期控制在 7d 以上。

二、拆模时间选择

拆模时间，是指在由模板支撑和早龄期混凝土结构组成的临时承载时变结构体系中，从顶层混凝土浇筑完成到底层模板支撑拆除开始的时间间隔。

拆模时间越长，顶层新浇筑楼板强度、刚度越高，分担荷载增加，使楼板承担的最大施工荷载减小；另一方面，拆模时间越长，模板支架周转效率越低，增加施工成本。

拆模时间缩短，顶层新浇筑楼板强度、刚度低，分担荷载较小，使楼板承担的最大施工荷载增大，不利于安全施工；但由于拆除模板可以及时周转，使用效率提高，经济效益较好。

分析表明，在顶层混凝土浇筑后的第 1 天拆除底层模板支架，不仅加大楼板承担的施工荷载，同时会使承担最大施工荷载的楼层位置提前。为此，建议模板支架拆除时间设为顶层混凝土浇筑后的第 2 天或第 3 天，如为第 1 天拆模应注意承担最大施工荷载楼层位置的提前对施工安全造成的不利影响。

三、模板支架设置层数选择

模板支架设置的层数是指浇筑楼层下连续设置的模板支架层数，包括一次模板支架或二次支架。

按照推理，新浇楼板混凝土重力荷载和施工活荷载，是通过模板支架向下面的楼板转移的，模板支架层数越多，分担施工荷载（包括新浇楼板混凝土自重荷载和施工活荷载）的楼板层数越多，由此，使楼板承担的最大施工荷载减小。事实刚好相反，模板支架设置层数越多，楼板承担的最大施工荷载越大。对于建筑施工设计人员，这种情况就需引起注意，不能靠推理判断，必须依靠理论进行分析计算。

模板支架设置层数增多，楼板承担的最大施工荷载增大，同时承担该施工荷载的楼板龄期得以提高，使结构的强度和刚度也因模板支撑层数的增长而大大提高，从而使施工期钢筋混凝土结构的安全得以保证。当然，模板支撑设置层数多的不利因素是模板支架数量的大幅提高，引起施工成本的增加。

模板支架设置层数减少时，楼板承担的最大施工荷载减小，同时承担该施工荷载的楼板龄期较短，结构的强度和刚度有限，施工结构的安全性并不一定高，因此需要加强施工期钢筋混凝土结构的设计验算工作。

四、其他因素的控制

除上述因素影响混凝土结构楼板承担的最大施工荷载外，施工时变结构体系的弹性特征值，非刚性基础，在楼板上开始的施工以及施工模板支架薄弱层等都影响楼板承担的最大施工荷载，进而影响施工安全。

1. 施工时变结构体系的弹性特征值

施工时变结构体系的弹性特征值，为 28d 龄期的钢筋混凝土楼板竖向变形刚度与标准层模板支撑竖向刚度之比，它由钢筋混凝土结构的设计参数和模板支架设计参数所决定的，它控制施工期楼板承担的施工荷载大小。通常，混凝土结构设计参数是不可改变的，施工期可以调控的参数是模板支架的设计参数。模板支架刚度增大，施工时变结构体系的特性特征值减小，楼板承担的最大施工荷载增大；模板支架刚度减小，施工时变结构体系的特性特征值增大，楼板承担的最大施工荷载减小。当采取减小模板支架刚度控制楼板承担的最大施工荷载时，需要注意楼板的挠度因模板支架变形过大而造成结构挠度超标问题。

2. 非刚性基础

基础刚度越大，楼板承担的最大施工荷载越大，基础无限刚性时，楼板承担的最大荷载达到最大值；基础刚度减小，楼板承担的最大施工荷载减小。

通常建筑结构基础并非完全刚性，这似乎有助于施工安全。然而，一个不容忽视的问题是，基础刚度小于上部楼板刚度后，如普通黏土基础，承担最大施工荷载的楼层位置将提前，而且最大施工荷载值与刚性基础的最大施工荷载相当。

即是刚性基础，也应小心，因为上部结构传到基础上的荷载会显著增加，而且，模板支撑设计层数越多，传到基础的施工荷载越大，基础安全性问题就会突出。所以，盲目增加模板支架设置层数对基础不利。

3. 在楼板上开始的施工

施工期间，因施工质量问题或施工方案调整等，常常会出现施工中断，这时就会在楼板上开始新的施工作业，尽管该楼板不是基础，但对于施工时变结构体系而言，它是“基础”，此时，对作为施工时变结构体系的基础板进行分析，是一个“非刚性基础”，应参照上面的非刚性基础进行处置。

4. 施工模板支架薄弱层

钢筋混凝土结构施工期间，模板支撑的架设要求上下楼层支架平面坐标应相同，这样既保证楼层支架总刚度相等，同时传力路线明确。但施工过程中，因设置人行通道，运输通道，以及施工差错等，往往会出现上下楼层支架平面坐标不相同、楼层支架总刚度减小的现象，即出现施工模板的支架薄弱层。

施工模板支架薄弱层的存在，引起施工荷载在施工时变结构体系中的重分布，它减小模板支架薄弱层下楼板承担的最大施工荷载，增大模板支架薄弱层上楼板承担的最大施工荷载。因此，可以通过人为设置模板支架薄弱层，调控楼板承担的最大施工荷载。

可见，通过施工时变结构体系的基本参数的调节，优选施工方案，对于保证施工安全十分重要。

第五章　钢筋混凝土建筑结构施工实测研究

第一节　测　试　方　案

现场测试选择的原型结构为附录A介绍的某施工中的高层建筑。

现场测试主要内容为一个施工循环内，施工时变结构体系中的模板支架的内力和楼板间的相对变形。

现场实测分两个阶段，第一阶段为主楼七层楼面板及其上支架，测试区域为BD轴⑥～⑧线；第二阶段为主楼十层上的支架及十一层楼板，测试区域为BD轴⑩～⑪线，如图5-1所示。模板支架测点编号如图5-2所示。测区内上下层支架布置如图5-3所示。前后两个测试阶段在支架布设和施工活荷载控制上有所不同：①第一阶段施工周期约10d，第二阶段施工周期约7d；②第一阶段在测试区域堆置有大量施工活荷载，第二阶段在测试区域内堆置施工活荷载（材料）很少；③两个阶段的三层模板支撑系统，模板支架的横向排距在楼层内和竖向基本一致，但纵向排距不一致，三层模板支架在竖向不连续。第一阶段测试楼层的模板支架，上层模板支架与相邻楼层模板支架错位；第二阶段测试楼层的模板支架，下层模板支架与相邻楼层模板支架错位。开始实施现场测试时，该建筑已完成裙房屋面结构施工，主楼完成第七层结构。第一阶段测试从第七层开始，至十层楼板结构混凝土浇筑结束，七层上支架拆除；第二阶段测试从第十层开始，至第十三层楼板结构混凝土浇筑结束，十层上支架拆除。两个测试阶段的施工过程如图5-4、图5-5所示。

应变测试采用YJ28A—P10R静态数字电阻应变仪，3mm胶基丝栅应变计，每个测试支架上布置两片应变计，取其平均值作为测试支架的应变。位移测试采用百分表。仪表布设如图5-6所示。

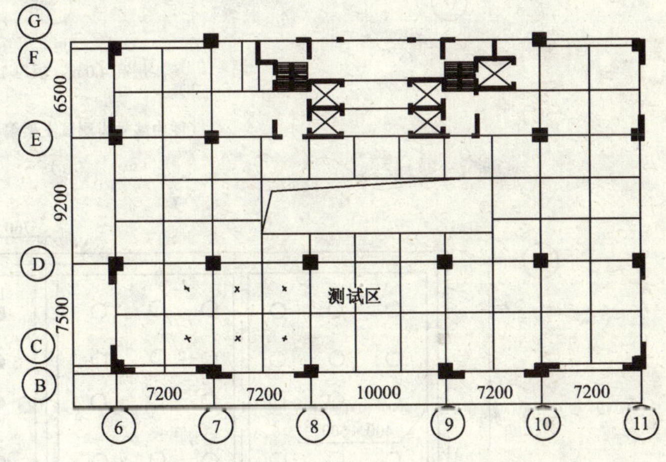

(*a*)

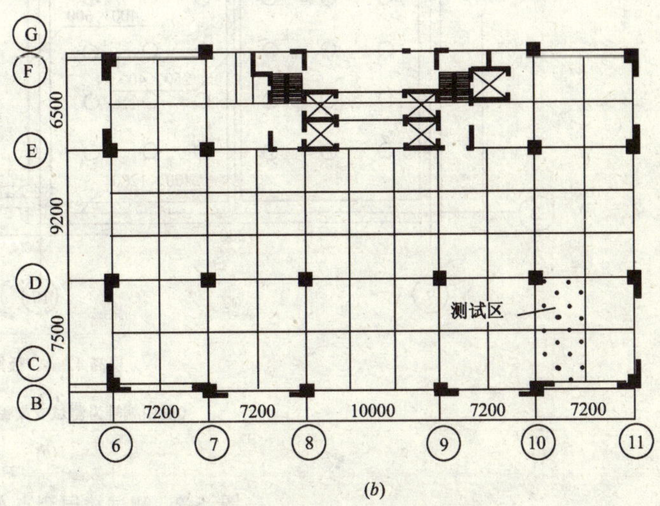

(*b*)

图 5-1　测试楼层平面示意图

(*a*) 第七层测试位置；(*b*) 第十层测试位置

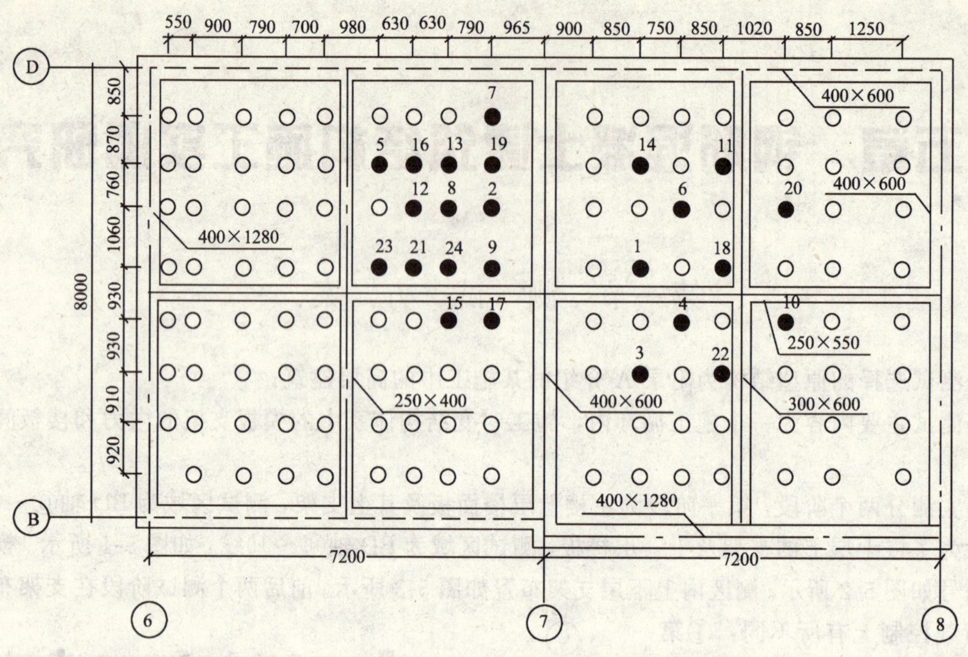

层高 4.0m，板厚 110mm

（图中编号为测试支架编号）

(*a*)

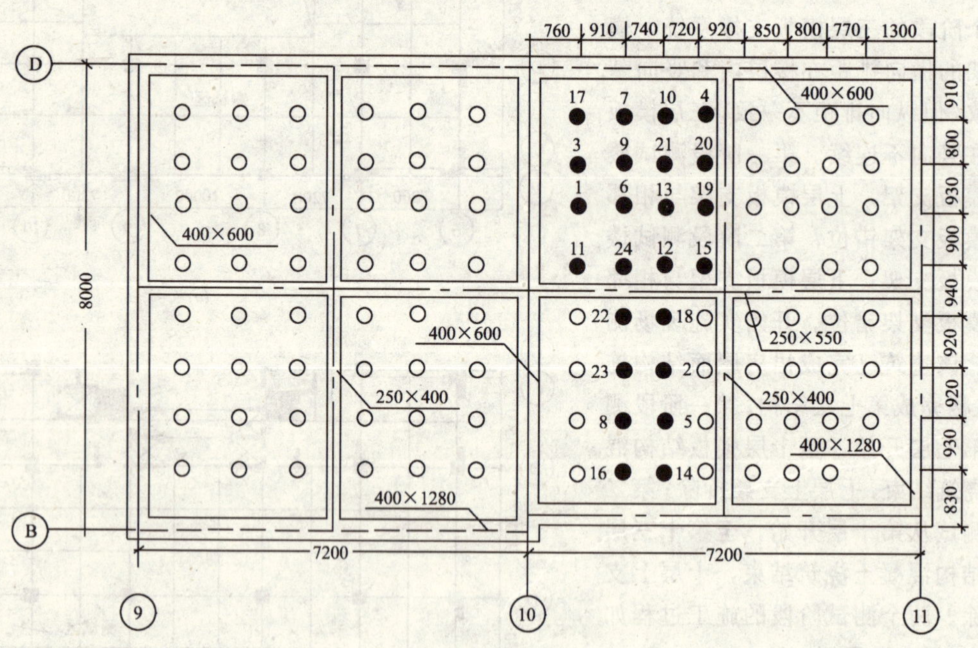

层高 4.0m，板厚 110mm

（图中编号为测试支架编号）

(*b*)

图 5-2 测试楼层测点布置图

(*a*) 第一阶段（七层）测试楼层测点布置示意图；

(*b*) 第二阶段（十层）测试楼层测点布置示意图

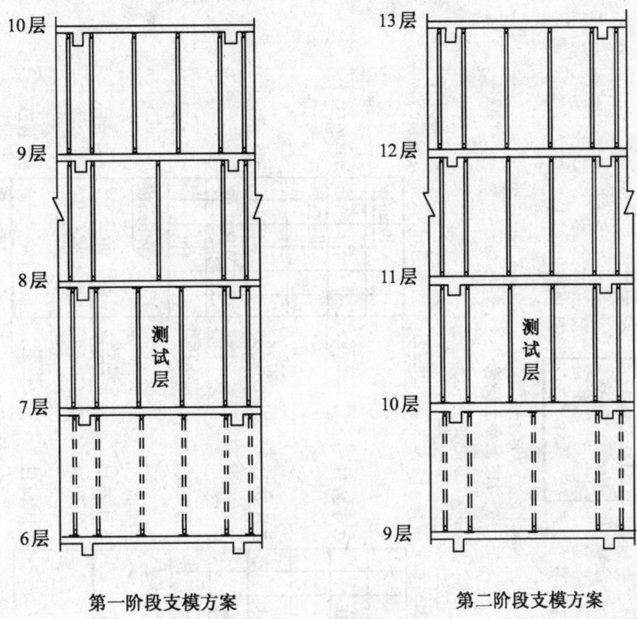

图 5-3　测区上下楼层支架布设方式

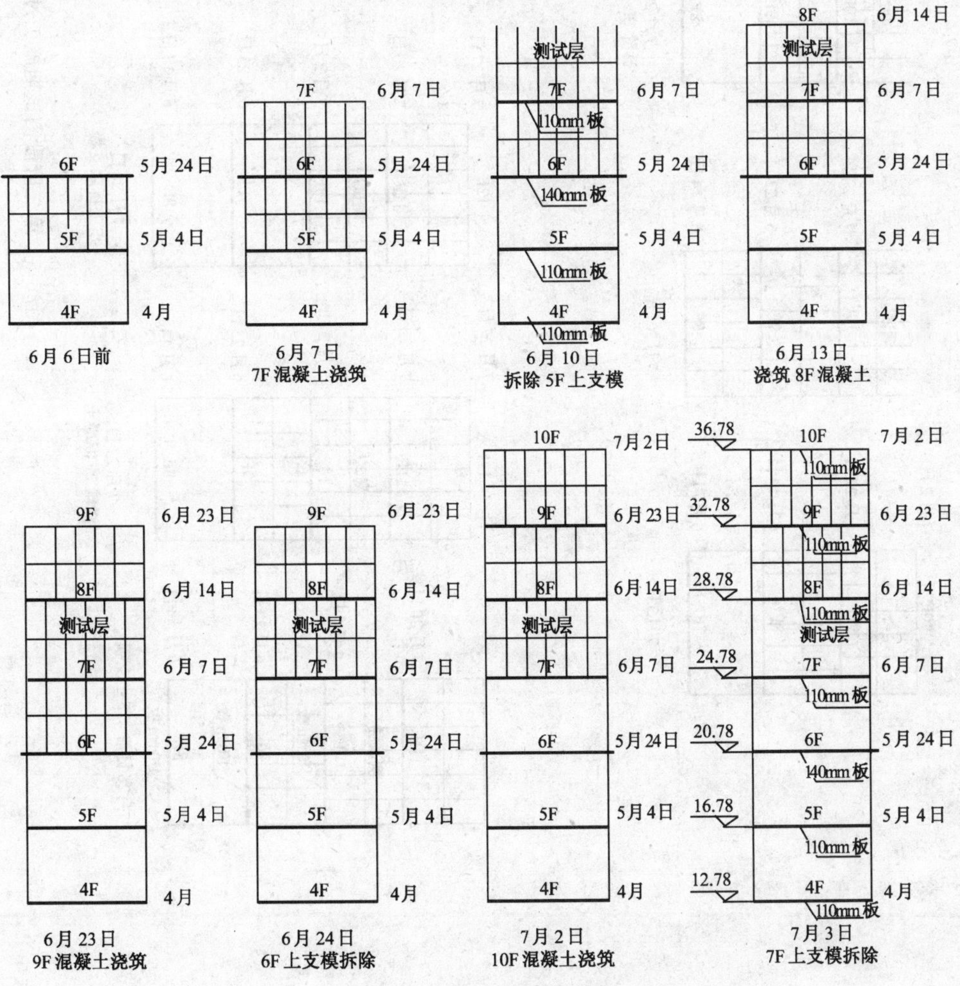

图 5-4　第一阶段测试期施工过程示意

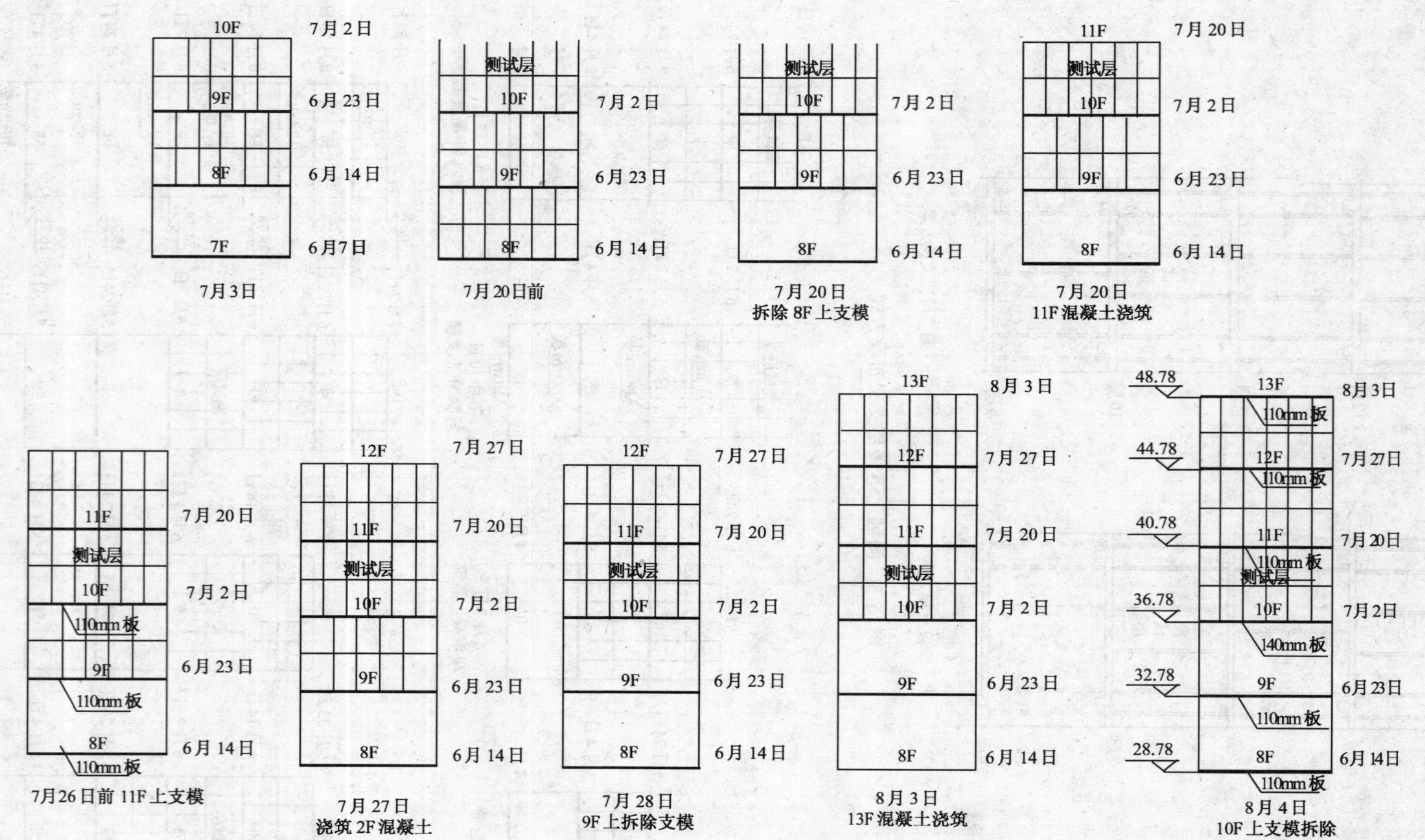

图 5-5 第二阶段测试期施工过程示意图

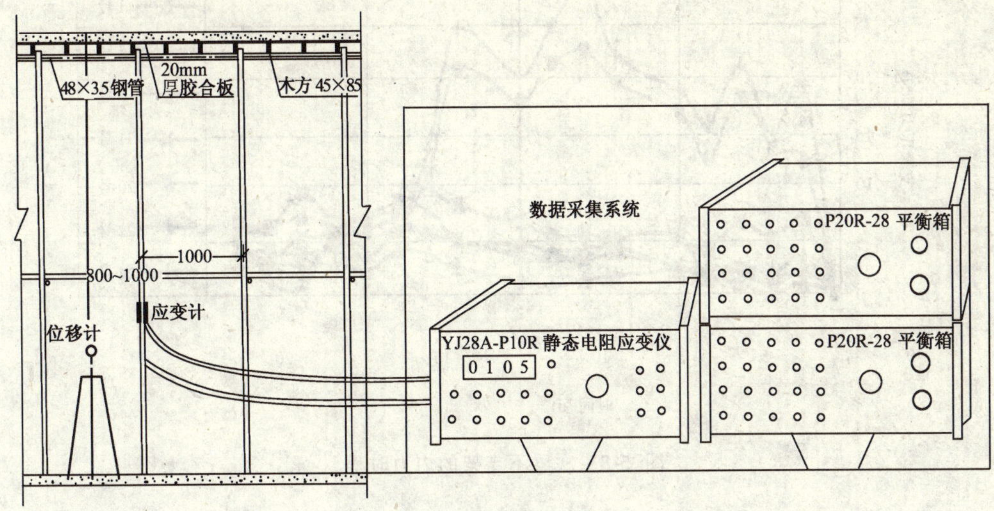

图 5-6 支模及测试仪表详图

施工现场有机、电等环境影响，除测试仪表布设采取接地等抗干扰措施外，数据测读尽量避开施工期，通常选择无施工影响的休息时间测读。每天测读 3～4 次，同时记录环境状态，保证读数的真实可靠。

第二节 模板支架的内力时程

一、第一阶段测试结果

根据实测获得的支架的应变，计算出支架的内力。在测试的 24 根支架中，非零支架 18 根，其在一个施工循环中的内力时程如图 5-7～图 5-10 所示。在施工活荷载作用下，支架承担最大施工荷载的时间为时变结构中顶层混凝土楼板模板支撑架设阶段。各类支架承担的最大施工荷载均值为 9.50kN，标准差为 6.62kN；按楼板自重折算的均值为 3.45D，标准差为 2.41D（见表 5-1）。

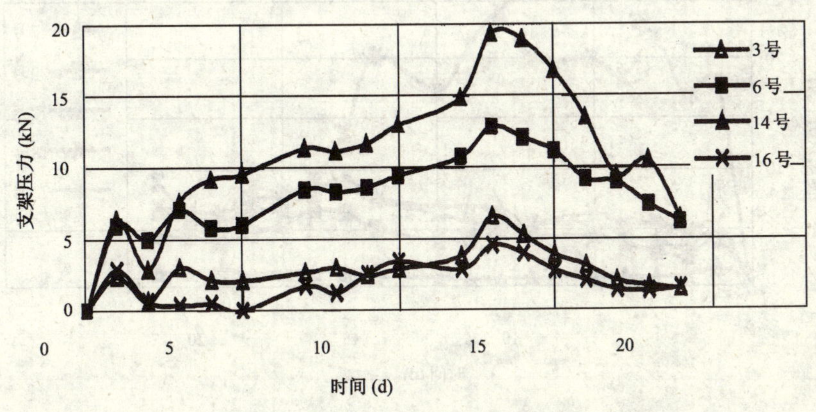

图 5-7 板下支架的内力时程

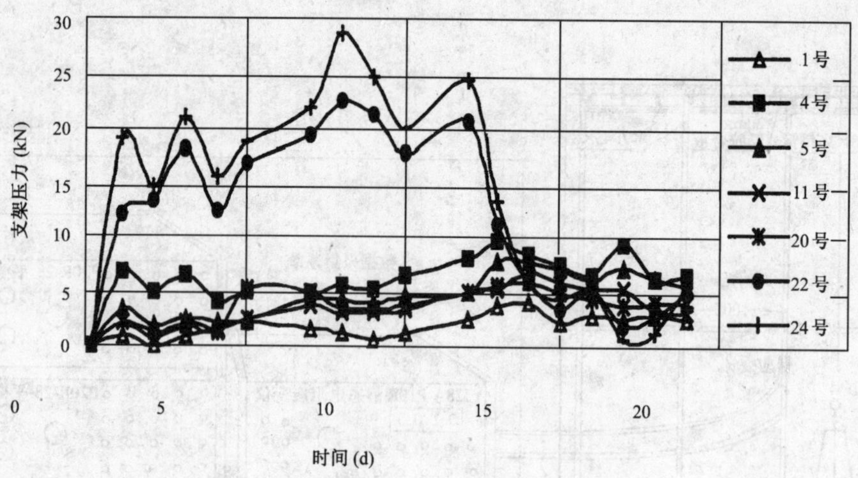

图 5-8　次梁下支架的内力时程

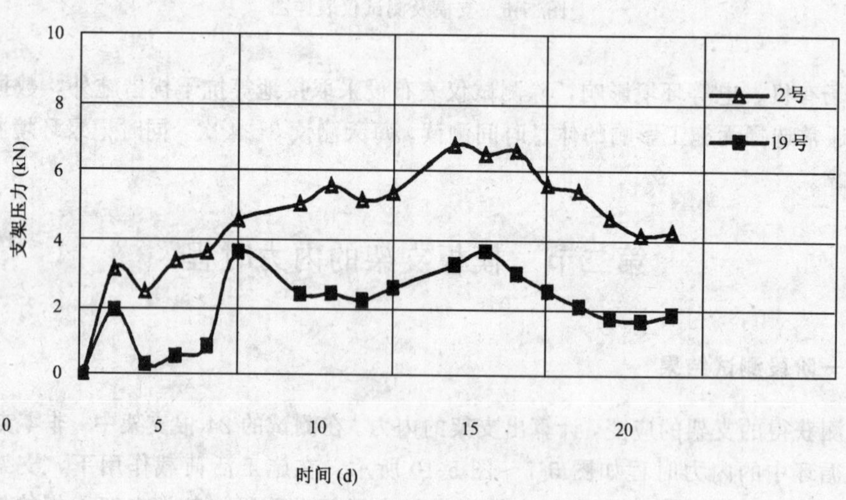

图 5-9　主梁下支架的内力时程

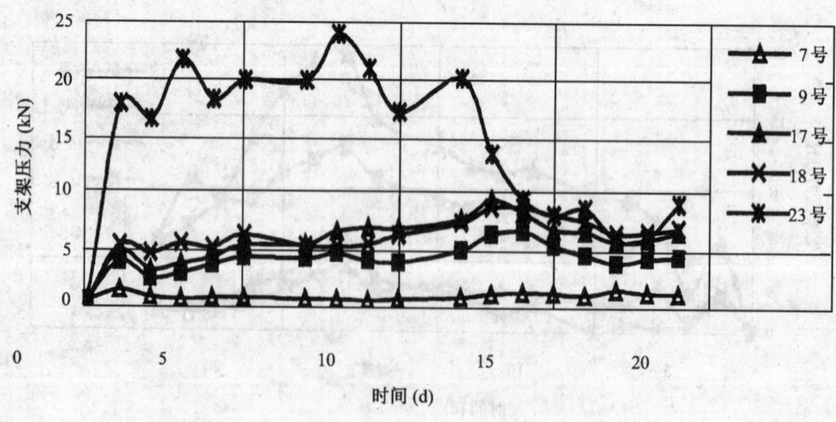

图 5-10　主次梁交叉下支架的内力时程

七层支架承担的最大施工荷载统计（包括施工活荷载）　　表 5-1

支　架　类　别	支架内力均值 N		相对比值
	(kN)	(D)	
板下支架	10.85	3.95	1.0
次梁下支架	9.56	3.48	0.88
主梁下支架	5.23	1.90	0.48
交叉梁下支架	10.04	3.65	0.92
平　　均	$m=9.50$，$\sigma=6.62$	$m=3.45$，$\sigma=2.41$	

二、第二阶段测试结果

根据实测获得的支架的应变，计算出支架的内力。在测试的 24 根支架中，非零支架 21 根，其在一个施工循环中的内力时程如图 5-11～图 5-14 所示。模板支架在整个施工周期内承担的施工荷载与模板支架拆除前承担施工荷载不同，主梁下模板支架的内力最大，发生于测试层（第十层）上楼板（第十一层）浇筑及其后楼板（第十二层）支模阶段。

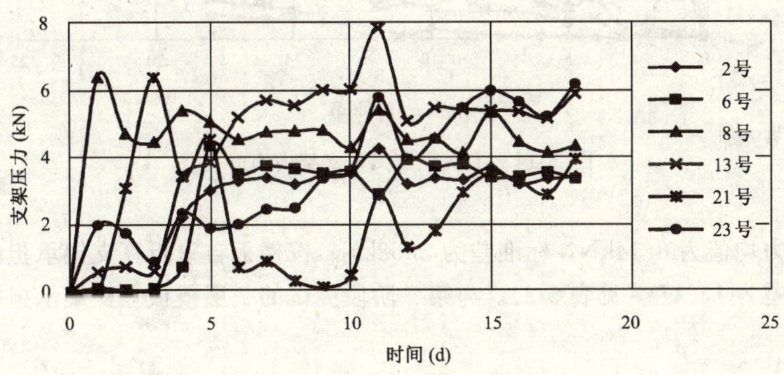

图 5-11　板下支架内力时程

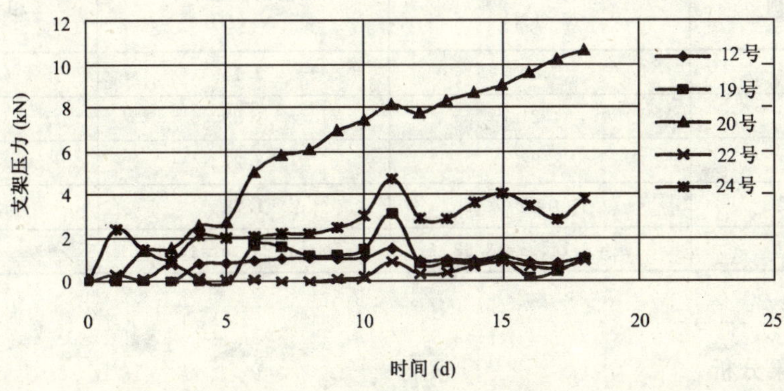

图 5-12　次梁下支架内力时程

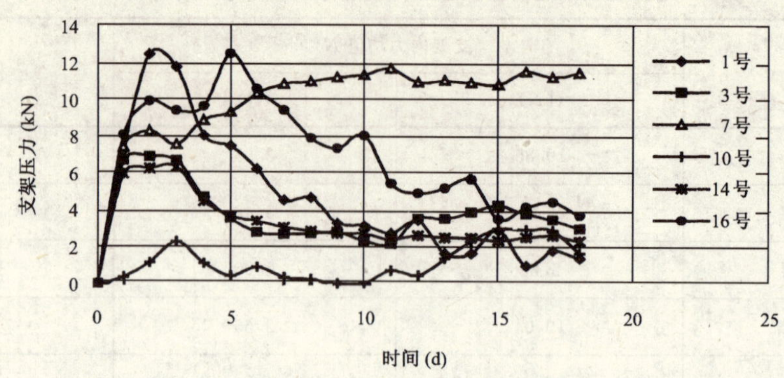

图 5-13　主梁下支架内力时程

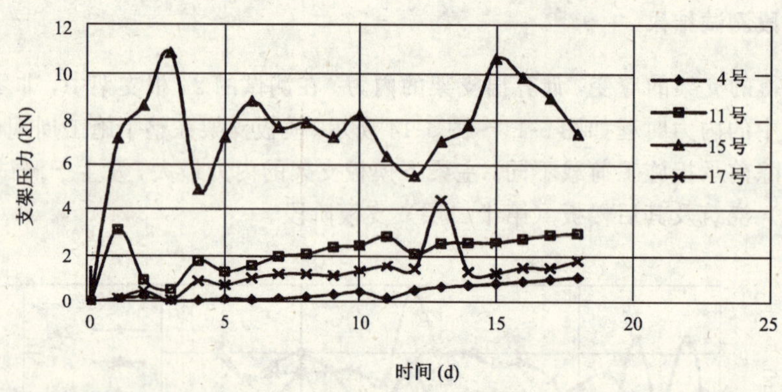

图 5-14　主次梁交叉下支架内力时程

各类支架内力均值为 6.14kN，标准差为 3.68kN；按楼板自重折算支架承担的施工荷载均值为 2.23D，标准差为 1.34D（见表 5-2）。与第一阶段测试的 7 层楼板上支架承担施工荷载相比减小 35.4%。

十层支架承担的最大施工荷载统计（包括施工活荷载）　　**表 5-2**

支架类别	支架内力均值 N (kN)	按楼板自重计算 N (D)	相对比值
板下支架	5.89	2.14	1.0
次梁下支架	4.21	1.53	0.71
主梁下支架	8.82	3.21	1.5
交叉梁下支架	4.89	1.78	0.83
平　均	$m=6.14$，$\sigma=3.68$	$m=2.23$，$\sigma=1.34$	

三、测试结果分析

两个测试阶段，第一阶段具有施工活荷载，代表施工静荷载和施工活荷载的综合作用结果；第二阶段不存在大的施工活荷载，只有少量零星物料和施工人员荷载，基本反映了模板支架承担的施工静荷载的时程。图 5-15 为在一个施工循环内，两个阶段测试 48 根支架中，39 根非零支架承

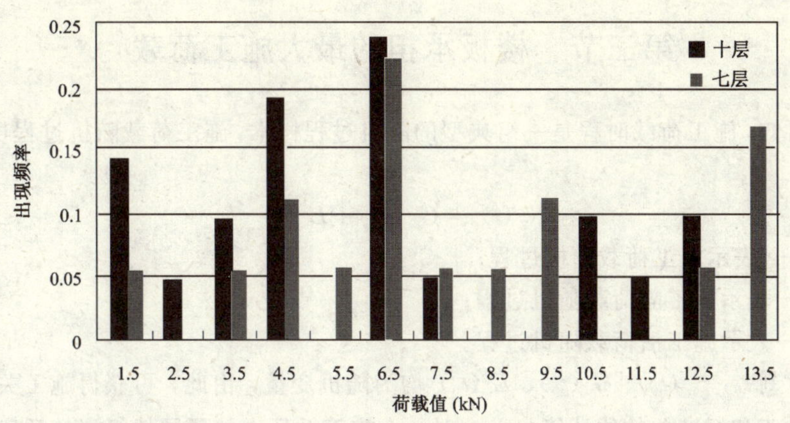

图 5-15 支架承担最大施工荷载频率直方图

担的最大施工荷载频率直方图，χ^2 检验表明（如表 5-3 所示），7 层和 10 层支架承担的施工静荷载均服从正态分布，其分布密度函数如式（5-1）所示。

χ^2 拟和优度检验（显著水平 0.01） 表 5-3

检验荷载	七层	十层
$\sum(n_j-np_j)^2/np_j$	20.35	20.63
$\chi^2_{0.01}$（10）	23.21	23.21
结果比较	不拒绝	不拒绝
均值	9.496kN	6.136kN
标准差	6.618kN	3.676kN
95%保证率估计值	20.83kN	12.18kN

$$f(\chi)=\frac{1}{\sqrt{2\pi\sigma}}e^{\frac{(\chi-\mu)^2}{2\sigma^2}} \tag{5-1}$$

按 95%保证率估计，对 3 层模板支架，7～10d 施工周期，浇筑后 1d 拆模的施工方案，有施工活荷载时（第七层上）支架承担最大施工荷载为 20.83kN，合 7.57D，无施工活荷载时（第十层上）支架承担最大施工荷载为 12.18kN，合 4.43D。

由图 5-7～图 5-10、图 5-11～图 5-14 以及表 5-1、表 5-2 还可以获得以下基本结果：

（1）各支架内力是随时间变化的，它是支架内力随机过程的样本；

（2）支架内力的时变性表明，在低龄期混凝土结构和模板支撑系统中，承担施工荷载的临时承载体系的内力不断地进行着重分布；

（3）按支架受力特性，可将模板支架分为持续加载型支架（如图 5-12 中的 20 号支架）、卸载型支架（如图 5-13 中的 1 号、16 号支架）、稳定型支架（如图 5-14 中的 15 号支架，图 5-10 中的 9 号等支架）、加卸载型（如图 5-7 中的 6 号、14 号支架）四种类型；

（4）由于测试期间明确限制在测试区域堆积活荷载，与第一阶段相比第二阶段支架承担最大施工荷载减小 35.4%，而且减小了支架拆除前承担的施工静荷载，减小了底层楼板承担的最大施工荷载。

第三节 楼板承担的最大施工荷载

由第二节可知，施工荷载时程是一组典型的随机过程样本，施工荷载随机过程可用式(5-2)表述：

$$S(t)=G(t)+L(t) \tag{5-2}$$

式中 $S(t)$——表示施工荷载随机过程；

$G(t)$——表示施工静荷载随机过程；

$L(t)$——表示施工活荷载随机过程。

任一给定时刻 t_0，$S(t_0)$、$G(t_0)$、$L(t_0)$ 均为随机变量，由此，可获得施工关键阶段的施工荷载随机变量均值和标准差的估计值 $\hat{\mu}$，$\hat{\sigma}$。对一个施工循环中的顶层楼板浇筑后底层支架承担的施工荷载进行统计分析，即可获得楼板上承担的最大施工荷载；对一个施工循环内楼板浇筑后顶层支架承担的施工荷载进行统计，即可获得施工活荷载的分布规律（在第四节分析）。

一、第一阶段实测结果

一个施工循环中，顶层楼板混凝土浇筑后，在底层模板支架拆除前，顶层新浇筑混凝土楼板处于养护期，未有施工活荷载，通过测定支架拆除前后应变差，直接获得楼板上支架的内力，计算出支架拆除前标准层楼板承担最大施工静荷载。测试 24 根支架，在顶层混凝土浇筑好后，底层支架拆除前非零杆支架的内力如表 5-4 所示，楼板承担最大施工荷载如表 5-5 所示，楼板上最大施工静荷载分布如图 5-16 所示。

第一阶段测得的一个施工循环中模板支架拆除前
支架的最大内力及其传给楼板的最大荷载 表 5-4

支架位置	支架编号	支架负担面积 (m^2)	支架的内力			支架传给楼板的荷载			
			N (kN)	均值 $\overline{N}$ (kN)	相对值	q (kN/m^2)	按楼板自重的折算值		
							q (D)	均值 $\overline{q}$ (D)	相对值
板中支架	3	0.74	1.10	2.65	1	1.49	0.54	1.43	1.0
	6	0.73	4.50			6.18	2.25		
	14	0.65	4.20			6.44	2.34		
	16	0.51	0.80			1.56	0.57		
次梁边	1	0.90	2.40	3.61	1.36	2.68	0.97	1.71	1.20
	4	0.74	4.90			6.59	2.39		
	5	0.66	3.70			5.64	2.05		
	11	0.76	2.40			3.15	1.15		
	20	0.85	3.50			4.11	1.50		
	22	0.86	4.40			5.12	1.86		
	24	0.71	4.00			5.66	2.06		
主梁边	2	1.21	5.10	3.50	1.32	4.22	1.54	1.09	0.765
	19	1.09	1.90			1.76	0.64		

续表

支架位置	支架编号	支架负担面积 (m^2)	支架的内力			支架传给楼板的荷载			
			N (kN)	均值 $\overline{N}$ (kN)	相对值	q (kN/m^2)	按楼板自重的折算值		
							q (D)	均值 $\overline{q}$ (D)	相对值
主次梁交汇处	7	1.39	1.30	5.76	2.17	0.94	0.34	2.02	1.42
	9	1.32	5.70			4.32	1.57		
	17	1.23	8.10			6.56	2.39		
	18	0.93	6.40			6.88	2.50		
	23	0.80	7.30			9.11	3.31		
平均	m	0.893	3.98	3.38		4.58	1.665	1.563	
	σ	0.252	2.10			2.28	0.828		

注：1. 支架编号见图 5-2 (a)；

2. D——表示单位面积楼板自重。

一个施工循环中模板支架拆除前最底层楼板承担的施工荷载 表 5-5

支架位置	支架编号	支架传给楼板的荷载实测值		楼板承担的荷载		
		q (kN/m^2)	q (D)	q' (D)	$\overline{q'}$ (D)	相对比率
板中支架	3	1.49	0.54	1.54	2.43	1.0
	6	6.18	2.25	3.25		
	14	6.44	2.34	3.34		
	16	1.56	0.57	1.57		
次梁边	1	2.68	0.97	1.97	2.71	1.12
	4	6.59	2.39	3.39		
	5	5.64	2.05	3.05		
	11	3.15	1.15	2.15		
	20	4.11	1.50	2.50		
	22	5.12	1.86	2.86		
	24	5.66	2.06	3.06		
主梁边	2	4.22	1.54	2.54	2.09	0.86
	19	1.76	0.64	1.64		
主次梁交汇处	7	0.94	0.34	1.34	3.02	1.24
	9	4.32	1.57	2.57		
	17	6.56	2.39	3.39		
	18	6.88	2.50	3.50		
	23	9.11	3.31	4.31		
总平均		$m=4.58$ $\sigma=2.28$	$m=1.67$ $\sigma=0.83$	$m=2.67$ $\sigma=0.83$	2.56	

注：1. 支架编号见图 5-2 (a)；

2. D——表示单位面积楼板自重；

3. $q'=q+1D$。

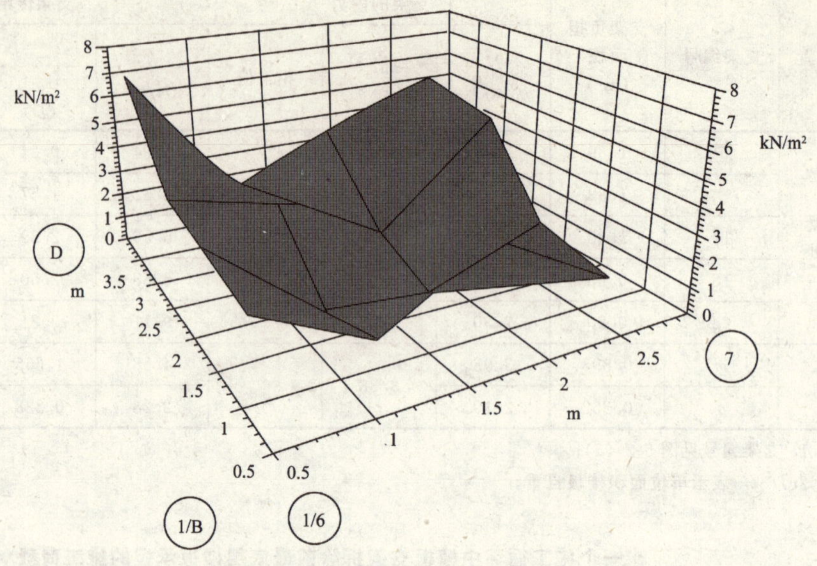

图 5-16 七层楼板上测试区内最大施工荷载分布

由表 5-4、表 5-5 可知，不同类别支架的内力不同，按实际负担面积计算，各类支架的内力均值为 3.98kN，标准差 2.10kN，各类支架间有以下关系：

楼板下支架∶次梁下支架∶主梁下支架∶交叉梁下支架＝1.0∶1.36∶1.32∶2.17。

实际工程施工存在误差，使架设支架的工作状态不完全相同，有的支架被架空。按楼板自重折算，各类支架传给楼板的荷载均值 1.665D，标准差 0.83D，大于板柱建筑支架的传给楼板荷载的理论值 1.36D，各类支架的传给楼板的荷载的比率有以下关系：

楼板下支架∶次梁下支架∶主梁下支架∶交叉梁下支架＝1.0∶1.20∶0.765∶1.42。

楼板承担最大施工荷载平均值为 2.67D，标准差 0.83D，大于板柱结构楼板承担最大施工荷载 2.36D。不同类别支架下楼板承担施工荷载比率有以下关系：

楼板支架下∶次梁支架下∶主梁支架下∶交叉梁支架下＝1.0∶1.12∶0.86∶1.24。

二、第二阶段实测结果

在这一测试周期内，施工周期为 7d。测试层楼板支架与下层支架错位，如图 5-3 所示。使测试层支架承担荷载直接传递到楼板，楼板过早承担荷载，承担施工荷载增大；梁支架与下层支架位置一致，将荷载直接向下传递，使测试层梁支架荷载减小。

按实际负担面积计算各类支架承担荷载比率平均值为 3.43kN，标准差 2.76kN，各类支架的内力比值有以下关系：

板下支架∶次梁下支架∶主梁下支架∶交叉梁下支架＝1.0∶0.72∶1.05∶0.87。

按楼板自重折算，支架传给楼板的施工荷载均值 1.41D，标准差 1.08D，各类支架间有以下关系：

板下支架∶次梁下支架∶主梁下支架∶交叉梁下支架＝1.0∶0.79∶0.87∶0.73。

按楼板自重折算，楼板承担施工荷载均值 2.41D，标准差 1.08D，各类支架间有以下关系：

板支架下楼板∶次梁支架下楼板∶主梁支架下楼板∶交叉梁支架下楼板＝1.0∶0.87∶0.92∶0.84。

而且，测试层支架由于下层支架拆模，结构位移作用，会出现部分零杆，即使同类支柱其内力差异也很大，如表5-6、表5-7、图5-17所示。

第二阶段测得的一个施工循环中模板支架拆除前支架的最大内力及其传给楼板的最大荷载 表5-6

支架位置	支架编号	支架负担面积 (m^2)	支架的内力			支架传给楼板的荷载			
							按楼板自重的折算值		
			N (kN)	均值 $\overline{N}$ (kN)	相对值	q (kN/m²)	q (D)	$\bar{q}$ (D)	相对值
板中支架	2	0.841	2.87	3.72	1.0	3.41	1.24	1.64	1.0
	6	0.844	2.83			3.35	1.22		
	8	0.839	3.63			4.33	1.57		
	13	0.757	4.45			5.88	2.14		
	21	0.720	2.83			3.93	1.43		
	23	0.928	5.72			6.16	2.24		
次梁边	12	0.757	0.89	2.66	0.72	1.17	0.43	1.29	0.79
	19	0.750	0.83			1.11	0.40		
	20	0.709	7.52			10.61	3.86		
	22	0.852	0.85			0.99	0.36		
	24	0.844	3.22			3.82	1.39		
主梁边	1	1.112	1.54	3.91	1.05	1.39	0.51	1.43	0.87
	3	1.051	3.18			3.03	1.10		
	7	1.081	12.40			11.48	4.17		
	10	0.956	1.61			1.68	0.61		
	14	0.726	1.68			2.32	0.84		
	16	0.810	3.02			3.73	1.36		
主次梁交汇处	4	1.074	1.16	3.25	0.87	1.08	0.39	1.20	0.73
	11	1.118	3.35			3.00	1.09		
	15	0.839	6.16			7.34	2.67		
	17	1.289	2.33			1.81	0.66		
平均	m	0.914	3.43	3.39		3.89	1.41	1.39	
	σ	0.206	2.72			2.96	1.08		

注：1. 支架编号见图5-2（b）；

2. D——表示单位面积楼板自重；

3. $q'=q+1D$。

一个施工循环中模板支架拆除前最底层楼板承担的施工荷载（单位：D） 表5-7

支架位置	支架编号	支架传给楼板的荷载		楼板承担荷载		相对比率
		q (kN/m²)	q (D)	q' (D)	$\frac{\overline{q'}}{D}$	
板中支架	2	3.41	1.24	2.24	2.64	1.0
	6	3.35	1.22	2.22		
	8	4.33	1.57	2.57		

续表

支架位置	支架编号	支架传给楼板的荷载		楼板承担荷载		
		q (kN/m²)	q (D)	q' (D)	$\overline{q'}$ D	相对比率
板中支架	13	5.88	2.14	3.14	2.64	1.0
	21	3.93	1.43	2.43		
	23	6.16	2.24	3.24		
次梁边	12	1.17	0.43	1.43	2.29	0.87
	19	1.11	0.40	1.40		
	20	10.61	3.86	4.86		
	22	0.99	0.36	1.36		
	24	3.82	1.39	2.39		
主梁边	1	1.39	0.51	1.51	2.43	0.92
	3	3.03	1.10	2.10		
	7	11.48	4.17	5.17		
	10	1.68	0.61	1.61		
	14	2.32	0.84	1.84		
	16	3.73	1.36	2.36		
主次梁交汇处	4	1.08	0.39	1.39	2.21	0.84
	11	3.00	1.09	2.09		
	15	7.34	2.67	3.67		
	17	1.81	0.66	1.66		
总平均		$m=3.89$ $\sigma=2.96$	$m=1.41$ $\sigma=1.08$	$m=2.41$ $\sigma=1.08$	2.39	

注：1. 支架编号见图 5-2 (b)；

2. D——表示单位面积楼板自重。

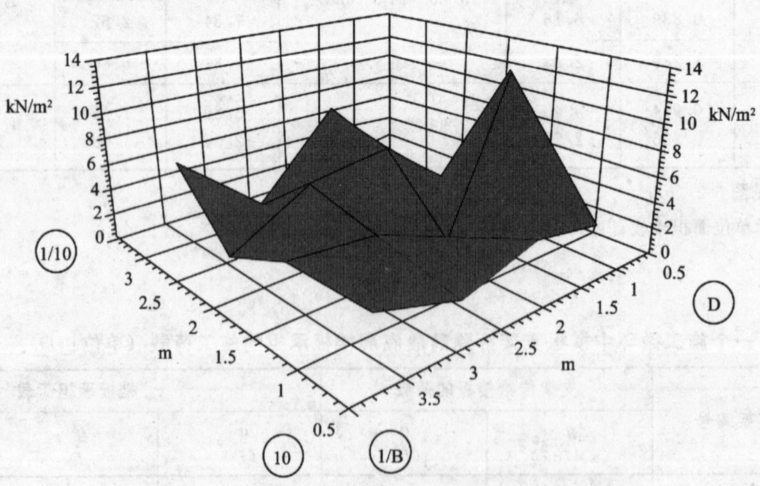

图 5-17 十层楼板上测试区内最大施工静荷载分布

三、支架传给楼板荷载分布

两阶段测试 48 根支架中，39 根非零支架，在模板支架拆除前，传给楼板的施工荷载的频率直方图如图 5-18 所示，χ^2 检验表明（见表 5-8），七层和十层支架传给楼板的施工静荷载均服从 Γ 分布，其分布密度函数为：

$$f(\chi)=\frac{\beta^{\alpha}}{\Gamma(\alpha)}\chi^{\alpha-1}e^{-\beta\chi} \qquad \chi>0 \tag{5-3}$$

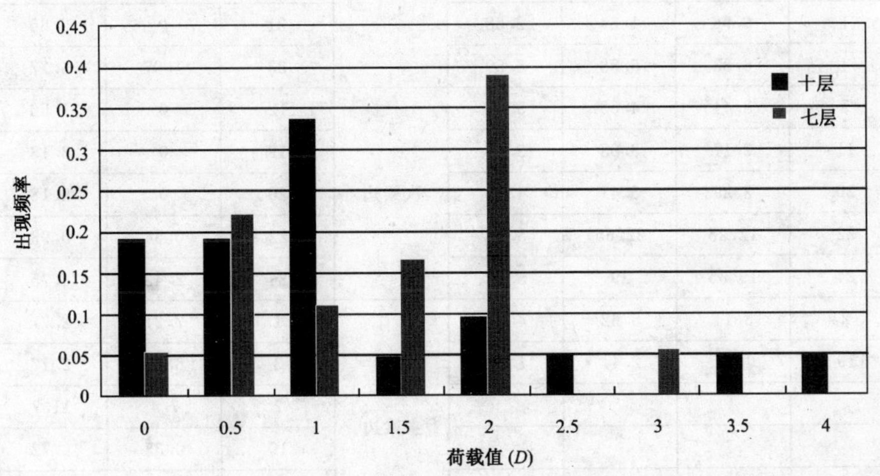

图 5-18 时变结构体系中的底层支架传给楼板的施工荷载频率直方图

χ^2 拟合优度检验（显著水平 0.01） 表 5-8

检验荷载	七 层	十 层
$\Sigma(n_j-np_j)^2/np_j$	15.076	14.259
$\chi^2_{0.99}(6)$	16.812	16.812
结果比较	不拒绝	不拒绝
均值	1.665D	1.41D
标准差	0.828D	1.08D
α，β	4.0436，2.4286	1.7045，1.2088
95%保证率估计值	3.218D	3.521D

第四节 施工活荷载的实测统计分析

施工荷载随机过程 $S(t)$ 的任一实现，即实测的任一支架的施工荷载时程为 $S(t)$；任一给定时刻 t_0，施工荷载随机过程 $S(t)$ 的实现，$S(t_0)$、$G(t_0)$、$L(t_0)$ 均为随机变量。由此，可获得施工关键阶段（t_k）的施工荷载随机变量均值和标准差的估计值 $\hat{\mu}$，$\hat{\sigma}$。对一个施工循环内每层楼板浇筑后的施工荷载进行统计，即可获得一个施工循环中，施工荷载在模板支架和混凝土楼板中的分布规律。

根据实测的支架施工荷载时程，获得三层模板支架支模方案，施工荷载（包括施工活荷载）在时变结构中的分布规律如表 5-9、图 5-19、图 5-20、图 5-21 所示。

时变结构体系中的支架内力实测结果（kN/m²） **表 5-9**

第一阶段

支架位置	支架编号	上层	中层	底层
板中支架	3	2.4	3.0	1.49
	6	5.98	8.33	6.18
	14	6.39	11.14	6.44
	16	2.86	1.26	1.56
次梁边	1	0.96	1.34	2.68
	4	6.83	5.58	6.59
	5	3.44	4.55	5.64
	11	2.17	3.03	3.15
	20	2.29	3.41	4.11
	22	12.28	22.65	5.12
	24	19.35	29	5.66
主梁边	2	3.14	5.62	4.22
	19	1.92	2.41	1.76
主次梁交汇处	7	0.95	0.23	0.94
	9	3.51	4.46	4.32
	17	4.46	6.43	6.56
	18	5.03	5.05	6.88
	23	17.79	24.22	9.11
总平均		$m=5.65$ $\sigma=5.41$	$m=7.87$ $\sigma=8.50$	$m=4.58$ $\sigma=2.28$
按楼板自重计算（D）		$m=2.06$ $\sigma=1.97$	$m=2.86$ $\sigma=3.09$	$m=1.66$ $\sigma=0.83$

第二阶段

支架位置	支架编号	上层	中层	底层
板中支架	2	0	4.24	3.41
	6	0.12	2.9	3.35
	8	6.38	5.4	4.33
	13	0.58	7.84	5.88
	21	0	2.86	3.93
	23	1.97	5.77	6.17
次梁边	12	0	1.56	1.17
	19	0	3.13	1.11
	20	0	8.18	10.61
	22	0.34	0.93	1
	24	2.42	4.75	3.82
主梁边	1	7.21	2.77	1.39
	3	6.68	2.17	3.03
	7	7.4	11.7	11.48
	10	0.35	0.72	1.68
	14	6.01	2.41	2.32
	16	8.06	5.49	3.73
主次梁交汇处	4	0	0.165	1.08
	11	3.15	2.85	3
	15	7.14	6.36	7.37
	17	0.13	1.59	1.81
总平均		$m=3.86$ $\sigma=3.17$	$m=3.99$ $\sigma=2.86$	$m=3.88$ $\sigma=2.97$
按楼板自重计算（D）		$m=1.40$ $\sigma=1.15$	$m=1.45$ $\sigma=1.04$	$m=1.41$ $\sigma=1.08$

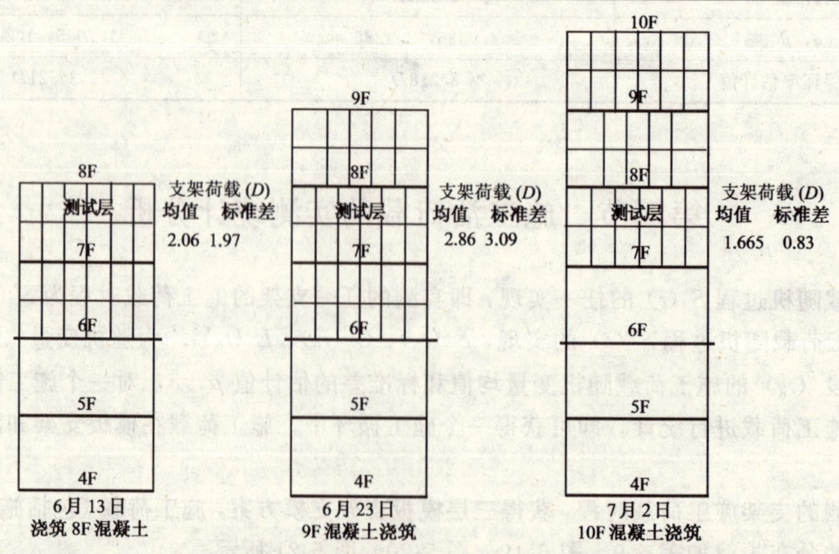

图 5-19 第一阶段测得的时变结构体系中施工荷载的分布规律

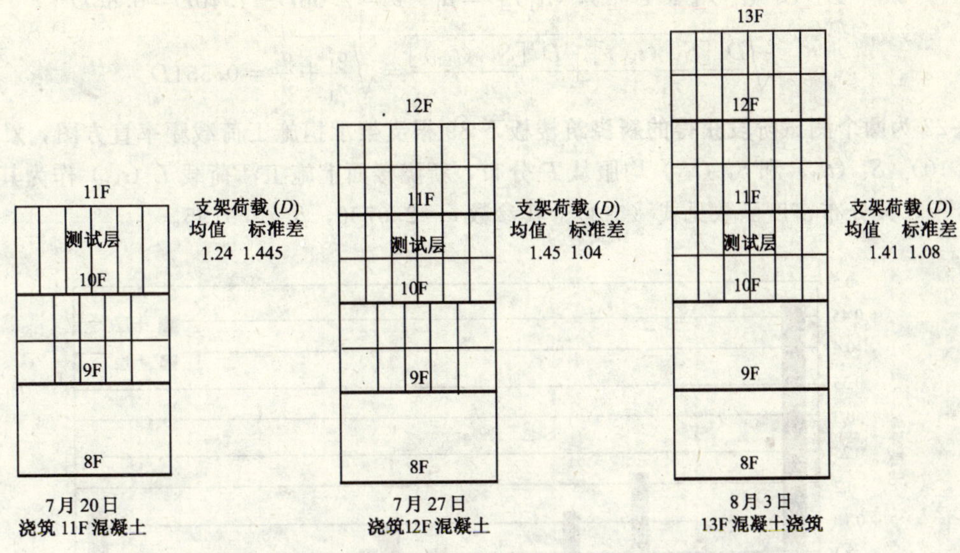

图 5-20 第二阶段测得的时变结构体系中施工荷载的分布规律

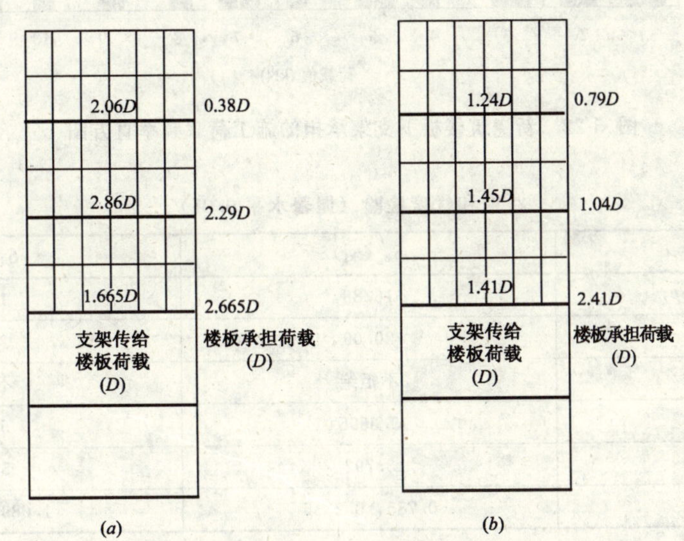

图 5-21 时变结构体系中的最大施工荷载的分布规律

(a) 第一阶段；(b) 第二阶段

由施工荷载随机过程： $$S(t)=G(t)+L(t) \tag{5-4}$$

可知施工活荷载随机过程： $$L(t)=S(t)-G(t) \tag{5-5}$$

第一阶段，施工期间有大量施工活荷载存在，代表了施工活荷载和静荷载共同作用结果，为 $S(t)$；第二阶段，施工期间严格控制施工活荷载，施工活荷载较小，代表施工静荷载的分布规律，若假定 $L(t)$ 的均值为 0，此阶段测试荷载即为 $G(t)$ 的样本 $g(t)$。测试层上混凝土浇筑后，下一层楼板浇筑前的施工活荷载随机变量为：

$$L(t_{k1})=S(t_{k1})-G(t_{k1}) \tag{5-6}$$

以两个阶段实测的施工荷载随机变量 $S_1(t_{k1})$ 和 $S_2(t_{k1})$ 表述为

$$L(t_{k1})=S_1(t_{k1})-S_2(t_{k1}) \tag{5-7}$$

由此获得新浇楼面上施工活荷载的均值 m_L 和方差为 σ_L：

$$m_L = E\left[S_1\ (t_{k1})\right] - E\left[S_2\ (t_{k1})\right] = \mu_1 - \mu_2 = 2.06D - 1.40D = 0.66D \tag{5-8}$$

$$\sigma_L = \sqrt{\frac{D\left[S_1\ (t_{k1})\right]}{n_1} + \frac{D\left[S_2\ (t_{k1})\right]}{n_2}} = \sqrt{\frac{\sigma_1^2}{n_1} + \frac{\sigma_2^2}{n_2}} = 0.551D \tag{5-9}$$

图 5-22 为两个测试阶段获得的新浇筑楼板下 39 根支架承担施工荷载频率直方图，χ^2 检验表明（表 5-10），S_1（t_{k1}）和 S_2（t_{k1}）均服从 Γ 分布，新浇楼面上施工活荷载 L（t_{k1}）作为其子样服从母体分布，其分布密度函数见式（5-3）。其参数 $\alpha=2.0736$，$\beta=0.9195$。

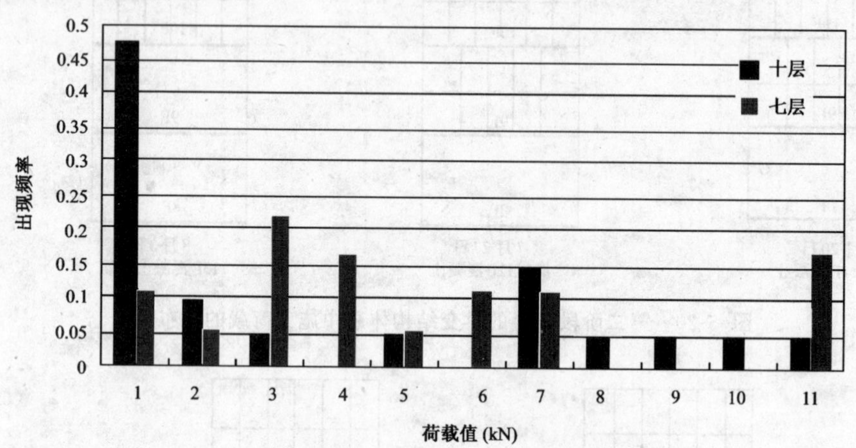

图 5-22　新浇筑楼板下支架承担的施工荷载频率直方图

χ^2 拟和优度检验（显著水平 0.01）　　　　表 5-10

检验荷载	S_2（t_{k1}）	S_1（t_{k1}）
$\Sigma\ (n_j - np_j)^2/np_j$	16.88	18.35
$\chi^2_{0.99}$（8）	20.09	20.09
结果比较	不拒绝	不拒绝
均值	3.3595	5.653
标准差	3.792	5.415
α，β	0.785，0.2336	1.0898，5.653

根据现场实测，测试模板支架负担面积平均为 0.896m²，测试区域面积为 14.6m²，对验算有效支撑面积 $A\leqslant 1\text{m}^2$ 的结构构件，施工活荷载取模板支架内力的 95%保证概率估计值，而对验算有效支撑面积 $A\geqslant 15\text{m}^2$ 的结构构件，可取测试模板支架内力的均值。对验算结构构件有效支撑面积在两者之间的，线性插值确定，其取值为：

对于有效支撑面积 $A\leqslant 1\text{m}^2$ 的结构设计，按 95%保证概率估计活荷载标准值为 4.3kN/m²；

对于有效支撑面积 $A\geqslant 15\text{m}^2$ 的结构设计，取统计均值 $0.66D=1.8\text{kN/m}^2$；

$1\text{m}^2 < A < 15\text{m}^2$ 的结构设计，施工活荷载标准值 q_L 按式（5-10）取值：

$$q_L = 2.6786 \times \frac{1-A}{15} + 4.3 \tag{5-10}$$

式中　A——面积，m²；

q_L——活荷载标准值，kN/m²。

与 Ayoub 建议施工活荷载相比，本文建议值偏大；当进行负载面积较大的混凝土结构的安全性检验时，与苗吉军、顾祥林建议的模板支撑阶段 2.5kN/m²（相应于新浇楼面上的施工活荷载）

的施工活荷载基本一致。

第五节　层间相对变形

相邻楼层梁板的相对变形测点埋设如图 5-23 所示。连续监测在一个施工循环内楼层间的相对变形，图 5-24～图 5-30 为各测点梁板间的相对变形过程，图中最后一点为模板支架拆除后楼层间相对变形变化量。表 5-10 给出了在一个施工循环中楼层梁板的最大相对变形，拆模引起变形改变和梁板的最后绝对变形。按楼板支架承担单位面积荷载均值 4.58kN（表 5-5），楼板支架的线刚度 1.6kN/mm，由此推出底层楼板的变形均值为 2.86mm，与实测结果一致（表 5-11）。

图 5-29，图 5-30 为在相同时间段测得的楼板间相对变形随温度变化规律。由图可知气温逐渐升高时，明显增大楼层相对变形，每升高 1℃，楼层相对位移增大 0.032mm；气温逐渐降低时，楼层相对变形减小。

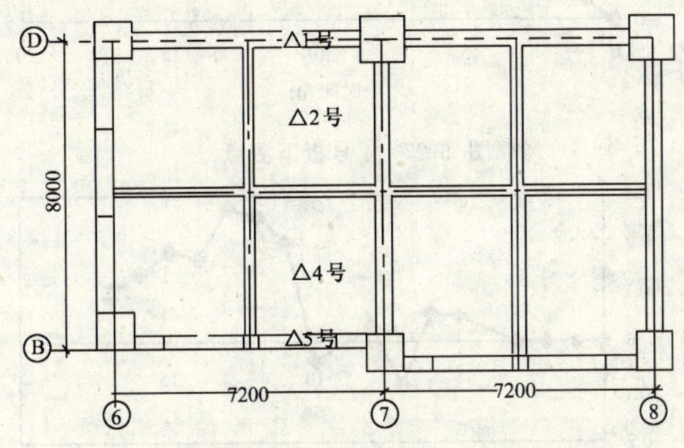

图 5-23　楼层梁板间相对变形测点位置及编号

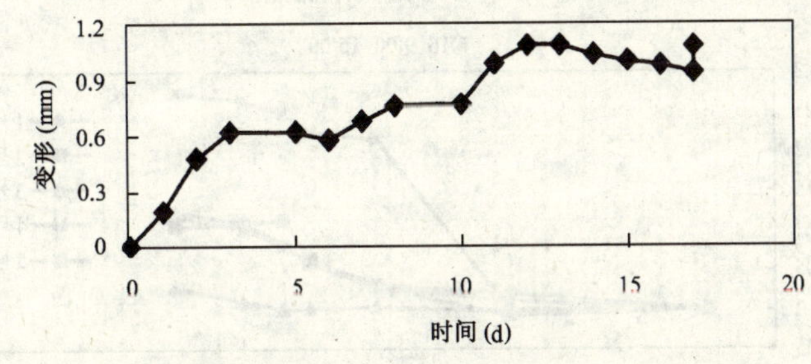

图 5-24　1 号梁下测点

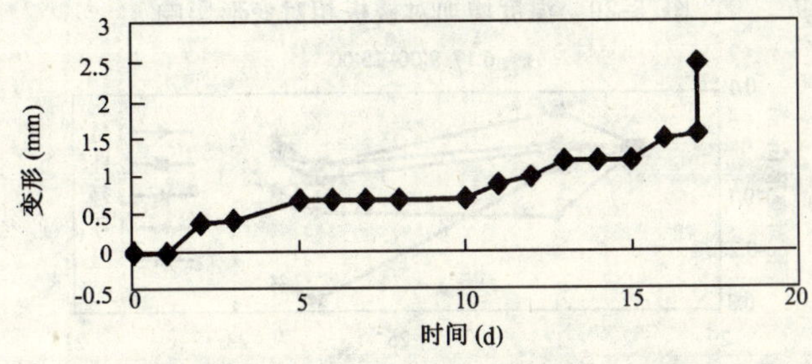

图 5-25　2 号板中测点

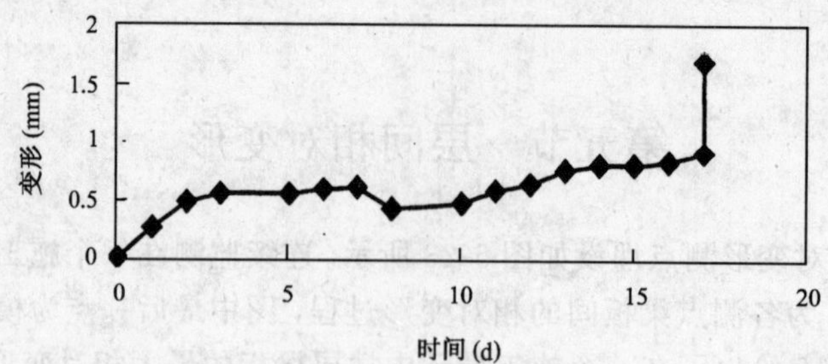

图 5-26 3号梁下测点

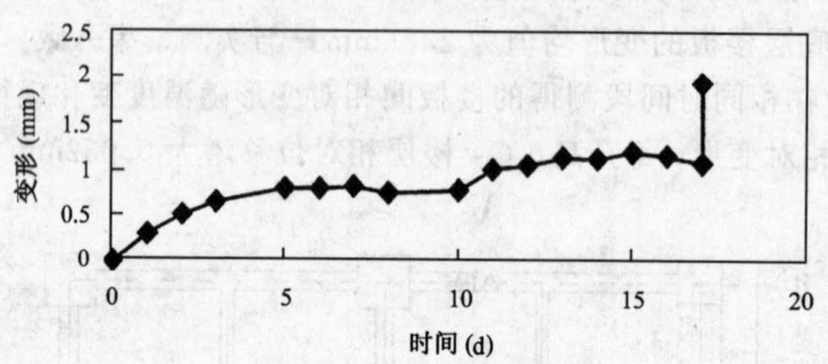

图 5-27 4号板下测点

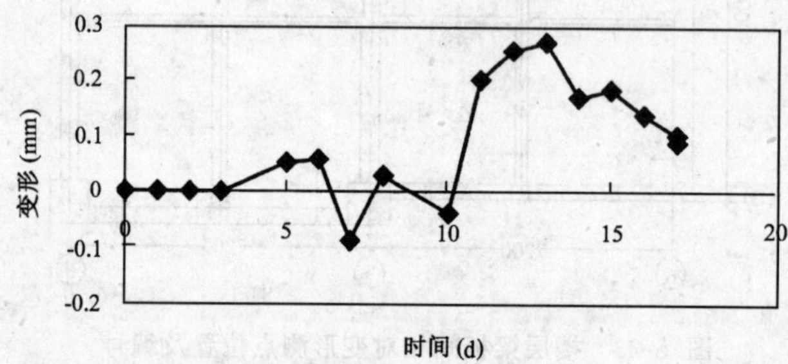

图 5-28 5号边梁下测点

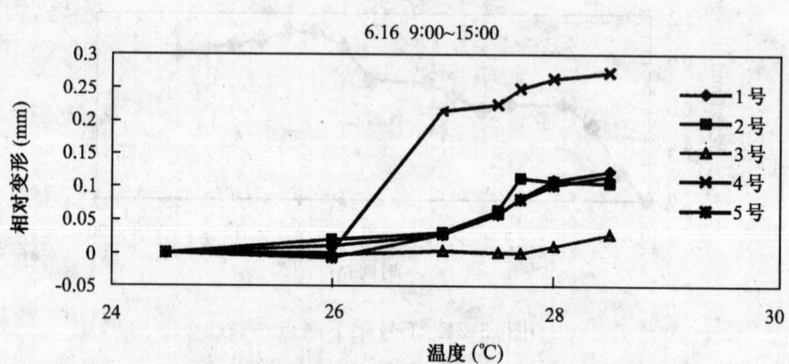

图 5-29 温度增加对楼板相对变形影响

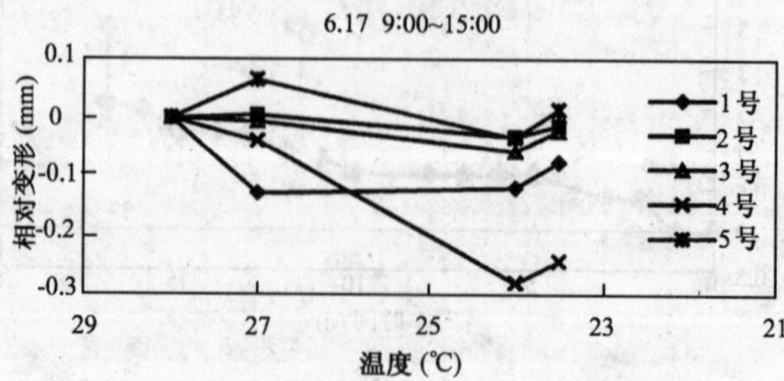

图 5-30 温度降低对楼板相对变形影响

楼层最大相对变形与时变结构体系中底层楼板的绝对变形（mm） 表 5-11

测点编号	最大相对变形	拆模前相对变形	拆模后相对变形	拆模引起下层回弹	楼层绝对变形	楼层绝对变形计算值
1号	1.084	0.939	1.079	—*	—*	
2号	1.531	1.531	2.450	0.527	2.977	
3号	0.910	0.910	1.711	0.511	2.222	2.86
4号	1.118	1.061	1.929	0.578	2.507	
5号	0.268	0.102	0.089	—*	—*	

注：*——未测试。

第六节 测试结果总结

综上所述可以得出以下基本结果：

(1) 时变结构体系中模板支架承担的最大施工荷载。

模板支架在一个施工循环中承担的最大施工荷载的时间发生于时变结构中顶层混凝土楼板模板支撑架设阶段。按楼板单位面积统计，有施工活荷载时，各类支架承担最大施工荷载均值为9.50kN，标准差为6.62kN；按单位面积楼板重量统计均值为3.45D，标准差为2.41D。是支架拆除前承担施工静荷载1.665D的2.07倍；无施工活荷载时，各类支架承担最大施工荷载均值为6.14kN，标准差为3.676kN；按单位面积楼板重量统计均值为2.23D，标准差为1.34D（如表5-1及表5-2），是支架拆除前承担施工静荷载1.41D的1.58倍。

支架在一个施工循环中承担的最大施工荷载服从正态分布。建议有施工活荷载时支架设计荷载标准值取7.57D，无施工活荷载时取4.43D。

(2) 时变结构体系中底层支架拆除前支架承担的最大施工静荷载与楼板承担的最大施工静荷载。

1) 3层模板支架系统中，当测试层上层为不连续支架层时（第一阶段），3层模板支架系统中的底层支架和楼板承担施工荷载有以下特性：

不同类别支架的内力不同，按实际负担面积计算，各类支架的内力均值为3.98kN，标准差2.10kN，各类支架间有以下关系：

板下支架∶次梁下支架∶主梁下支架∶交叉梁下支架＝1.0∶1.36∶1.32∶2.17。

实际工程施工存在误差，使架设支架的工作状态不完全相同，有的支架被架空。按单位面积计算，各类支架传给楼板的荷载均值1.665D，标准差0.83D，大于板柱建筑支架传给楼板的荷载1.36D理论值，各类支架传给楼板的荷载比率有以下关系：

板下支架∶次梁下支架∶主梁下支架∶交叉梁下支架＝1.0∶1.20∶0.765∶1.42。

楼板承担最大施工荷载平均值为2.67D，标准差0.83D，大于板柱结构楼板承担最大施工荷载2.36D。不同类别支架下楼板承担施工荷载比率有以下关系：

板支架下∶次梁支架下∶主梁支架下∶交叉梁支架下＝1.0∶1.12∶0.86∶1.24。

2) 3层模板支架系统中，当测试层下层为不连续支架层时（第二阶段），3层模板支架系统中的底层支架和楼板承担施工荷载有以下特性：

按实际负担面积计算各类支架承担荷载比率平均值为3.43kN，标准差2.76kN，各类支架间荷载比值有以下关系：

板下支架∶次梁下支架∶主梁下支架∶交叉梁下支架＝ 1.0∶0.72∶1.05∶0.87。

按单位面积统计支架的内力均值1.41D，标准差1.08D，各类支架间有以下关系：

板下支架：次梁下支架：主梁下支架：交叉梁下支架=1.0：0.79：0.87：0.73。

按单位面积统计楼板承担施工荷载均值2.41D，标准差1.08D，各类支架间有以下关系：

板支架下楼板：次梁支架下楼板：主梁支架下楼板：交叉梁支架下楼板=1.0：0.87：0.92：0.84。

3）底层支架拆除前传给楼板的施工荷载服从Γ分布。

4）不连续楼层板支架导致施工荷载重分布。

不连续模板支架下层支架承担荷载减小，不连续模板支架上层支架承担荷载增大。与楼层支架的内力均值1.665D比较，不连续楼层板支架的下层楼板支架施工荷载1.43D减小约16%，而梁下支架的内力1.733D增大4%；与楼层支架的内力均值1.41D比较，不连续楼层板支架的上层楼板支架的内力1.64D增大16.3%，而梁下支架的内力1.32D减小6.8%。

5）两次实测底层支架的内力均值$m=1.53D$，标准差$\sigma=0.97D$，楼板承担最大施工静荷载均值$m=2.53D$，标准差$\sigma=0.97D$。较大的持续活荷载存在（第一测试阶段），时变结构发生较大变形，混凝土的水化凝固使结构变形永久化，造成底层支架和楼板承担较大结构变形荷载。

6）与板柱结构施工荷载分布相比，当有较大持续活荷载时梁板柱结构承担施工静荷载约是板柱结构标准层楼板承担施工静荷载的1.335倍，是第三层楼板承担施工静荷载的1.14倍；即使无较大活荷载，梁板柱结构时变结构中底层楼板承担最大施工静荷载也是板柱结构标准层楼板承担施工静荷载的1.21倍，第三层楼板承担施工静荷载的1.03倍。

（3）新浇筑楼板上的施工活荷载。

实测施工阶段施工活荷载均值为0.66D（1.8kN/m²），标准差0.551D（1.51kN/m²）。施工阶段结构设计及验算施工活荷载取值建议：

对于有效支撑面积$A\leqslant 1\text{m}^2$的结构设计，取4.3 kN/m²；

对于有效支撑面积$A\geqslant 15\text{m}^2$的结构设计，取1.8kN/m²；

对于有效支撑面积$1\text{m}^2<A<15\text{m}^2$的结构设计，施工活荷载标准值$q_L$按式（5-11）取值：

$$q_L=2.6786\times\frac{1-A}{15}+4.3 \tag{5-11}$$

式中　A——面积（m²）；

q_L——活荷载标准值（kN/m²）。

（4）时变结构体系中楼层相对位移。

三层模板支撑，在一个施工循环中，楼层最大变形为2.977mm。

温度变化引起楼层相对位移，每升高1℃，楼层相对位移增大0.032mm。楼层相对变形增大导致下层楼板承担荷载增大，楼层相对变形减小时，上层楼板荷载增大。

第六章　混凝土材料时变特性

混凝土材料的时变性，是指混凝土材料的强度和弹性模量随时间逐渐增长的属性。施工期间，承担施工荷载的混凝土结构的混凝土材料的龄期通常低于 28d，混凝土材料处于养护阶段，其强度、弹性模量随龄期逐渐增长，混凝土结构的刚度和强度也随混凝土材料的龄期增长而逐渐增长。

由于作用于施工时变结构体系上的施工荷载是按照体系中的混凝土楼板刚度和支架刚度进行分配的，混凝土楼板刚度的改变，导致施工荷载在施工时变结构体系中的分布发生改变。认识早龄期混凝土材料的强度、弹性模量的时变规律，是进行施工时变结构体系分析的基础。

同时，注意到承担施工荷载的早龄期混凝土结构，混凝土材料处于养护期，混凝土中水泥颗粒的水化反应还未全部完成，过早地承担施工荷载。这是否会对混凝土强度的增长带来负面影响，并影响施工期时变结构的安全以及结构的正常使用安全？为此，本章将总结国内外有关早龄期混凝土强度、弹性模量的实验研究成果，探讨早期承受荷载对混凝土强度的影响。

第一节　混凝土材料强度、弹性模量的时变规律

对于养护期达 28d 的成熟混凝土，其弹性模量与强度的平方根成正比，如《ACI 建筑规范》建议的混凝土弹性模量与强度之间的关系式为：

$$E_c = 33w^{1.5}\ (f'_c)^{0.5} \tag{6-1}$$

式中　E_c——混凝土弹性模量；

f'_c——混凝土抗压强度；

w——单位体积混凝土自重。

早龄期混凝土弹性模量和抗压强度，Francis A. Olukun 等提出了与《ACI 建筑规范》给出的公式类似的算式：

$$E_c = 63313\ (f'_c)^{0.4987},\ f'_c > 500\text{psi} \tag{6-2}$$

式中　E_c——对应混凝土抗压强度 f'_c 的弹性模量；

f'_c——某一龄期混凝土的抗压强度。

1963 年，Grundy 和 Kabaila 在对施工阶段的混凝土楼板和模板支架相互作用分析时，采用了图 6-1 所示的混凝土抗压强度和弹性模量随龄期的增长曲线（除另有注明外，本书中有关施工时变结构分析中都采用这一曲线）。

N. J. Gardner 给出的计算公式为：

$$S = S_u \cdot K \cdot t^n / \ (1 + K \cdot t^n) \tag{6-3}$$

式中　S_u，n，K——均为常量（S_u 为温度的函数）；

S_u——极限强度；

K——强度时变曲线初始斜率；

n——指数。

Carino 根据实验建立了与 N. J. Gardner 提出的相似公式：

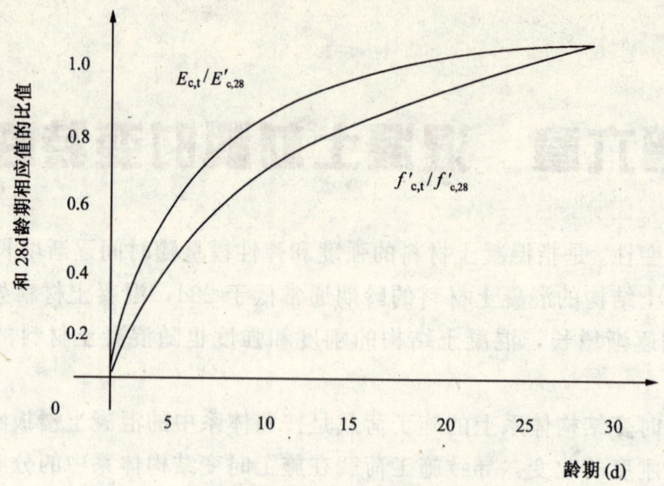

图 6-1 混凝土强度、弹性模量的时变规律

$$S=\frac{K\ (t-t_0)\ S_u}{1+K\ (t-t_0)} \tag{6-4}$$

式中 S——在龄期 t 时的强度；

K——强度发展曲线初始斜率；

t_0——强度发展初期的龄期；

S_u——极限强度；

K，t_0，S_u——均为温度的函数。

J. J. Brooks 等研究表明，式（6-4）和实验数据符合较好，对于高温条件建议用指数 n 表达：

$$S=\frac{K\ (t-t_0)^n S_u}{1+K\ (t-t_0)^n} \tag{6-5}$$

或

$$\frac{(t-t_0)^n}{S}=\frac{1}{K\cdot S_u}+\frac{(t-t_0)^n}{S_u} \tag{6-6}$$

朱伯芳通过实验研究提出混凝土抗压强度随龄期 τ 增长的预测公式：

$$R_c\ (\tau)\ =R_{c28}\ [1+m\ln\ (\tau/28)] \tag{6-7}$$

式中 $R_c\ (\tau)$——龄期为 τ 的混凝土抗压强度；

R_{c28}——28d 龄期混凝土抗压强度；

τ——龄期 (d)；

m——系数，与水泥的品种有关，根据中国水利水电科学研究院的试验结果，在 τ＝7～365d 内：

矿渣硅酸盐水泥 $m=0.2471$；

普通硅酸盐水泥 $m=0.1727$；

掺 60％ 粉煤灰普通硅酸盐水泥时 $m=0.3817$。

同时考虑龄期与养护温度的影响时，根据温度与时间的乘积累积值 M，称为成熟度 (Maturity)，预测早期混凝土强度，常用对数型表达式：

$$R=\alpha\lg M+\beta \tag{6-8}$$

式中 α、β 为试验常数。

$$M=\sum_{i=1}^{n}[(10+T)\cdot t] \tag{6-9}$$

Gross 和 Lew（1990）提出以成熟度预测早期混凝土强度的公式为：

$$R_m = \theta \cdot R_{c28} \tag{6-10}$$

式中 R_m——早期混凝土强度；

θ——水泥类型，温度和龄期有关的系数

$$\theta = \frac{0.007M}{1+0.007M}\left[\frac{4550}{4000}\right] \tag{6-11}$$

M——成熟度，定义为混凝土当前温度 T 与混凝土强度不发生增长的温度 T_0 上的积分：

$$M = \int (T - T_0)\mathrm{d}t \tag{6-12}$$

这一预测理论基于水泥水化放热反应程度进行，理论完备，但参量测定困难，不便实施。

此外，我国《混凝土结构施工及验收规范》(GB 50204—92)，也给出了不同条件下混凝土强度的发展曲线，如图 6-2 所示。

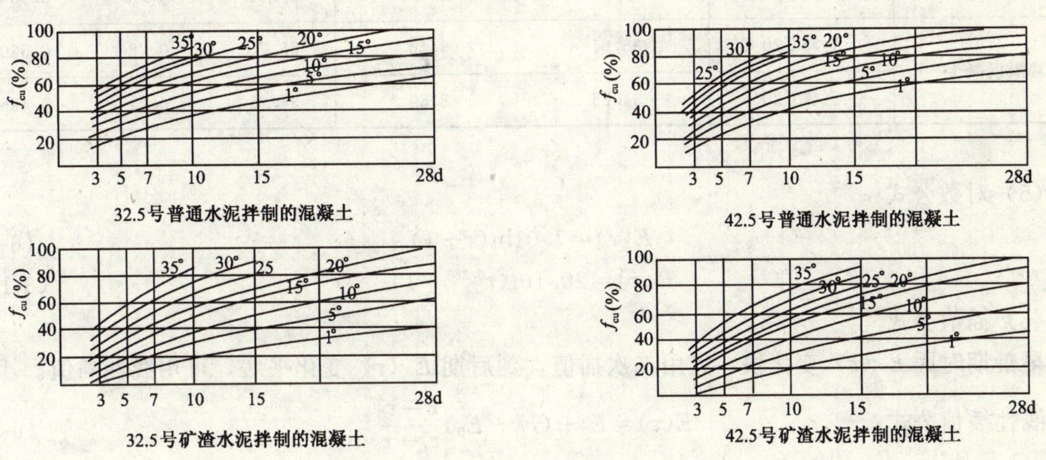

图 6-2 混凝土强度发展规律

对于低龄期混凝弹性模量的表达，通常有以下几类表达式：

(1) 指数式

$$E(\tau) = E_0(1 - e^{-\alpha\tau}) \tag{6-13}$$

式中 τ——龄期；

E_0——$\tau \to \infty$时的最终弹性模量；

α——常数。

(2) 修正指数式

$$E(\tau) = E_0(1 - \beta \cdot e^{-\alpha\tau}) \tag{6-14}$$

式中 β, α——常数。为使式（6-14）能用于大体积混凝土温度应力分析，朱伯芳给出式（6-15）：

$$E(\tau) = \sum_{i=1}^{m} E_i(1 - e^{-\alpha_i\tau}) \tag{6-15}$$

(3) 复合指数式

$$E(\tau) = E_0(1 - e^{-\alpha\tau^b}) \tag{6-16}$$

应用龚嘴重力坝基础部分混凝土弹性模量试验值校核得出：

$$E(\tau) = 38500[1 - \exp(-0.402\tau^{0.335})] \tag{6-17}$$

比较表明，式（6-17）与试验结果符合较好。

(4) 双曲线式

$$E(\tau)=\frac{E_0\cdot\tau}{q+\tau} \tag{6-18}$$

应用岩滩和三峡围堰等工程中的C15、C20级常规混凝土和碾压混凝土试验值，朱伯芳给出了双曲线公式和复合指数公式中的常数，见表6-1所示。

弹性模量计算公式中的常数　　表6-1

混凝土品种		双曲线公式		复合指数公式		
		E_0 (GPa)	q (d)	E_0 (GPa)	a	b
碾压混凝土	岩滩C15	32.80	8.20	36.07	0.24	0.45
	三峡C15	35.60	28.00	35.00	0.061	0.700
	三峡C20	37.90	25.63	38.00	0.065	0.700
常规混凝土	岩滩C20	35.91	6.46	35.70	0.28	0.520
	三峡C20	34.25	8.59	34.25	0.24	0.495

(5) 对数公式

$$E(\tau)=7.01\ln(\tau+1) \tag{6-19}$$

或
$$E(\tau)=20.1\ln(\tau^{0.285}+1) \tag{6-19a}$$

(6) 插值公式

早龄期时因 E (τ) 变化快，宜用二次插值，到后期 E (τ) 变化平缓，可用线性插值。

线性插值公式：
$$E(\tau)=E_0+(E_1-E_0)\frac{\tau-\tau_0}{\tau_1-\tau_0} \tag{6-20}$$

二次插值公式：

$$E(\tau)=E_0+(E_1-E_0)\frac{\tau-\tau_0}{\tau_1-\tau_0}+\left(\frac{E_2-E_0}{\tau_2-\tau_0}-\frac{E_1-E_0}{\tau_1-\tau_0}\right)\frac{(\tau-\tau_0)(\tau-\tau_1)}{\tau_2-\tau_1} \tag{6-20a}$$

式中　$E_0=E(\tau_0)$；$E_1=E(\tau_1)$；$E_2=E(\tau_2)$。

(7) 考虑温度影响的弹性模量表达式

养护温度影响到水泥水化的速度，因而影响到混凝土弹性模量的发展，养护温度越高，混凝土弹性模量的增长越快。朱伯芳给出式(6-21)：

$$E(\tau)=\frac{E_0\cdot\tau}{q(T)+\tau} \tag{6-21}$$

$q(T)$为养护温度函数
$$q(T)=\Sigma\alpha_i\cdot T^{-bi} \tag{6-22}$$

对于 $w/c=0.65$　$c=300\mathrm{kg/m^3}$，用硅酸盐水泥配制的C40：

$$q(T)=50T^{-1.10} \tag{6-23}$$

则
$$E(\tau)=\frac{E_0\cdot\tau}{50T^{-1.10}+\tau} \tag{6-24}$$

式中　E_0——最终弹性模量；

T—养护温度；

τ——龄期。

这些研究成果，尽管表达形式不同，但具有相似的结果：早龄期混凝土的弹性模量增长速度快于混凝土强度的增长速度。因此，必须注意施工周期短时，混凝土结构可能承担不了相应刚度分担的施工荷载。

此外，不少学者也对早龄期混凝土的抗拉强度、混凝土的徐变、收缩，极限变形等进行了研究。宋晓滨则对早龄期混凝土的应力应变全过程进行了实验研究，如图 6-3 所示，给出了早龄期混凝土的应力应变计算式：

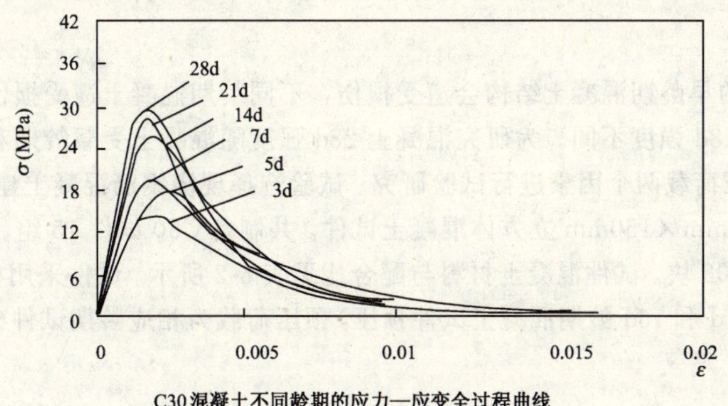

C30 混凝土不同龄期的应力—应变全过程曲线

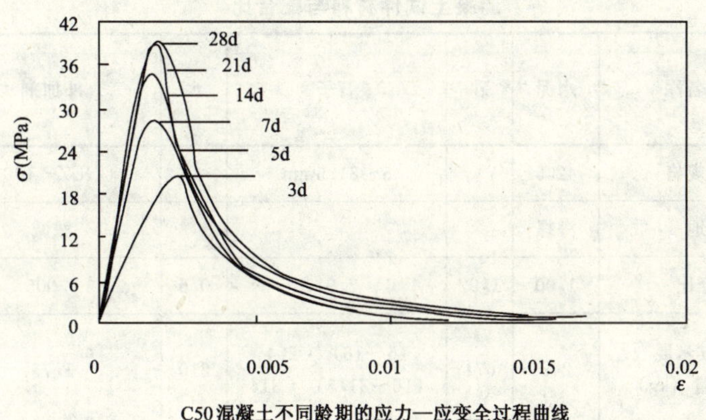

C50 混凝土不同龄期的应力—应变全过程曲线

图 6-3 早龄期混凝土的应力应变全过程试验结果

$$\sigma(t)=\begin{cases}0.5\sigma_{0,28}t^{0.22}\left[\dfrac{2\varepsilon}{\varepsilon_{0,28}(1.4-0.12\ln t)}-\dfrac{\varepsilon^2}{[\varepsilon_{0,28}(1.4-0.12\ln t)]^2}\right], & \varepsilon\leqslant\varepsilon_0(t)\\ 0.5\sigma_{0,28}t^{0.22}\left[1-\dfrac{0.15[\varepsilon\quad\varepsilon_{0,28}(1.4-0.12\ln t)]}{\varepsilon_{u,28}(1.5-0.15\ln t)-\varepsilon_{0,28}(1.4-0.12\ln t)}\right], & \varepsilon_0(t)<\varepsilon\leqslant\varepsilon_u(t)\end{cases} \tag{6-25}$$

第二节 早期荷载对混凝土强度的影响

混凝土是由水、水泥、砂和粗骨料以及添加剂组成的复合材料，它的强度随着水泥水化进行而逐渐增长，水泥的水化反应由水泥颗粒表面逐渐深入到内层，这种作用开始较快，以后由于水泥颗粒周围生成凝胶膜，水分子进入愈加困难，水化作用也越来越慢，持续时间可达数年。混凝土中水泥水化的这一特性，使具有损伤的早龄期混凝土产生损伤自愈合能力，李建林、朱子龙于 1994 年、1998 年探讨了混凝土裂缝损伤的自愈合能力，研究表明经过两次裂缝损伤的早龄期混凝土仍具有自愈合能力，掺粉煤灰有助于裂缝的愈合；金贤玉对 2d 内的早龄期混凝土遭受静力损伤、爆破振动损伤与冲击损伤的自愈合能力进行了研究，得出 0.5、1、1.5、2d 龄期早期静力损伤，对混凝土 28d 强度影响较小；遭受 0.74g 内爆破振动峰值加速度的早龄期混凝土，其 28d 强度不受影响；0.5d 的早龄期混凝土即使遭受 100kg 荷载，100g 加速度冲击，其 28d 强度也不受影响。早期受载损伤混凝土的自愈合性能，表明了早期受载对混凝土强度的无不利影响，而对早龄期混凝土随着受载幅度的加大、受载龄期的增长对其强度有何影响，仍是一个值得探讨的问题，是进行施工时变结构分析与施工优化设计的基本依据之一，作者对早期受载对混凝土强度的影响进行了实验研究。

一、试验方案

承担施工荷载的早龄期混凝土结构会遭受损伤，不同龄期混凝土遭受损伤不同，其损伤自愈合能力的差异使其 28d 强度不同。为研究混凝土 28d 强度随混凝土受载龄期和受载幅度的时变规律，选择龄期和预压荷载两个因素进行试验研究。试验选择现浇钢筋混凝土建筑常用的 C30、C50 级混凝土，采用 150mm×150mm 立方体混凝土试件。共制备 C30 试件 15 组、C50 试件 19 组，每组 3 块试件，总计 102 块。试件混凝土材料与配合比见表 6-2 所示。试件采用标准养护室养护，分别进行 2d、3d、5d、7d 和 16d 龄期混凝土试件预压，预压荷载为相应龄期试件破坏荷载 P 的 30%、50%、70%。

混凝土试件材料与配合比 表 6-2

混凝土强度等级	材料名称	水泥	砂	石子	水	外加剂	粉煤灰	矿粒
C30	品种规格	42.5		5～31.5mm		NCZ—100	II	S95
	产地	海螺				城诚		宝田
	配合比	1.00	1.92	2.91	0.6	0.005	0.18	1.0
	每立方米混凝土用量（kg）	245	671	（5～16）：204 （16～31.5）：814	210	1.75	62	105
C50	品种规格	42.5		5～31.5mm		RH—1100	II	S95
	产地	海螺				MasWer		宝田
	配合比	1.00	1.27	2.10	0.4	0.015	0.18	1.0
	每立方米混凝土用量（kg）	334	606	（5～16）：200 （16～31.5）：800	190	7.16	84	143
坍落度	150±30mm							

试验时，首先进行早龄期混凝土破坏试验，确定试验龄期混凝土破坏荷载 P，以该破坏荷载的 30%、50%、70%对试件进行预压，预压后将试件放回标准养护室养护，28d 时进行试件破坏试验。

二、试验结果分析

表 6-3、表 6-4 分别为 C30、C50 级混凝土，在遭受早期预压后的 28d 破坏荷载。

定义预压荷载与同批未预压试件 28d 强度的比值，为预压荷载比率。图 6-4～图 6-11 给出了龄期、预压荷载比率对混凝土试件 28d 强度影响曲线。可以发现：

C30 标准试块早期预压对 28d 强度影响 表 6-3

试样编号	预压试样				相对未预压试样强度比率
	龄期（d）	荷载	28d 破坏荷载（kN）	均值（kN）	
S13－11*	3	0.3P*	715	801.7	0.947
S13－12	3	0.3P	805		
S13－13	3	0.3P	885		
S13－21	3	0.5P	855	821.7	0.970
S13－22	3	0.5P	810		
S13－23	3	0.5P	800		
S13－31**	3	0.7P	760/780	675/755	0.797/0.892
S13－32	3	0.7P	645/605		
S13－33	3	0.7P	620/880		
S10－01	28	0	860	846.7	1.000
S10－02	28	0	830		
S10－03	28	0	850		
S27－11	7	0.3P	785	781.7	0.940
S27－12	7	0.3P	810		
S27－13	7	0.3P	750		
S27－21	7	0.5P	825	821.7	0.988
S27－22	7	0.5P	800		
S27－23	7	0.5P	840		
S27－31	7	0.7P	730	756.7	0.910
S27－32	7	0.7P	800		
S27－33	7	0.7P	740		
S20－01	28	0	835	831.7	1.000
S20－02	28	0	850		
S20－03	28	0	810		
S316－11	16	0.3P	850	806.7	1.023
S316－12	16	0.3P	880		
S316－13	16	0.3P	690		
S316－21	16	0.5P	675	778.3	0.967
S316－22	16	0.5P	880		
S316－23	16	0.5P	780		
S316－31	16	0.7P	870	640.0	0.812
S316－32	16	0.7P	550		
S316－33	16	0.7P	500		
S30－01	28	0	775	788.3	1.000
S30－02	28	0	690		
S30－03	28	0	900		

注：1. P——表示相应龄期试样的破坏荷载；

2. *——S13－11 中‘S13’表示第一批试样，3d 龄期；‘11’为第 1 组试验中的第 1 块试件；

3. **——为两组试件试验结果。

C50 标准试块早期预压对 28d 强度影响 表 6-4

试样编号	预压试样			均值（kN）	相对未预压试样强度比率
	龄期（d）	荷载	28d 破坏荷载（kN）		
W13－11*	3	0.3P*	1055		
W13－12	3	0.3P	970	1008.3	0.998
W13－13	3	0.3P	1000		
W13－21	3	0.5P	1100		
W13－22	3	0.5P	945	1058.3	1.048
W13－23	3	0.5P	1130		
W13－31	3	0.7P	1045		
W13－32	3	0.7P	1080	1003.3	0.993
W13－33	3	0.7P	885		
W15－11	5	0.3P	930		
W15－12	5	0.3P	960	931.7	0.922
W15－13	5	0.3P	905		
W15－21	5	0.5P	1050		
W15－22	5	0.5P	960	976.7	0.967
W15－23	5	0.5P	920		
W15－31	5	0.7P	805		
W15－32	5	0.7P	745	813.3	0.805
W15－33	5	0.7P	890		
WI0－01	28	0	1050		
W10－02	28	0	955	1010	1.000
W10－03	28	0	1025		
W27－11	7	0.3P	760		
W27－12	7	0.3P	800	776.7	0.891
W27－13	7	0.3P	770		
W27－21	7	0.5P	1020		
W27－22	7	0.5P	855	925	1.061
W27－23	7	0.5P	900		
W27－31	7	0.7P	780		
W27－32	7	0.7P	820	853.3	0.979
W27－33	7	0.7P	960		
W20－01	28	0	840		
W20－02	28	0	905	871.7	1.000
W20－03	28	0	870		
W32－11	2	0.3P	920		
W32－12	2	0.3P	725	825	0.972
W32－13	2	0.3P	830		

续表

试样编号	预压试样				相对未预压试样强度比率
	龄期（d）	荷载	28d 破坏荷载（kN）	均值（kN）	
W32－21	2	0.5P	980	1033.3	1.218
W32－22	2	0.5P	1060		
W32－23	2	0.5P	1060		
W32－31	2	0.7P	1230	1078.3	1.271
W32－32	2	0.7P	1015		
W32－33	2	0.7P	990		
W30－01	28	0	870	848.3	1.0
W30－02	28	0	715		
W30－03	28	0	960		

注：1. P——表示相应龄期试样的破坏荷载；

2. *——W13－11 中‘W13’表示第一批试样，3d 龄期，‘11’为第 1 组试验中的第 1 块试件。

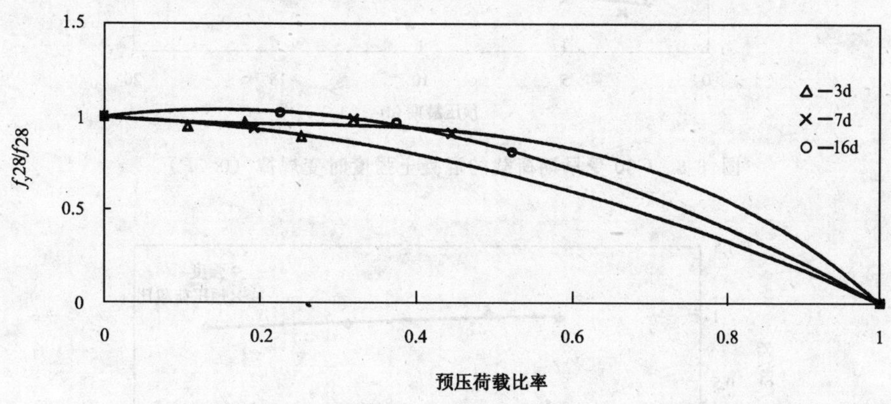

图 6-4　C30 混凝土早期预压荷载比率对 28d 强度的影响

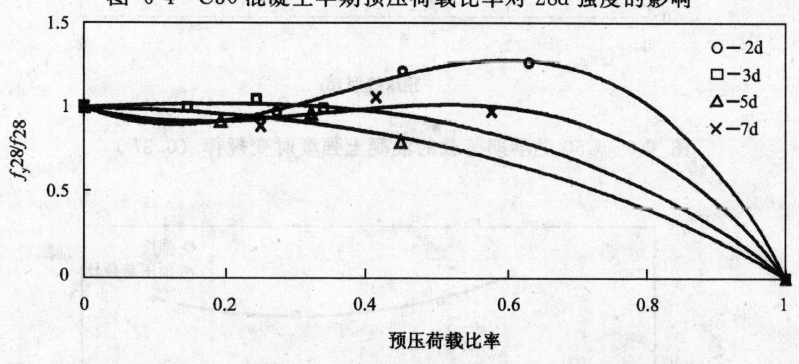

图 6-5　C50 混凝土早期预压荷载比率对 28d 强度的影响

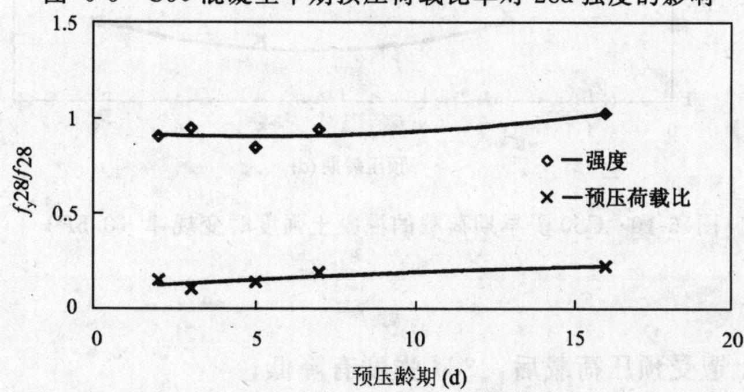

图 6-6　C30 受早期荷载的混凝土强度时变规律（0.3P）

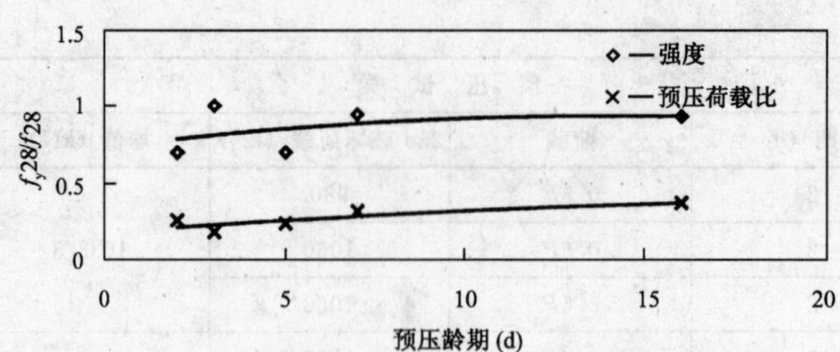

图 6-7　C30 受早期荷载的混凝土强度时变规律（0.5P）

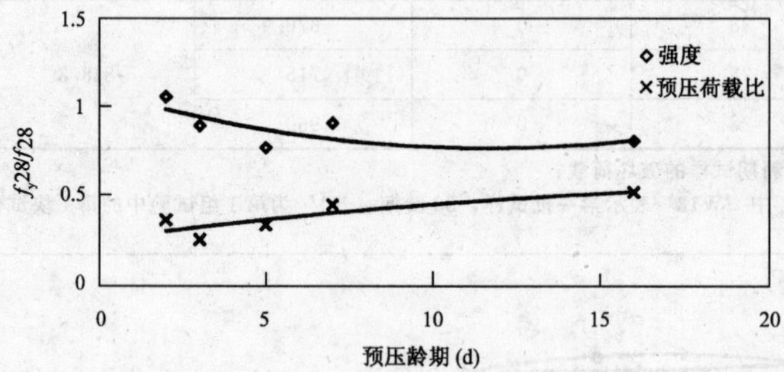

图 6-8　C30 受早期荷载的混凝土强度时变规律（0.7P）

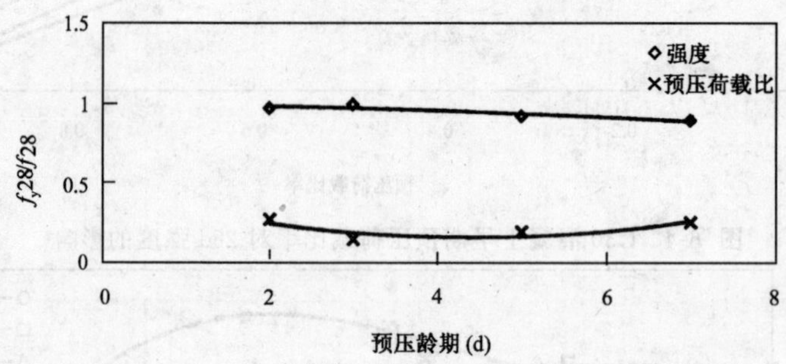

图 6-9　C50 受早期荷载的混凝土强度时变规律（0.3P）

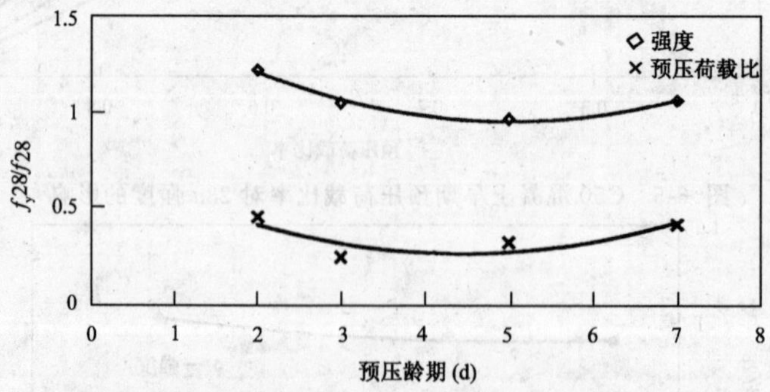

图 6-10　C50 受早期荷载的混凝土强度时变规律（0.5P）

（1）早龄期混凝土遭受预压荷载后，28d 强度有降低；

（2）混凝土强度等级越高，早期预压对 28d 强度影响越小；

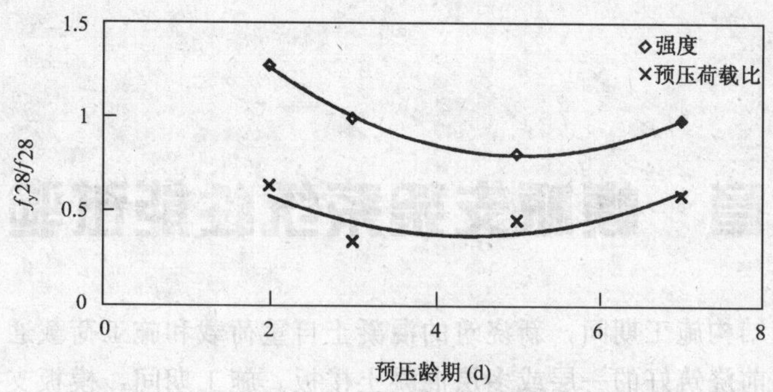

图 6-11 C50受早期荷载的混凝土强度时变规律（0.7P）

（3）早龄期预压混凝土28d强度与预压荷载间呈非线性关系，有最优预压荷载和不利预压荷载；

（4）龄期越短，预压荷载越高对28d强度的降低越小；

（5）C30混凝土，3d内预压荷载为70%P时，3～7d内预压荷载为50%P时，对28d强度影响最小；16d时，预压荷载30%P对28d强度影响最小；

（6）C50混凝土，3d内预压荷载为70%P时，28d强度不会降低，相反有所提高；7d内预压荷载为50%P时，对28d强度影响最小。

试验结果表明，早龄期混凝土承受荷载并非越小对混凝土28d强度影响越小。若以28d强度损失不超过5%为控制线，C30混凝土在试验的16d龄期内，预压荷载为相应龄期混凝土破坏荷载的50%较好；C50混凝土在试验的7d龄期内，预压荷载为相应龄期混凝土破坏荷载的70%较好。龄期短时可以适当提高预压荷载值，龄期长时适当降低。

早龄期混凝土之所以会出现这种现象，与混凝土中水泥水化规律有关。混凝土龄期越短，混凝土中水泥水化程度越低，未水化水泥的持续水化填充混凝土损伤界面，从而使短龄期混凝土的损伤自愈合能力提高。

混凝土强度等级越高，水泥、外加剂（如粉煤灰）用量提高，未水化水泥量越大，水泥持续水化填充混凝土损伤界面越密实，混凝土的自愈合能力越高，而掺入适量粉煤灰有助于混凝土损伤的愈合。

第七章　模板支架系统性能试验研究

钢筋混凝土建筑结构施工期间，新浇筑的混凝土自重荷载和施工荷载通常由其下的模板支架支撑，并将其传给先前浇筑好的一层或多层混凝土楼板。施工期间，模板支撑和早龄期混凝土结构组成临时承载体系，它是结构形状、材料性能、空间位置、所受到的外荷载均随时间变化的时变结构体系，在这一时变结构体系中，随施工进展，组成时变结构体系的构件也在不断更替。施工时变结构体系作为一种新的结构体系，超出传统结构力学研究范畴。与现浇混凝土结构施工中，广泛采用施工时变结构体系承担施工荷载的现状相比，施工时变结构体系性能的研究则相对滞后，尤其是我国大量采用梁板柱混凝土建筑，梁板柱体系施工时变结构体系性能的研究则基本是空白。模板支撑系统，作为施工时变结构体系中的主要受力构件，它是由支架与横檩采用扣件连接、胶合板模板和方木格栅组成的一个结构体系，其单体力学性能已有大量成熟的成果，但其组合性能的研究，还未见报道。同时，模板支架的施工误差特性也鲜有研究。为进行施工时变结构特性分析，同时为施工设计提供依据，本文以附录 A 介绍的某高层建筑施工模板支撑系统为对象，对模板支架的施工偏差进行了现场实测，就模板支架系统的应力应变性能进行了试验研究，

第一节　模板支架施工偏差

模板支撑系统由支架与横檩采用扣件搭接连接、胶合板模板和方木格栅组成，某高层建筑施工采用木质 9 层胶合板模板，厚 20mm，45mm×85mm 方木格栅，ϕ48×3.5mm 钢管支柱，支架间距 0.8～1.0m，如图 7-1 及图 7-2 所示。

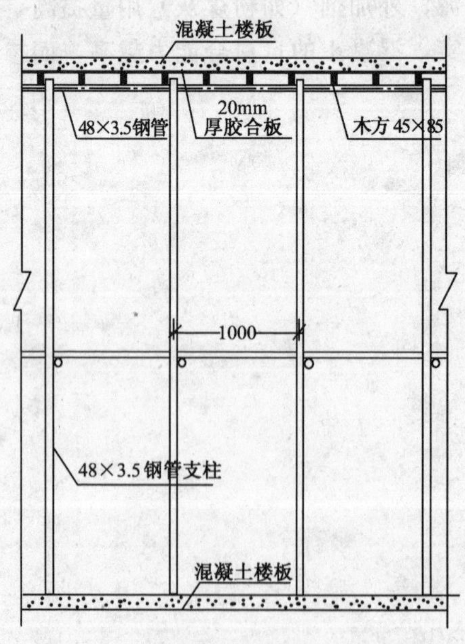

图 7-1　某高层建筑的模板支撑体系示意图

图 7-2　模板支架系统扣件连接

一、模板支架偏斜

采用垂线、钢尺，实测了 24 根模板支架在排架的两个方向的偏斜，测试结果见表 7-1 所示。根据支架在两个方向的偏斜率，合成支架最大偏斜率 γ_{δ}：

$$\gamma_{\delta}=\sqrt{\gamma_{\delta x}^{2}+\gamma_{\delta y}^{2}} \tag{7-1}$$

支架偏斜率测试结果统计（‰）　　　　**表 7-1**

测杆号	偏斜率		测杆号	偏斜率	
	x 方向　$\gamma_{\delta x}$	y 方向　$\gamma_{\delta y}$		x 方向　$\gamma_{\delta x}$	y 方向　$\gamma_{\delta y}$
1	5	42	14	31	7
2	10	3	15	57	0
3	2	9	16	9	13
4	37	17	17	9	10
6	6	35	18	6	0
7	4	2.5	19	3	7
8	1	8	20	10	14
10	16	1	21	13	7.5
11	21	0	22	29	30
12	47	0	23	13	15
13	16	0	24	17	33
平均	x 方向：$m=16$，$\sigma=15.2$；y 方向：$m=11.5$，$\sigma=12.6$ 总平均：$m=14$，$\sigma=13.9$ 最大偏斜：$m=23.3$，$\sigma=15.4$				
备注	x 方向为横向排架方向；y 方向为纵向排架方向				

式中 γ_{δ}——支架最大偏斜率；

$\gamma_{\delta x}$——x 方向的支架偏斜率；

$\gamma_{\delta y}$——y 方向的支架偏斜率。

计算获得支架最大偏斜率，平均值为 23.3‰，标准差为 15.4‰。支架设计中建议支架偏斜率为 $m=23.3+1.645\sigma=48.6$‰。

模板支架偏斜除施工误差外，模板支架系统采用扣件连接也加大了支架偏斜。支架偏斜不均造成支架内力的变异性加大。

在由支架与横檩采用扣件搭接连接、胶合板模板和方木格栅组成的模板支架系统中，模板支架的初始偏心距为模板支架与钢管横檩中性距。由于钢管支柱和钢管横檩直径相同，钢管支柱与横檩用扣件搭接连接，模板支架的初始偏心距为钢管直径加连接件厚度约 53mm。

二、模板支架负担面积

用钢尺实测了 39 根模板支架在两个方向的间距，获得模板支架负担面积均值 0.896m^2，均方差 0.206m^2，图 7-3 为模板支架负担面积频率直方图，χ^2 检验表明（如表 7-2 所示）服从对数正态分布。

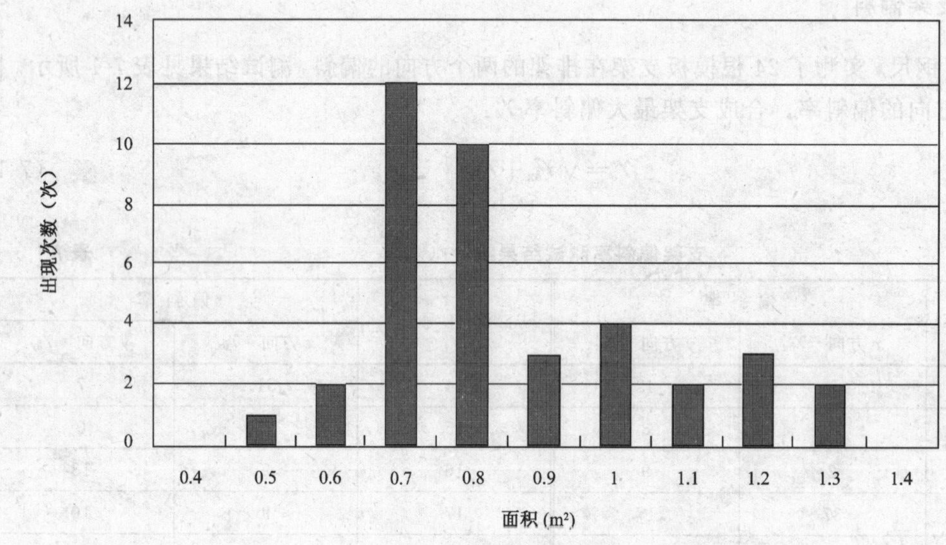

图 7-3 测试支架负担面积频率直方图

χ^2 拟和优度检验（显著水平 0.01） **表 7-2**

项 目	$\Sigma(n_j-np_j)^2/np_j$	$\chi^2_{0.01}$ (6)	结果比较	均 值	标准差
结 果	13.67	16.81	不拒绝	−0.1268	0.2115

第二节 模板支架系统应力应变性能

试验所用的模板、木方格栅和钢管横檩、钢管支柱以及扣件，均采用施工实际用材。试验试件尺寸如图 7-4 所示，设计 3 套模板支架系统试件，试验在钢管支柱上贴应变计，用位移计测试模板支架系统的位移，试验系统如图 7-5 所示。实测模板支架系统中支架的应力应变曲线以及系统的荷载位移曲线如图 7-6～图 7-10 所示。图中同时给出了通过叠加钢支柱的荷载变形，计算获得的

4m 净空模板支架的荷载位移曲线。

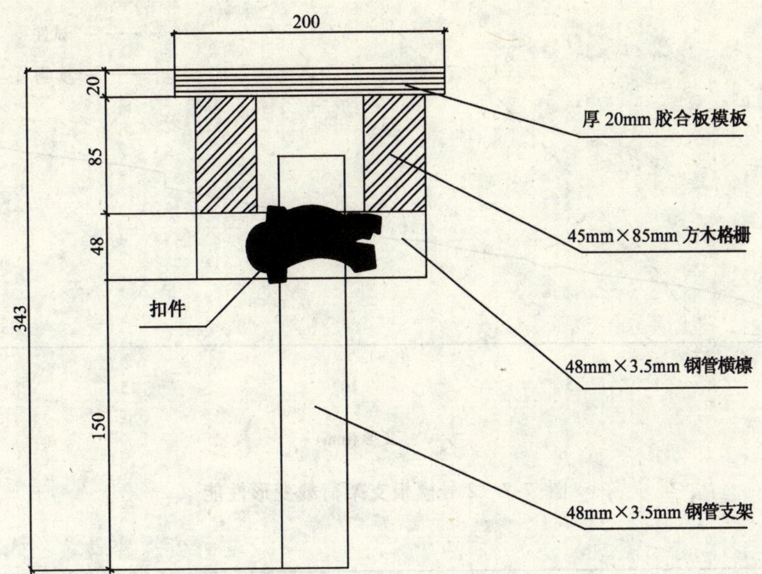

图 7-4 模板支架系统弹性模量试验试件

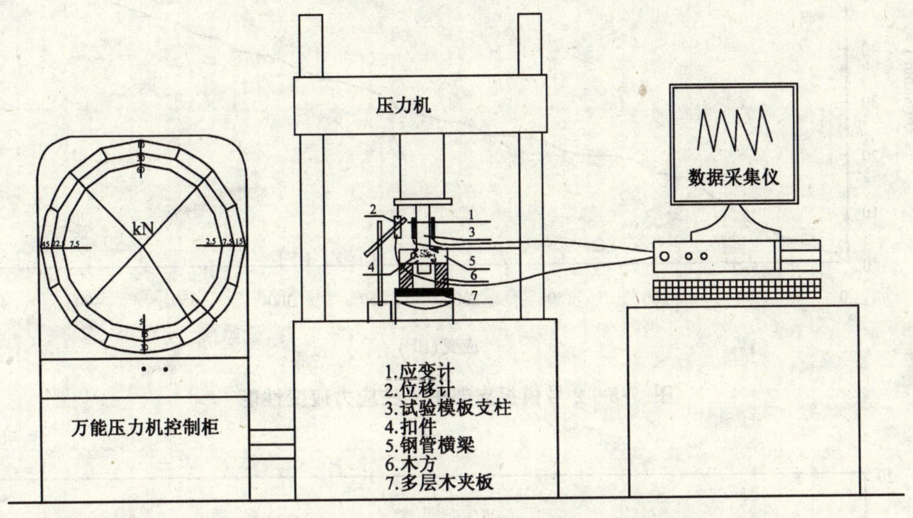

图 7-5 模板支架系统弹性模量试验仪器仪表系统

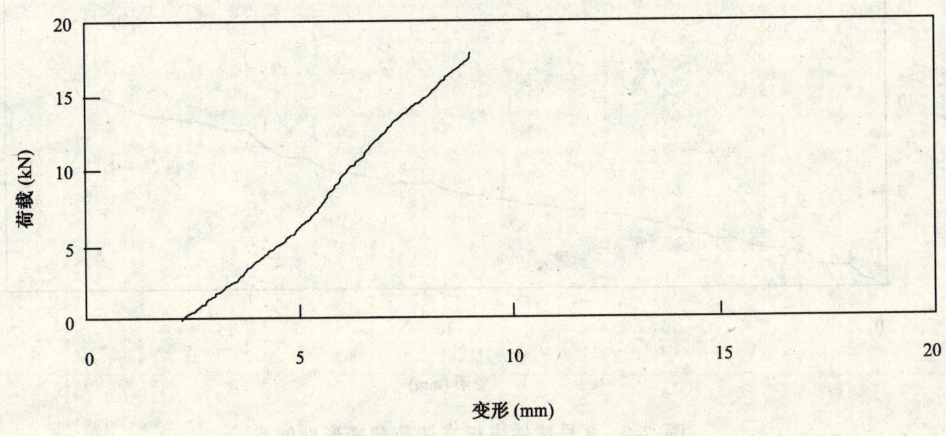

图 7-6 1 号试件模板支架荷载变形性能

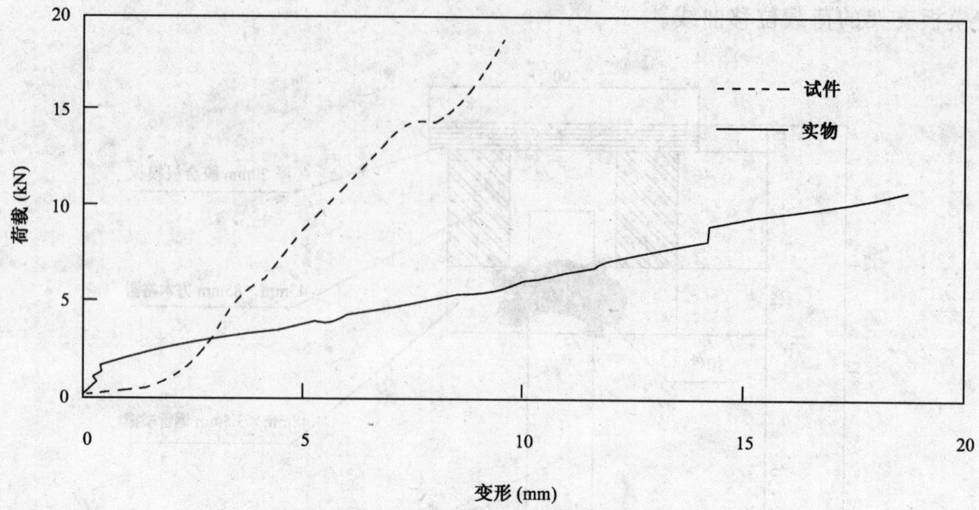

图 7-7　2号模板支架荷载变形性能

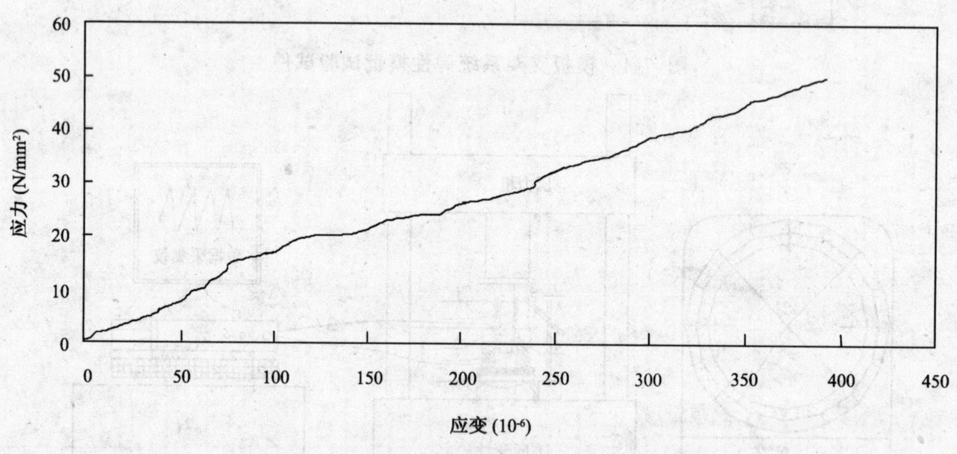

图 7-8　2号模板支架中支柱应力应变性能

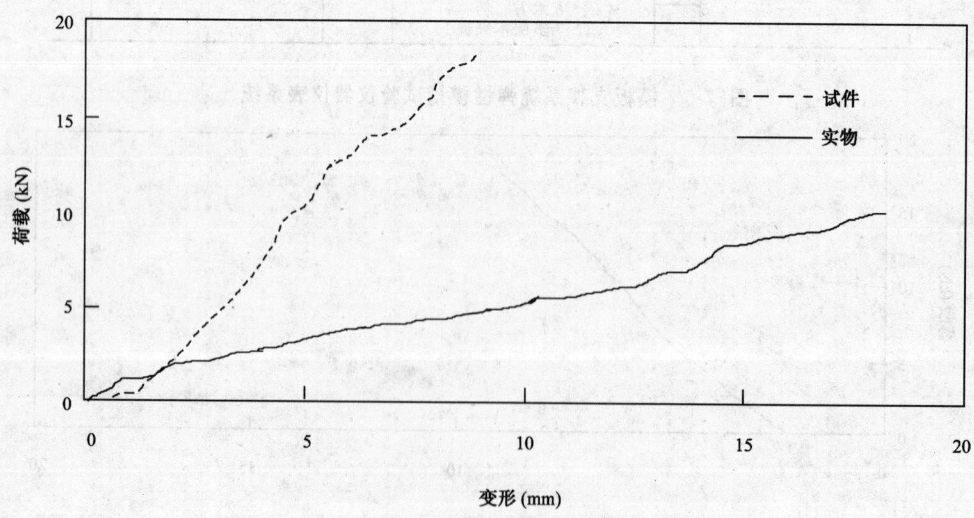

图 7-9　3号试件模板支架荷载变形性能

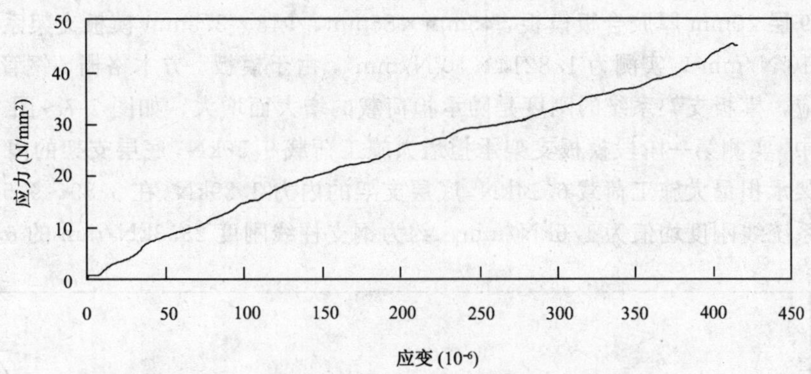

图 7-10　3 号试件模板支架中支架的应力应变性能

钢管支柱的割线弹性模量 E_G 按式（7-2）计算：

$$E_G=\frac{\sigma}{\varepsilon} \tag{7-2}$$

式中　E_G——钢管支柱的割线弹性模量；

σ——钢管支柱截面应力；

ε——钢管支柱截面应变。

由模板、方木格栅、钢管檩条、扣件和钢支柱组合构成的模板支架系统，其线刚度按式(7-3)及式（7-4）计算：

$$K_l=\frac{N}{\delta_w} \tag{7-3}$$

$$\delta_w=\delta_s+l\cdot\frac{N}{A}\cdot\frac{1}{E_G} \tag{7-4}$$

式中　K_l——模板支架系统，在荷载 N 时的线刚度；

N——模板支架系统所受荷载；

δ_w——模板支架系统，在荷载 N 作用下的变形；

δ_s——模板支架系统试件，在荷载 N 作用下的变形；

l——模板支架系统钢支柱的高度，等于层高减去模板及方木格栅高度；

A——模板支架系统钢支柱截面积。

计算获得 4m 层高，由模板、方木格栅、钢管檩条、扣件和钢支柱组合构成的模板支架系统的刚度，如图 7-11 所示。

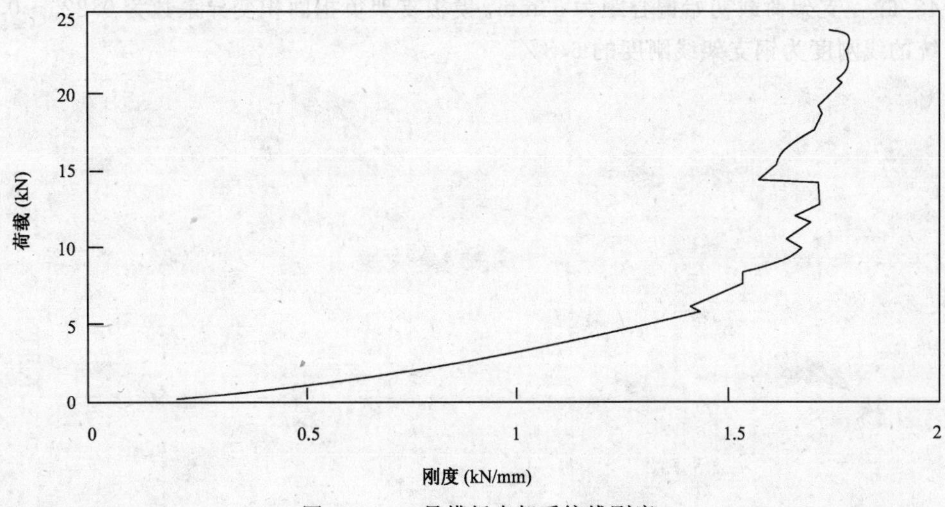

图 7-11　2 号模板支架系统线刚度

采用木质9层20mm厚胶合板模板，45mm×85mm，Φ48×3.5mm模板支架系统钢支柱刚度设计为$2.06\times10^5 N/mm^2$，实测为$1.8214\times10^5 N/mm^2$。由于模板、方木格栅、钢管檩条、扣件和钢支柱组合效应，模板支架系统的刚度是随承担荷载的增大而增大，如图7-7～图7-12所示。在一个施工循环中，实测第一阶段模板支架承担最大施工荷载9.50kN，底层支架的内力4.58kN；第二阶段模板支架承担最大施工荷载6.14kN，底层支架的内力3.89kN。在3.89～9.50kN荷载范围内，模板支架系统线刚度均值为1.6kN/mm，约为钢支柱线刚度23.3kN/mm的6.8%。

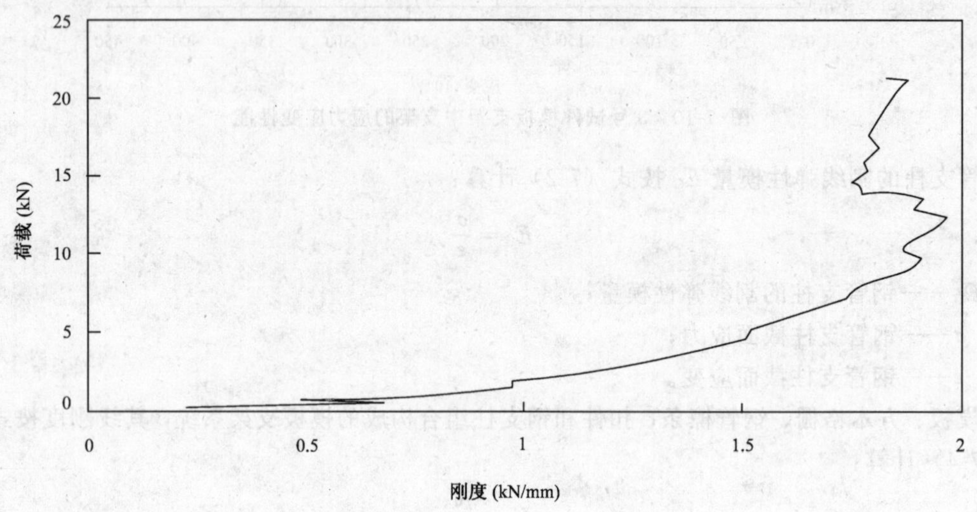

图 7-12　3号模板支架系统线刚度

第三节　小　结

本文对由支架与横檩采用扣件搭接连接、胶合板模板和方木格栅组成的模板支撑系统的应力应变性能进行了试验，通过现场实测，获得了模板支架的施工偏差，为施工时变结构分析和施工设计提供了基本依据。

对于支架与横檩采用扣件搭接连接、胶合板模板和方木格栅组成的模板支撑系统（如图7-2所示），支架偏斜率平均值为23.3‰，标准差为15.4‰。支架设计中建议支架偏斜率为$m=23.3+1.645\sigma=48.6$‰，支架荷载初始偏心距为53mm。模板支架负担面积变异系数为0.225～0.282。模板支架系统的线刚度为钢支架线刚度的6.8%。

第八章　钢筋混凝土结构施工短暂状况设计验算

第一节　基　本　原　则

现浇钢筋混凝土结构施工期间的安全性，来自于模板支撑体系和早龄期混凝土结构所组成的时变结构体系的安全。传统建筑结构设计对象是确定的已建成的（不随时间显著变化的）建筑结构，是以成熟钢筋混凝土结构满足预定的荷载条件和正常使用功能为目标的。而施工阶段的早龄期混凝土时变结构，作为建筑结构设计产品的早期形态，不可能因施工而更改永久构件。现浇钢筋混凝土结构施工阶段的安全性应通过设计合理的支模层数、施工周期以及顶层混凝土浇筑后底层模板支撑的拆除时间等施工方案，来保证施工时变结构体系中承担施工荷载的每一层楼板、每根模板支撑不会超载。施工短暂状况设计原则，应是将施工阶段混凝土结构验算与模板支撑设计相结合，以保证现浇钢筋混凝土结构施工短暂状况的安全。现浇钢筋混凝土建筑施工短暂状况设计与安全控制程序，如图 8-1 所示。

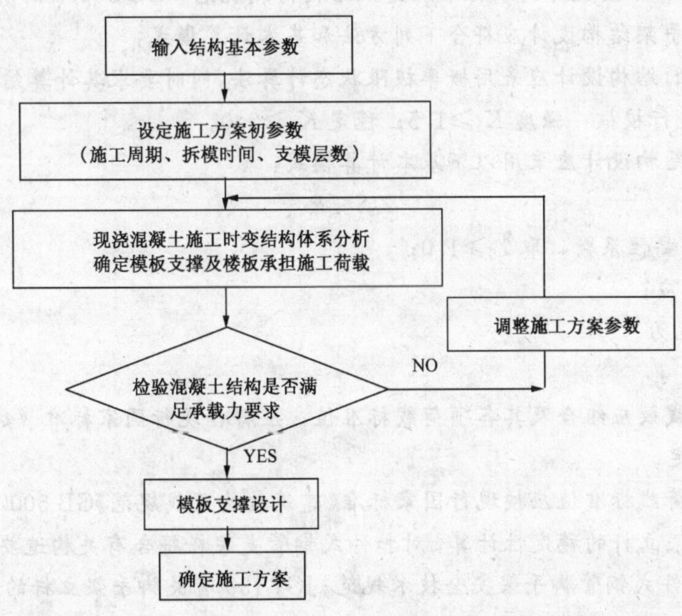

图 8-1　现浇钢筋混凝土建筑施工短暂状况设计与安全控制程序

第二节　荷载与荷载组合

《建筑施工安全统一技术规范》6.1.5 脚手架荷载标准值应符合下列规定：

1　恒荷载应符合以下规定：

包括构架、防护设施、脚手板等自重，应按《建筑结构荷载规范》GB 50009 选用，对木脚手板、竹串片脚手板可取自重标准值为 0.35kN/m^2（按厚度 50mm 计）。

2　施工荷载应符合下列规定：

施工荷载应包括作业层人员、器具、材料的重量：

结构作业架应取 3kN/m^2

装修作业架应取 2kN/m^2

定型工具式脚手架按标准值取用，但不得低于 1kN/m^2

3　风荷载应符合下列规定：

作用于脚手架的水平风荷载标准值 W_k 应按下式计算：

$$W_k = \mu_s \mu_z W_o \tag{6.1.5}$$

式中　μ_s——脚手架风荷载体型系数，按下表选用：

脚手架的风荷载体型系数 μ_s　　**表 6.1.5**

背靠建筑物状况	全　封　闭	敞开、开洞
μ_s	1.0φ	1.3φ

注：φ为挡风系数，按脚手架封闭状况确定；φ= 脚手架挡风面积/脚手架迎风面积。

μ_z——风压高度变化系数，按现行《建筑结构荷载规范》GB 50009 的规定取用；

W_o——基本风压，按现行国家标准《建筑结构荷载规范》GB 50009 的规定，取 $n=5$。

6.1.6　钢管脚手架结构设计应符合下列方法和基本计算模式：

1　钢管脚手架的结构设计应采用概率极限状态计算法，同时要求其计算结果应按单一安全系数法计算的安全度进行校核：强度 $K_1 \geqslant 1.5$；稳定 $K_2 \geqslant 2.0$。

2　钢管脚手架结构设计应采用以下基本计算模式：

$$\gamma_0 S \leqslant R \tag{6.1.6}$$

式中　γ_0——结构重要性系数，取 $\gamma_0 \geqslant 1.0$；

S——荷载效应；

R——结构抗力。

7.2　设计计算

7.2.1　模板荷载效应组合及其各项荷载标准值，应符合现行国家标准《建筑结构荷载规范》GB 50009 的有关规定。

7.2.2　模板风荷载标准值应按现行国家标准《建筑结构荷载规范》GB 50009 的规定，取 $n=5$。

7.2.3　模板支架立杆的稳定性计算，对扣件式钢管支架在符合有关构造要求后，可按国家现行标准《建筑施工扣件式钢管脚手架安全技术规范》JGJ 130 有关脚手架立杆的稳定性计算公式进行。

1　模板支架立杆轴向力设计值 N 及弯矩设计值 M，应按下列公式计算：

$$N = 1.2\Sigma N_{GK} + 1.4\Sigma N_{QK} \tag{7.2.3-1}$$

$$M = 0.6 \times 1.4 M_{WK} = 0.6 \times 1.4 W_K L a h^2 / 10 \tag{7.2.3-2}$$

式中　ΣN_{GK}——模板及支架自重、新浇混凝土自重与钢筋自重标准值产生的轴向力总和；

ΣN_{QK}——施工人员及施工设备荷载标准值、振捣混凝土时产生的荷载标准值产生的轴向力总和；

M_{WK}——水平风荷载产生的弯矩标准值；

M——水平风荷载产生的弯矩设计值。

2　模板支架立杆的计算长度 L_0，应按下式计算：

$$L_0=h+2a \tag{7.2.3-3}$$

式中　h——支架立杆的步距；

a——模板支架立杆伸出顶层横向水平杆中心线至模板支撑点距离。

7.2.4　模板支架底部的建筑物结构或地基，必须具有支撑上层荷载的能力。当底部支撑楼板的设计荷载不足时，可采取保留两层或多层支架立杆（经计算确定）加强；当支撑在地基上时，应验算地基的承载力。

1　模板自重：按实际配置，参照《建筑扣件脚手架技术规范》中模板重量取值。

2　钢筋自重：一般梁板结构每立方米混凝土中钢筋重量按下列数量取值：

楼板 1.1kN，梁 1.5kN

特殊结构（如深梁、厚板）按实际配筋取值。

3　混凝土重量：普通混凝土为 25kN/m^3；重骨料、轻骨料混凝土按实际湿表观密度（湿容重）取值。

施工人员及设备重量：一般情况均布活荷载取 2.5kN/m^2；大型浇筑设备（如泵送混凝土）按实际重量取值。

4　倾倒混凝土产生冲击荷载：2.0kN/m^2。

5　振捣混凝土产生的荷载，对水平面模板为 2kN/m^2。

多层模板支撑，通过施工时变结构分析确定模板支撑荷载。

第三节　钢筋混凝土结构施工设计验算基本要求

一、钢筋混凝土结构验算

（一）早龄期混凝土结构的承载能力

现浇钢筋混凝土结构施工时变结构体系中的早龄期混凝土楼板，其抗力随混凝土强度的增长而增长。

假定在早龄期混凝土结构中，钢筋不会发生粘结滑移破坏，根据施工条件和混凝土配合比确定早龄期混凝土强度的增长规律后，即可确定任一时间早龄期混凝土结构的承载能力：

$$R_t=\lambda_c R_{28} \tag{8-1}$$

式中　R_t——龄期 t 的混凝土结构的承载能力；

R_{28}——混凝土达到 28d 后具有的极限设计承载力；

λ_c——早龄期混凝土结构抗力增长百分率。也可以早龄期混凝土的参数直接用建筑结构设计的极限承载力公式计算。

（二）静荷载

施工期现浇钢筋混凝土结构楼板承担的施工静荷载，按照施工时变结构分析确定。

（三）活荷载

施工期现浇钢筋混凝土建筑施工短暂状况设计验算对象——模板支撑临时结构构件与混凝土永久结构构件，其有效承载面积差别大，宜按各类构件有效承载面积统计施工活荷载。根据第五章第四节对某工程模板支撑内力的现场实测，统计分析作用于新浇混凝土楼板上的施工活荷载为：

对于有效支撑面积 $A\leqslant 1\text{m}^2$ 的结构设计，施工活荷载标准值取 5.25kN/m^2；对于有效支撑面积 $A\geqslant 15\text{m}^2$ 的结构设计，施工活荷载标准值取 2.25kN/m^2；当 $1\text{m}^2<A<15\text{m}^2$ 的结构设计，施工

活荷载标准值 q_L 按式（8-2）取值：

$$q_L = 3.2143 \times \frac{1-A}{15} + 5.25 \tag{8-2}$$

式中 A——面积（m^2）；

q_L——活荷载标准值（kN/m^2）。

也可按现行有关规范取值。

需要进行安全检验的楼板主要为施工时变结构体系中的底层楼板，其分担的施工活荷载按照施工时变结构分析确定。

（四）楼板承担的施工荷载效应设计值

对于施工期间现浇钢筋混凝土结构施工时变结构体系的安全，目前多采用现行建筑结构设计安全度水平。根据楼板承担的施工荷载比率 q 以及楼板承担的施工活荷载，计算楼板可能承担的施工荷载效应设计值 S：

$$S = \gamma_{DF} G + \gamma_{LC} L_C = \gamma_{DF} q D + \gamma_{LC} L_C \tag{8-3}$$

式中 γ_{DF}、γ_{LC}——施工静及活荷载分项系数，分别取 1.2 和 1.4；

q——施工荷载比率；

G——施工静荷载效应（标准值）；

L_C——施工活荷载效应（标准值）。

（五）楼板的安全性检验

根据上述分析，对于给定的施工方案，现浇钢筋混凝土结构各楼板承担的最大施工荷载呈有规律的波动，楼板的承载力验算，应选择其中的最不利的楼板以及标准层楼板进行分析。

为了跟踪楼板在整个施工过程中的安全性，应分析与楼板承担的施工荷载时程相对应时间历史的承载力时程。在同一坐标系中绘制施工期楼板承担的施工荷载效应时程和承载能力时程，直观判断施工期楼板的安全性状态，若出现施工荷载时程上穿承载能力时程曲线，即 $S>R$，则被验算楼板施工期间安全性不足；如未出现施工荷载时程上穿承载能力时程曲线，则表明整个施工期间楼板安全性满足要求。

二、模板支撑体系设计

模板支架与普通建筑结构设计中的杆件不同，模板支架大量分布于建筑楼面，同类支架中的每一根支架，因施工偏差其有效承载面积呈随机变化特性，它与施工活荷载是两个完全独立的随机变量，模板支架设计除考虑杆件承载能力与荷载效应两个通常的随机变量外，必须考虑模板支架的有效承载面积随机变量，这里称为第三随机变量，以区别于传统结构设计的随机变量。

模板支撑作为一种压弯构件，其设计可直接采用现行有关建筑结构设计规范进行。但其承担的荷载以及模板支撑的施工误差，应根据对现浇钢筋混凝土结构施工调查统计结果和施工时变结构分析确定。

（一）模板支撑体系所受的荷载

（1）静荷载

模板支架承担的最大施工荷载应根据施工时变结构分析结果，适当考虑模板支架荷载的随机性确定。

也可采用保守设计方法，即假定基础刚性，模板支撑为刚性连杆，此时模板支撑承担的最大施工荷载系数为模板支撑设置层数。由于施工误差以及支撑内力自身分布的不均匀性使支撑内力具有不确定性。根据第五章的实测统计结果，三层模板支撑方案中标准层支撑最大内力为 3.218D（95%保证概率），施工首层支撑最大内力尚无实测数据，其取值不应低于标准层支撑最大内力，即

3.218D。对于模板支撑体系的正常使用状态验算，建议取标准层施工支架承担的最大施工荷载，即楼板承担的最大施工荷载减去楼板自重。

(2) 活荷载

按上文确定。

荷载效应设计值，按式（8-3）计算。

（二）模板支撑体系参数

模板支撑体系设计参数包括模板支撑有效承载面积和模板支撑偏斜两个随机变量。根据现场实测建议模板支撑有效承载面积随机变量设计参数为：均值 $\mu=1.121A$，变异系数 $\nu=0.229$。

模板支撑偏斜率建议取 23.3‰。

（三）模板支撑体系设计基本要求

1. 模板工程支撑必须有足够强度、刚度、稳定性。对于结构底层模板排架下及其周边 1m 内素土回填层进行 C15 素混凝土硬地坪处理。

2. 模板的拆除：能保证混凝土表面及棱角不受损坏，方可拆除模板，并拔出拉杆螺栓，尽可能重复使用。而梁底板等承重结构的模板、支架必须待混凝土强度符合规范要求后方可拆模，另外，必须保证在其上二层结构梁板混凝土浇捣完毕后，才能拆除该层的梁板模。

3. 柱模底应注意留清扫口，以便清除垃圾。

4. 安装模板前应检查预埋件，预留洞位置尺寸规格数量及固定情况，注意与安装单位协调，封模板前保证柱墙内管线布设完毕。安装模板前应将模板内的垃圾杂物清除，冲洗浮灰。

5. 考虑到质量标准，柱、梁钢模板不采用钢模，一般模板应是平整、完好无损，每次使用前，应清除板面垃圾涂刷隔离剂。模板排列按翻样图配制，不可任意更改。模板安装后有缝隙，用胶带纸封密，不允许减少斜撑和剪刀撑，并及时做好模板纠正。

6. 内墙板可采用螺栓外套塑料套管，套管长度为墙厚，兼做墙板限位，使穿墙螺栓可重复多次使用。

7. 排架支撑体系中，剪刀撑及每 1.8m 高设一道牵杆必须严格做到，确保支撑系统整体稳定。在浇捣混凝土时，墙体浇捣杜绝一次到顶，可采用分层浇捣到顶的方式，确保不爆模，以免影响混凝土外观。

8. 跨度大于 4m 的梁板模板内应按 1/1000～3/1000 跨长起拱。

9. 墙模及柱模板拆除前混凝土强度应达到不损坏混凝土表面或棱角。平台板、梁等承重结构混凝土强度达到规定时才能拆除底模。悬臂构件混凝土强度必须达到 100%，才能拆除。

（四）安全技术措施

1. 模板、支架拆除时严禁随地抛掷，须整理经受料平台吊至地面。

2. 模板应堆放整齐，堆放高度不宜超过 1.5m，存放时须有防倾倒措施，安放模板时，应将调整螺栓旋到最低点，使模板成 70°倾向侧放。6 级以上大风停止施工。

3. 钢管禁止大量集中堆放在支架上，防止支架受荷失稳或楼板超载。

4. 模板吊装时，指挥吊装人员及挂钩人员应事先经过训练，信号统一。

5. 模板拆除后及时送至楼面或地面，严禁留有未拆除的悬空模板。

6. 模板上堆料须均匀，并不得集中大量堆放，以免超载。

7. 拆除模板、支架区域应设置警戒线，并设监护人。

8. 临时作业面孔洞及临边防护按“四口”措施防护。

第四节　钢筋混凝土结构施工设计验算示例

一、模板支撑体系设计示例

结构原型为附录 A 某高层建筑，现设计建筑下部 300mm 楼板的模板支撑体系。

（一）模板配置基本参数

1. 主梁、墙、柱、板模板共配备四套，保证底下有三套支撑用，一套周转使用。

2. 梁、墙板采用木模，制模时要求严格按模板排列图施工，平台板采用 20mm 厚九夹板。接槎阳角处采用经平刨处理后光滑的 50mm×100mm 木料镶嵌收口。

3. 墙、柱模板横竖围檩均采用双拼扣件管，墙板限位采用 ϕ12 钢筋焊接定位，柱墙侧模采用 ϕ14 对拉螺栓双螺帽控制固定。穿墙螺栓水平方向间距 0.5m，竖直方向下部两排间距 0.4m，三排以上为 0.8m。穿墙螺栓外套塑料管可以重复利用。

4. 平台及次梁下排架间距为 0.80m，主梁下排架间距纵横向为 0.5m，水平牵引杆每 1.8m 高设置一道，根部离地 20cm 有扫地杆连接，并加剪刀撑固定，平台模格栅用钢管或 50mm×100mm 方木，间距 0.25m。大于一层层高支架的水平牵引杆每 1.5m 高设置一道。

5. 楼梯模板施工前按实际层高放样，先就位平台梁模板，再安装楼梯底模板，然后安装楼梯外帮侧板，外帮侧板安装前先在其内侧弹出楼梯底部厚度线，用套板画出踏步侧板的档木，在现场装钉侧板。

6. 在 A 轴和 H 轴圆柱采用定型钢模，柱帽模板按结构尺寸加工，柱身模每 2m 一节。支架采用 ϕ48 钢管搭设，并与大厅支架一同搭设，立杆设 1.2m×1.2m，大厅内立杆设 0.7m×0.7m，水平角牵引杆均设 1.5m。

（二）300mm 顶板模板计算

1. 荷载计算

模板自重：0.5kN/m^2	×1.2	=0.6
新浇混凝土自重：24kN/m^3×0.3=7.2	×1.2	=8.64
钢筋自重：1.1kN/m^3×0.3=0.33	×1.2	=0.4
施工人员及设备荷载：2.5kN/m^2	×1.4	=3.5
倾倒混凝土产生荷载：2.0kN/m^2	×1.4	=2.8
		15.9kN/m^2
	×0.9（折减系数）	=14.3kN/m^2

2. 20mm 厚九夹板计算

50mm×100mm 木方间距为 0.25m。

(1) 强度计算

$$M=\frac{1}{10}ql^2=0.1\times14.3\times0.25^2=0.09\text{kN}\cdot\text{m}$$

$$\sigma=\frac{M}{W}=\frac{0.09\times10^6}{\frac{1}{6}\times1000\times20^2}=1.35\text{N/mm}^2<[\sigma]=12\text{N/mm}^2$$

满足要求。

(2) 挠度计算（按简支情况考虑）

$$w=\frac{5ql^4}{384EI}=\frac{5\times14.3\times250^4}{384\times1.1\times10^4\times\frac{1}{12}\times1000\times20^3}=0.1\text{mm}<\frac{L}{300}=0.83\text{mm 且}<1\text{mm}$$

满足要求。

3. 木方计算

木方下水平钢楞间距 0.8m。

（1）强度计算

$$M=\frac{1}{8}ql^2=\frac{1}{8}\times14.3\times0.25\times0.8^2=0.3\text{kN}\cdot\text{m}$$

$$\sigma=\frac{M}{W}=\frac{0.3\times10^6}{\frac{1}{6}\times50\times100^2}=3.6\text{N/mm}^2<[\sigma]=12\text{N/mm}^2$$

满足要求。

（2）挠度计算

$$w=\frac{5ql^4}{384EI}=\frac{5\times14.3\times0.25\times800^4}{384\times0.9\times10^4\times\frac{1}{12}\times50\times100^3}=0.5\text{mm}<\frac{L}{1000}=0.8\text{mm 且}<1\text{mm}$$

满足要求。

4. 水平钢楞（$\phi48/3.5$）计算

近似按均布荷载简支梁计算。

水平钢楞下立柱间距取 0.8m。

（1）强度计算

$$q=14.3\times0.8=11.44\text{kN/m}$$

$$M=\frac{1}{8}ql^2=\frac{1}{8}\times11.44\times0.8^2=0.92\text{kN}\cdot\text{m}$$

$$\sigma=\frac{M}{W}=\frac{0.92\times10^6}{121867}\times24=181.2\text{N/mm}^2<[\sigma]=215\text{N/mm}^2$$

满足要求。

（2）挠度计算

$$w=\frac{5ql^4}{384EI}=\frac{5\times11.44/1.3\times800^4}{384\times2.06\times10^5\times121867}=1.87\text{mm}<\frac{l}{400}=2\text{mm}$$

5. 立柱（$\phi48/3.5$）计算

承担最大施工荷载的立柱为底层模板支架，承担最大施工荷载约 3.218D，这里单位面积楼板重量 $D=14.3\text{kN/m}^2$，考虑立柱负载面积第三随机变量，取面积系数 1.121。

（1）强度计算

$$F=3.218\times14.3\times(1.121\times0.8)^2=37\text{kN}$$

$\phi48/3.5$ 立柱 $A=489.3\text{mm}^2$，$i=15.78\text{mm}$，中间有一道水平支撑，$l=2000\text{mm}$。

$\lambda=\frac{l}{i}=2000/15.78=126.7$，查表得，$\varphi=0.453$

$$\sigma=\frac{F}{\varphi A}=\frac{37\times10^3}{489.3\times0.453}=167\text{N/mm}^2<215\text{N/mm}^2$$

满足要求。

（2）变形验算

变形验算荷载按支柱承担的平均荷载 1D 计算，即 $F=14.3\times0.8^2=9.2\text{kN}$，且不考虑支架面积随机性。

$$w=\frac{Fl}{EA}=\frac{9.2\times10^{3}\times4000}{2.06\times10^{5}\times489.3}=0.37\text{mm}<1\text{mm}$$

满足要求。

（三）墙模板计算

1．荷载计算

（1）混凝土产生的侧压力：

$$F_1=0.22\gamma_c t_0\beta_1\beta_2V^{1/2}=0.22\times24\times6\times1\times1.15\times\sqrt{2}=51.52\text{kN/m}^2$$

$$F_2=\gamma_c H=24\times4=96\text{kN/m}^2$$

取小值，$F=51.54\times1.2\times0.85=52.6\text{kN/m}^2$

（2）混凝土倾倒产生荷载

$$4\times1.4\times0.85=4.76\text{kN/m}^2$$

$$F_{总}=57.3\text{kN/m}^2$$

2．对拉螺栓计算

采用M14，间距0.5m×0.5m。

$$F=57.3\times0.5^2=14.3\text{kN}<[F]=19.6\text{kN}$$

满足要求。

3．20mm厚九夹板计算

木方间距取0.3m。

（1）强度计算

$$M=0.1ql^2=0.1\times57.3\times0.3^2=0.52\text{kN}\cdot\text{m}$$

$$\sigma=\frac{M}{W}=\frac{0.52\times10^6}{\frac{1}{6}\times1000\times20^2}=7.8\text{N/mm}^2<[\sigma]=12\text{N/mm}^2$$

满足要求。

（2）挠度计算

$$w=\frac{5ql^4}{384EI}=\frac{5\times57.3\times300^4}{384\times1.1\times10^4\times\frac{1}{12}\times1000\times20^3}=0.82\text{mm}<1\text{mm}$$

满足要求。

4．竖向木方计算

（1）强度计算

横楞（双ϕ48/3.5）间距为0.5m。

$$q=57.3\times0.3=17.2\text{kN/m}$$

$$M=0.1ql^2=0.1\times17.2\times0.5^2=0.43\text{kN}\cdot\text{m}$$

$$\sigma=\frac{M}{W}=\frac{0.43\times10^6}{\frac{1}{6}\times50\times100^2}=5.16\text{N/mm}^2<[\sigma]=12\text{N/mm}^2$$

满足要求。

（2）挠度计算

$$w=\frac{5ql^4}{384EI}=\frac{5\times17.2\times500^4}{384\times0.9\times10^4\times\frac{1}{12}\times50\times100^3}=0.37\text{mm}<1\text{mm}$$

满足要求。

5．横楞（双ϕ48/3.5）计算

(1) 强度计算

$$q=57.3\times0.5=28.7\text{kN/m}$$

$$M=\frac{1}{8}ql^2=1/8\times28.7\times0.5^2=0.9\text{kN}\cdot\text{m}$$

$$\sigma=\frac{M}{W}=\frac{0.9\times10^6}{2\times121867}\times24=88.6\text{N/mm}^2<[\sigma]=215\text{N/mm}^2$$

满足要求。

(2) 挠度计算

$$w=\frac{5ql^4}{384EI}=\frac{5\times28.7\times500^4}{384\times2.06\times10^5\times2\times121867}=0.5\text{mm}<1\text{mm}$$

满足要求。

(四) 0.5mm×1.5mm 梁下模板计算

1. 荷载计算

模板自重：0.5kN/m^2	×1.2	=0.6
新浇混凝土自重：24kN/m^3×0.5×1.5=18	×1.2	=21.6
钢筋自重：1.5kN/m^3×0.5×1.5=1.13	×1.2	=1.35
振捣混凝土产生荷载：2.0kN/m^2×0.5	×1.4	=1.4
		25kN/m^2

2. 20mm 厚九夹板计算

50mm×100mm 木方间距为 0.25m。

(1) 强度计算

$$M=\frac{1}{10}ql^2=0.1\times25/0.5\times0.25^2=0.3\text{kN}\cdot\text{m}$$

$$\sigma=\frac{M}{W}=\frac{0.3\times10^6}{\frac{1}{6}\times1000\times20^2}=4.5\text{N/mm}^2<[\sigma]=12\text{N/mm}^2$$

满足要求。

(2) 挠度计算（偏安全，按简支考虑）

$$w=\frac{5ql^4}{384EI}=\frac{5\times50\times250^4}{384\times1.1\times10^4\times\frac{1}{12}\times1000\times20^3}=0.35\text{mm}<1\text{mm}$$

满足要求。

3. 木方计算

木方下水平钢楞间距 0.5m。

(1) 强度计算

$$M=\frac{1}{8}ql^2=\frac{1}{8}\times50\times0.25\times0.5^2=0.39\text{kN}\cdot\text{m}$$

$$\sigma=\frac{M}{W}=\frac{0.4\times10^6}{\frac{1}{6}\times50\times100^2}=4.8\text{N/mm}^2<[\sigma]=12\text{N/mm}^2$$

满足要求。

(2) 挠度计算

$$w=\frac{5ql^4}{384EI}=\frac{5\times50\times0.25\times500^4}{384\times0.9\times10^4\times\frac{1}{12}\times50\times100^3}=0.3\text{mm}<1\text{mm}$$

满足要求。

4. 水平钢楞（$\phi48/3.5$）计算

近似按均布荷载简支梁计算。

水平钢楞下立柱间距取 0.5m。

（1）强度计算

$$q=50\times0.5=25\text{kN/m}$$

$$M=\frac{1}{8}ql^2=\frac{1}{8}\times25\times0.5^2=0.78\text{kN}\cdot\text{m}$$

$$\sigma=\frac{M}{W}=\frac{0.78\times10^6}{121867}\times24=153.6\text{N/mm}^2<[\sigma]=215\text{N/mm}^2$$

满足要求。

（2）挠度计算

$$w=\frac{5ql^4}{384EI}=\frac{5\times25/1.3\times500^4}{384\times2.06\times10^5\times121867}=0.62\text{mm}<\frac{1}{400}=2\text{mm}$$

5. 立柱（$\phi48/3.5$）计算

承担最大施工荷载的立柱为底层模板支架，承担最大施工荷载约 $3.218D$，这里单位面积楼板重量 $D=25\text{kN/m}^2$，考虑立柱负载面积第三随机变量，取面积系数 1.121。

（1）强度计算

$$F=3.218\times25\times(1.121\times0.5)^2=25.3\text{kN}$$

$\phi48/3.5$ 立柱 $A=489.3\text{mm}^2$，$i=15.78\text{mm}$，中间设一道水平支撑，$l=2000\text{mm}$。

$\lambda=\frac{l}{i}2000/15.78=126.7$，查表得，$\varphi=0.453$

$$\sigma=\frac{F}{\varphi A}=\frac{25.3\times10^3}{489.3\times0.453}=114\text{N/mm}^2<215\text{N/mm}^2$$

满足要求。

（2）变形验算

变形验算荷载按支柱承担的平均荷载 $1D$ 计算，即 $F=25\times0.5^2=6.25\text{kN}$，且不考虑支架面积随机性。

$$w=\frac{Fl}{EA}=\frac{6.25\times10^3\times4000}{2.06\times10^5\times489.3}=0.25\text{mm}<1\text{mm}$$

满足要求。

二、钢筋混凝土结构施工安全性验算示例

（一）建筑结构及施工概况

某商厦，1995 年 8 月～1995 年 12 月完成桩基施工，1995 年 12 月～1996 年 2 月完成基坑开挖，1996 年 2 月～1996 年 4 月完成地下两层结构施工，1996 年 10 月结构封顶。

商厦地下 2 层、地上 22 层（含技术层），由主楼（22 层）和裙房（6 层）组成，主楼 1～5 层层高在 4.8～6.6m 之间，6～21 层为层高 3.4m 的标准层，22 层为技术层，层高 2.2m，建筑总高度为 94.60m，参见图 8-2。裙房 6 层，建筑标高与主楼相近。地下室两层为多用途车库及泵房等设施，地上一、二层为商场，三～六层为近 1000m² 的剧场及相应的辅助用房，主楼七～二十一层为办公写字楼，二十二层为技术层。

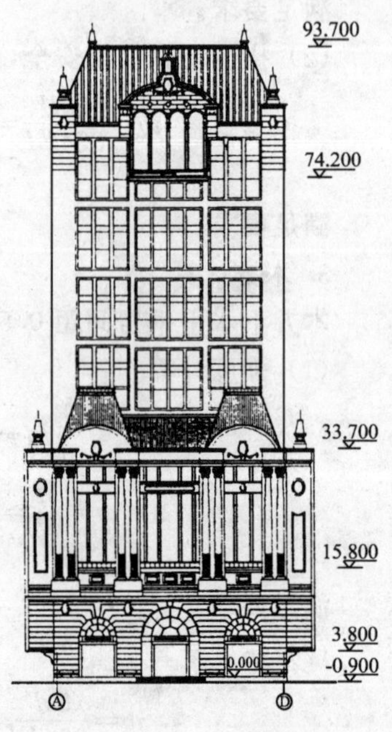

图 8-2 某商厦建筑立面示意图

商厦主楼设计为钢筋混凝土框架—筒体结构，裙房为钢筋混凝土框架结构，主楼和裙房设计采取混凝土整浇连接为一体。主楼部分楼梯间、电梯间位于中部，采用钢筋混凝土剪力墙构成核心筒，周边共有 12 根钢筋混凝土框架柱。核心筒外围剪力墙四层以下部分厚 350mm，五～八层厚 300mm，九层以上部分厚 250mm；框架柱截面六层以下为 1200mm×1200mm，七～八层为 1100mm×1100mm，九～十一层为 1000mm×1000mm，十二～十四层为 900mm×900mm，十五～十七层为 800mm×800mm，十八层以上为 700mm×700mm。裙房共有 14 根 800mm×800mm 的钢筋混凝土框架柱。楼板设计采用现浇钢筋混凝土楼板，一层楼面楼板设计厚度为 150mm，二十一层楼板的设计厚度为 100mm，其余除局部为 180mm 外均为 120mm。十层以下结构混凝土的设计强度等级除个别柱采用 C50 之外，其余均采用 C40，十一～十六层采用 C35，十七层以上采用 C30。

1997 年 9 月，商厦工程因工程款等问题停工。2000 年 4 月 3 日，发展商因商厦工程质量问题向上海市某法院提出诉讼。为对商厦建筑工程质量作出客观评价，同济大学受委托对商厦建筑工程质量进行检测鉴定。为了解施工阶段建筑结构的安全性，作者有幸参与商厦施工短暂状况的模拟分析工作。

（二）商厦施工方案

根据该建筑工程施工组织设计，该建筑标准层施工周期为 5d，采用钢管组合模板，支撑层数为 3 层，楼板平台模板支撑钢管的间距为 1m，主梁模板支撑钢管的间距为 0.8m。标准层各楼板的编号和支撑钢管的布置方案如图 8-3 所示。

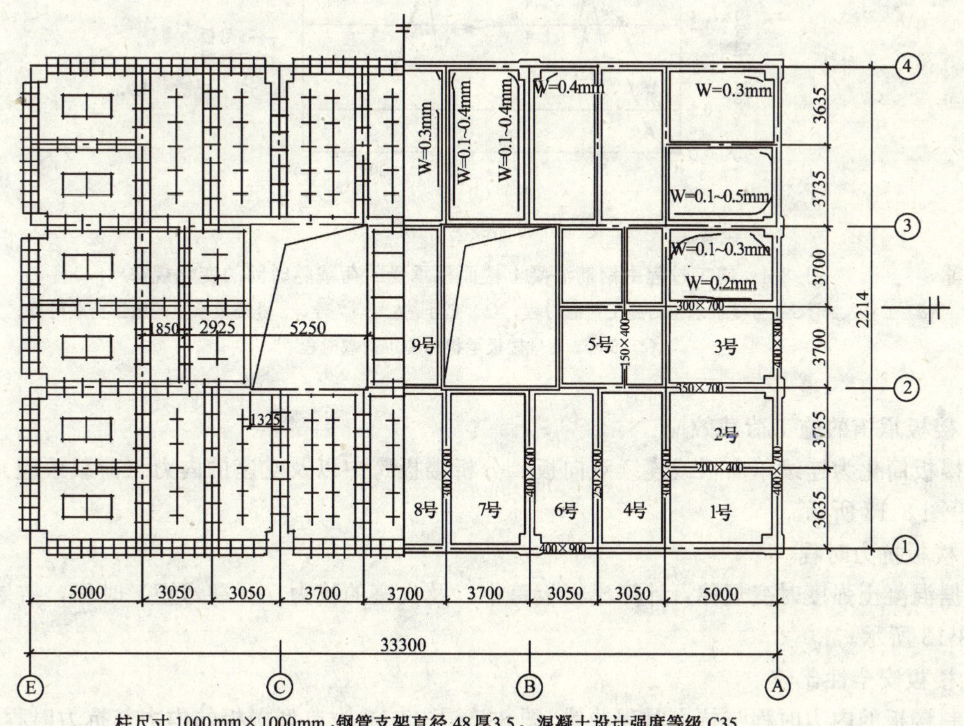

柱尺寸 1000mm×1000mm，钢管支架直径 48 厚3.5，混凝土设计强度等级 C35

图 8-3　标准层楼板的编号和模板支撑钢管的布置

（三）施工期混凝土楼板的安全性验算

1. 施工期楼板承担的荷载时程

根据商厦混凝土结构施工方案，采用精确分析方法计算获得标准层典型楼板承担的荷载时程，如图 8-4 所示。

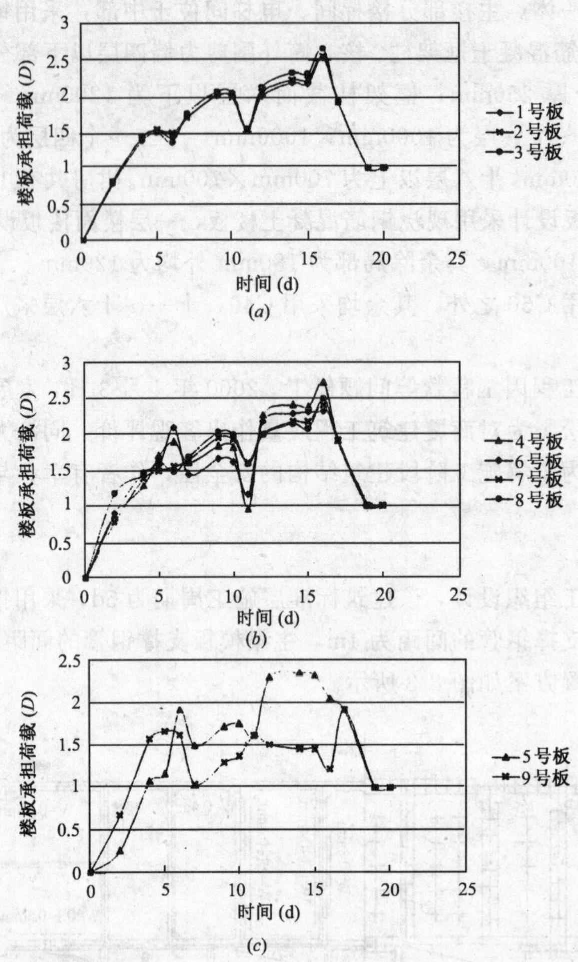

图 8-4 施工过程中钢筋混凝土楼面板承受的荷载随时间的变化规律

(a) 1 号、2 号、3 号楼板承担的施工荷载时程；(b) 4 号、6 号、7 号、8 号楼板承担的施工荷载时程；(c) 5 号、9 号楼板承担的施工荷载时程

2. 楼板承担的施工荷载效应

将楼板简化为连续单向板或连续双向板，分析楼板跨中以及支座的内力（荷载效应）时程如图 8-5～图 8-13 所示。

3. 楼板抗力时程

根据混凝土强度时变规律，计算出楼板跨中以及支座的抗力（开裂弯矩）时程，结果如图 8-5～图 8-13 所示。

4. 楼板安全性比较

绘制楼板的内力时程与抗力时程曲线，图 8-5～图 8-13 为典型楼板的内力与抗力时程曲线。比较图中的计算结果可知，在楼板浇筑后到支撑在该层上的模板全部拆除这段时间内，大部分楼板（如 1 号、2 号、3 号、7 号、8 号板）支座处的内力（负弯矩）都会超过其开裂弯矩使板支座处开裂；如果楼板的厚度变薄（小于 110mm），部分楼板（如 7 号板）跨中的内力（正弯矩）也可能超过其开裂弯矩而使楼板跨中开裂。另外，根据现场检测 24 处楼板的顶部钢筋保护层厚度平均值为 46.4mm，标准差为 11.2mm，所有实测结果均高于设计值（15mm），如表 8-1 所示，使得钢筋不能有效地限制楼板裂缝的发展，部分裂缝宽度较大。

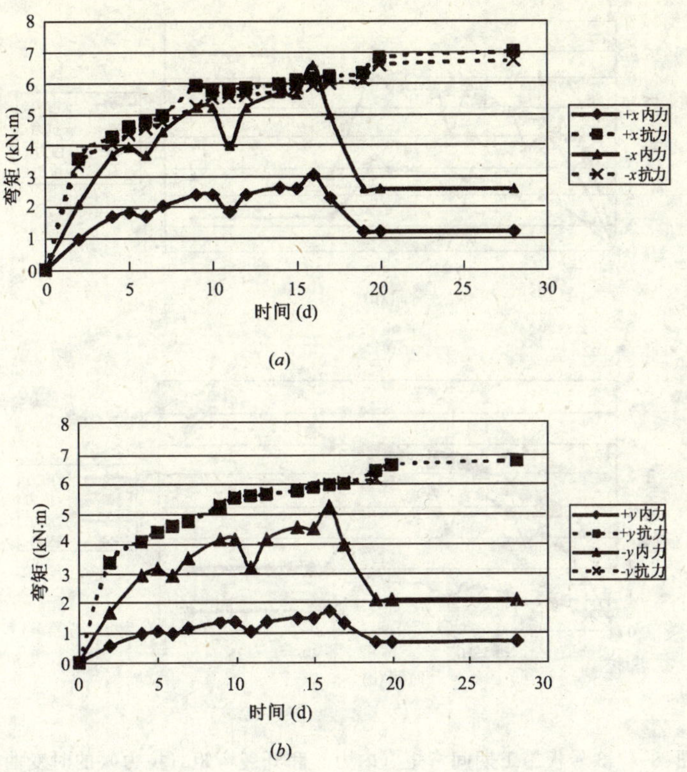

图 8-5　1号板施工期间弯矩（内力）和开裂弯矩（抗力）的时变曲线

（a）x方向（短跨）；（b）y方向（长跨）

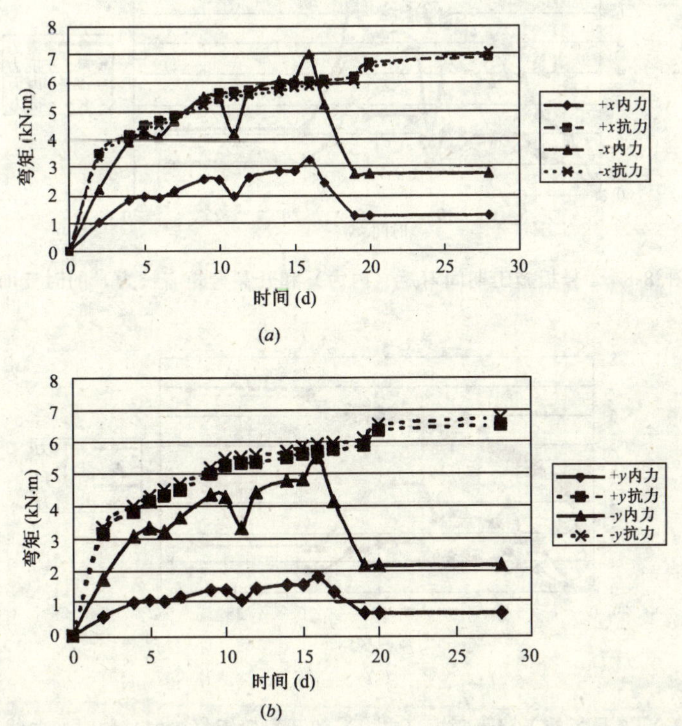

图 8-6　2号板施工期间弯矩（内力）和开裂弯矩（抗力）的时变曲线

（a）x方向（短跨）；（b）y方向（长跨）

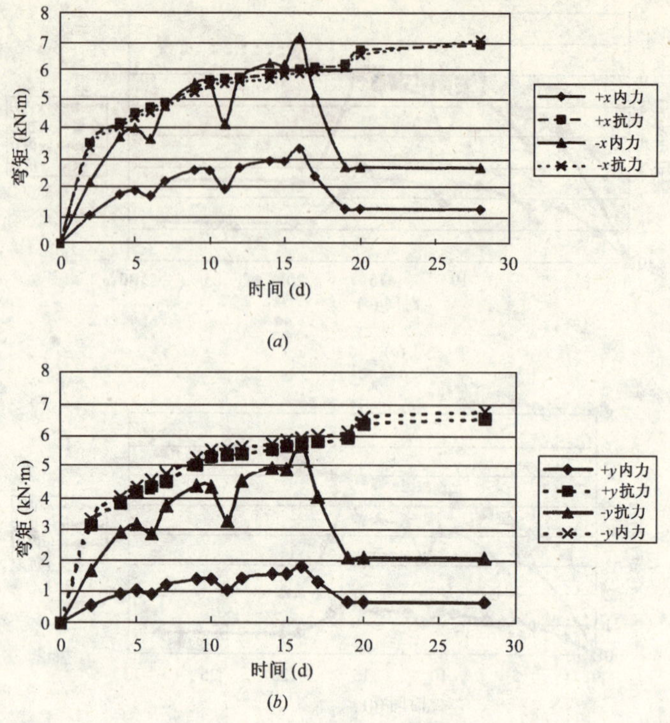

图 8-7　3号板施工期间弯矩（内力）和开裂弯矩（抗力）的时变曲线

（a）x 方向（短跨）；（b）y 方向（长跨）

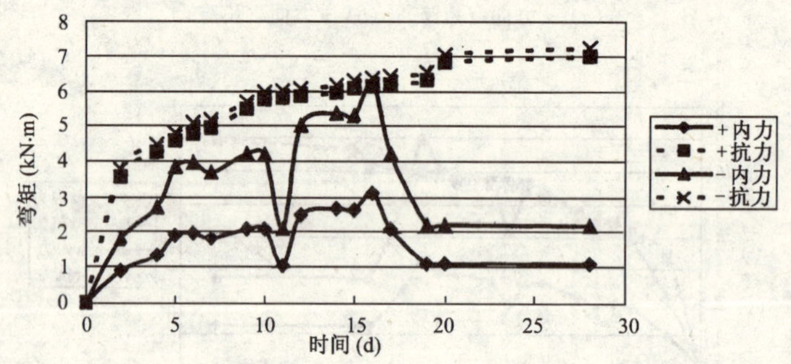

图 8-8　4号板施工期间弯矩（内力）和开裂弯矩（抗力）的时变曲线

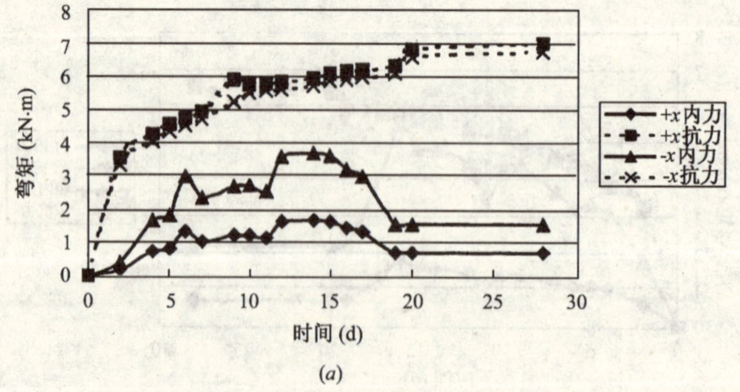

(a)

图 8-9　5号板施工期间弯矩（内力）和开裂弯矩（抗力）的时变曲线（一）

（a）x 方向（短跨）

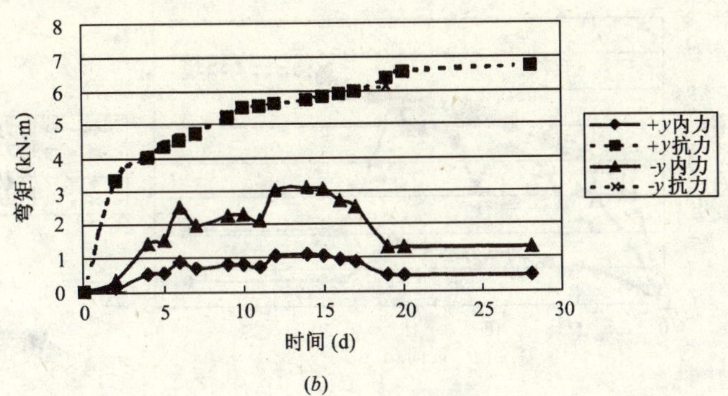

图 8-9　5号板施工期间弯矩（内力）和开裂弯矩（抗力）的时变曲线（二）

(*b*) *y*方向（长跨）

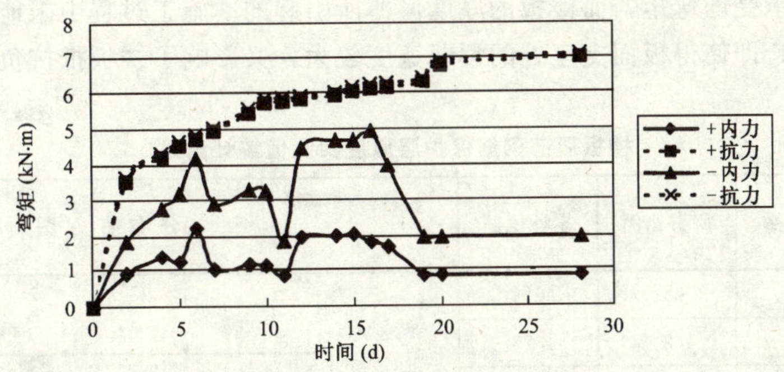

图 8-10　6号板施工期间弯矩（内力）和开裂弯矩（抗力）的时变曲线

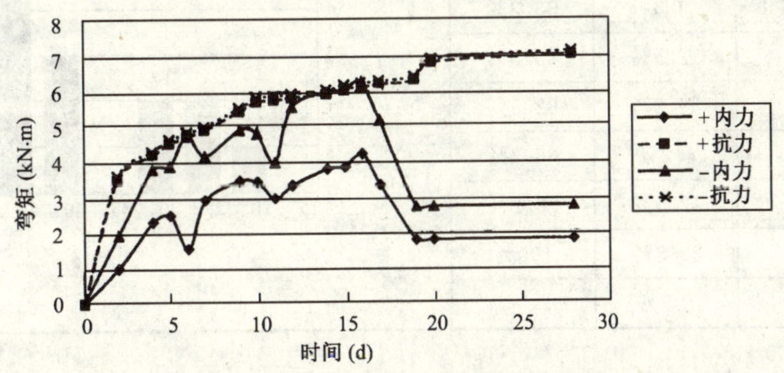

图 8-11　7号板施工期间弯矩（内力）和开裂弯矩（抗力）的时变曲线

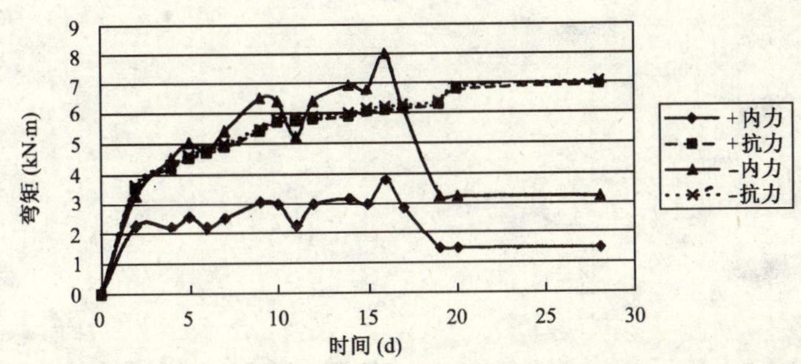

图 8-12　8号板施工期间弯矩（内力）和开裂弯矩（抗力）的时变曲线

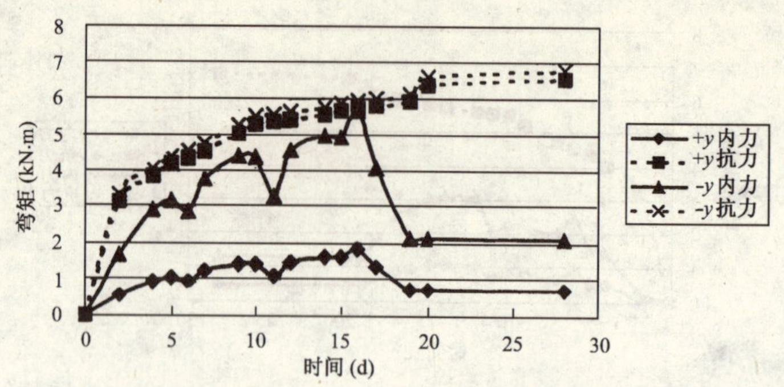

图 8-13　9号板施工期间弯矩（内力）和开裂弯矩（抗力）的时变曲线

由此可以得出结论：房屋标准层中楼板的裂缝系因为施工过程中作用在楼板上的荷载引起的弯矩大于楼板所能承受的弯矩，而楼板的厚度偏薄所引起的。施工过程中未能很好地控制板中负钢筋的保护层厚度，即使得板面支座处的裂缝宽度较大，又影响了楼板抵抗负弯矩的能力。

楼板顶部钢筋保护层厚度实测值统计结果　　表 8-1

钢筋保护层（mm）	出现次数	所占比例	累计比例	分布直方图
15＜y≤20	0	0%	0%	
20＜y≤25	1	4.2%	4.2%	
25＜y≤30	2	8.3%	12.5%	
30＜y≤35	2	8.3%	20.8%	
35＜y≤40	0	0%	33.3%	
40＜y≤45	3	12.5%	33.3%	
45＜y≤50	7	29.2%	62.5%	
50＜y≤55	1	4.2%	66.7%	
55＜y≤60	3	12.5%	79.2%	
60＜y≤65	5	20.8%	100%	
合　计	24	100%		

第九章 基坑围护工程

第一节 基坑围护类型及适用条件

一、基坑围护选择原则

(1) 根据工程地下部分的结构图纸以确定基坑深度，确定是否容许设置支撑及容许设置支撑的竖向位置，基坑内边线与结构外边线需保持的间距，根据水利工程的平面布置及建筑红线确定容许基坑施工的空间，以初步确定基坑围护的形式。

(2) 根据周边环境条件确定基坑围护的安全等级和重要性系数，见表 9-1 所示。

(3) 根据水文地质与工程地质勘察资料，对围护结构进行分析计算，包括围护结构内力计算、稳定性验算、抗隆起验算、抗管涌验算、水平位移估算等。

(4) 根据开挖方案和施工工期调整支撑布置的形式。

基坑围护的安全等级和重要性系数 表 9-1

安全等级	破坏后果	γ_0
一级	支护结构破坏对基坑周边环境影响很严重	1.10
二级	支护结构破坏对基坑周边环境影响小，但对本工程地下结构施工影响很严重	1.00
三级	支护结构破坏对基坑周边环境及地下结构施工影响不严重	0.95

二、基坑工程结构形式

基坑工程按围护结构形式可分为：

1. 板桩式

板桩式围护结构包括钢板桩式支护结构、混凝土板桩式支护结构和桩板式支护结构。钢板桩是将带锁口或钳口的钢板桩打入土层，通过锁口或钳口相互咬合形成连续的钢板墙，并可设置必要的拉锚或支撑，以抵挡基坑外的土压力和水压力，保持周边地层的稳定、控制周边地层的位移，适合于软土地基较浅的基坑。钢板桩的断面形式有U形、Z形和直腹板式等。钢板桩支护的优点是：板桩材料质量可靠，在软弱土层中施工简单，速度快，可拔出重复使用降低成本，具有较好的挡水性。其缺点是：接头防水处理不好会使水土从桩缝流失，引起地层塌陷，甚至失稳。其刚度比柱列式排桩和地下连续墙小，开挖后变形较大。施工过程振动性噪声大，容易引起土体移动，导致周围地基较大沉陷。

混凝土板桩是将设置有槽结构的混凝土板桩打入土中，通过槽间的相互连接咬合形成连续的混凝土板桩墙。

桩板式支护结构是工字钢衬板支护结构的简称，一般为临时性支撑护壁结构。由工字钢、衬板、围檩、横撑（或拉锚）、角撑、中间桩、水平及垂直联系构件等组成。坑壁土、水侧压力作用于衬板，由衬板传至工字钢桩，再通过围檩传至支撑或拉锚体系。

2. 柱列式

柱列式挡墙又称桩排式地下墙，它是单个桩体并排连续起来形成的地下挡土结构。桩体可采用的成桩工艺有钻孔灌注桩、混凝土预制桩、挖孔桩、压浆桩、SMW桩。在平面上可采取间隔式、一字形相切或搭接式等不同的排列形式。

间隔式适用于无地下水或地下水位较深、土质较好的情况。在地下水位较高时，应与其他防水措施结合使用。一字形相切或搭接排列式往往因在施工中桩的垂直度不能保证及桩体扩颈等原因影响桩体搭接施工，达不到防水要求，通常只有在自身防水的SMW桩型挡土墙中采用。间隔排列与防水措施结合的形式，施工方便、防水可靠，在地下水位较高的软土地层中最为常用。

柱列式支护结构的优点是：施工工艺简单，成本低，平面布置灵活。缺点是防渗及整体性较差。一般适用于中等深度（6～12m）的基坑围护。

SMW桩挡土墙在日本的软弱地层中的应用非常普遍，在国内应用成功的例子也越来越多，开挖深度可达几十米，与装配式钢结构支撑体系相结合，工效较高。施工噪声低，对环境影响小，结构止水性好，结构强度可靠，适合于各种土层。

3. 地下连续墙

适合于软弱地层和建筑设施密集的城市市区的深基坑。其优点是止水效果较好，整体刚度较大，对周围环境影响小，施工的基坑范围可达基地红线，从而提高基地建筑物的使用面积。缺点是：泥浆处理、水下钢筋混凝土浇筑的施工工艺复杂，造价较高。

4. 重力式挡土墙

重力式挡土墙有水泥搅拌桩挡土墙、高压旋喷桩挡墙和土钉墙等类型。适合于软土地区环境保护要求不高，基坑深度小于7m的基坑工程。其优点是止水性能好，施工噪声和振动低，对周围居民的干扰少。缺点是：水泥土挡墙一般需3～4m宽，土钉墙则需要更宽的空间，需占用基地红线内较大一部分面积，其中高压旋喷桩需作排污处理，工艺复杂。在造价方面，土钉墙造价最低，水泥土搅拌桩次之，而高压旋喷桩造价较高。

基坑工程按围护结构受力特性可分为：重力式挡墙、悬壁式、排桩式、支撑（拉锚）式。

5. 土钉墙

土钉墙是由被加固土、放置于原位土体中的细长金属杆件（土钉）及附着于坡面的混凝土面板而组成的重力式挡土墙。土钉一般是通过钻孔、插筋、注浆来设置，但也可通过直接打入较粗的钢筋或型钢形成土钉。分布密集的土钉与土共同作用形成复合墙体，不仅可有效地提高土体的整体刚度，又弥补了土体抗拉、抗剪的不足，同时，通过相互作用，使土体自身结构强度的潜力得到充分发挥，改善了基坑边坡的变形和破坏状态，提高了其整体稳定性。

土钉墙适用于：有一定毛细水黏聚力的中细砂土（含水量不小于5%～6%），有一定天然胶结能力的砂土和砾石土，具有天然黏聚力的粉土及低塑性土等能够保持开挖时边坡切割面短时间稳定的土体。

目前土钉墙的应用领域主要有：

(1) 托换基础；

(2) 基坑或竖井的支挡；

(3) 斜坡面的挡土墙；

(4) 斜坡面的稳定；

(5) 与锚杆相结合作斜面的防护。

土钉墙具有如下优点：

(1) 能合理利用土体的自承能力，将土体作为支护结构不可分割的部分；

(2) 施工设备简单，土钉的制作与成孔不需复杂的技术和大型机具，土钉施工的所有作业对周围环境干扰小；

(3) 施工不需要单独占用场地，对于施工场地狭小，放坡困难，有相邻低层建筑或堆放材料，大型护坡施工设备不能进场时，该技术显示出独特的优越性；

(4) 有利于根据现场监测的变形数据，及时调整土钉长度和间距，一旦发现异常不良情况。能立即采取相应的加固措施，避免出现大的事故，因此，能提高工程的安全可靠性；

(5) 工程造价低，据国内外资料分析，土钉墙工程造价比其他类型的工程造价低 1/3～1/2 左右；

(6) 防腐性能好，土钉由低强度钢材制作，与永久性锚杆相比，大幅减少了防腐的费用。

三、围护结构的选型

1. 深度小于 6m 的基坑

(1) 重力式挡墙

基坑建筑红线内有足够的施工空间，对周边环境保护的要求不是很高，可采用重力式挡墙。若施工空间足够，应优先选用土钉墙；当施工空间不够，通常选用水泥土搅拌桩挡土墙，若水泥土搅拌桩挡土墙的强度和稳定性不能满足围护要求时，可以选择高压旋喷桩挡土墙，水泥土搅拌桩和旋喷桩可采取格构式布置。

(2) 灌注桩加搅拌桩（旋喷桩）止水

当红线内没有足够的重力式挡墙的施工空间时采用；若对周边环境保护的要求不高可采用悬壁式，当搅拌桩（旋喷桩）止水带的施工空间不足时，可采取灌注桩套打在搅拌桩（旋喷桩）止水带中的形式；若环境保护要求较高，土质条件很差时，可设 1～2 道支撑或拉锚。

(3) 灌注桩门架式结构

前后打两排灌注桩，中间用格构式布置的水泥土搅拌桩作止水带，两排灌注桩用各自的圈梁连接，上面再用横梁将两排灌注桩相连。用于土质条件较差，对周边环境保护的要求较高，又无法设置支撑或拉锚的情况。

(4) 板桩式支护结构

设 1～2 道支撑或拉锚，对周边环境保护的要求不高时可采用。

2. 深度为 6～11m 的基坑

(1) 灌注桩加搅拌桩（旋喷桩）止水，设 1～2 道支撑或拉锚，这是软土地区常用做法。

(2) 灌注桩门架式结构。设置支撑或拉锚技术上困难、经济上不合理时可以考虑。

(3) 地下连续墙。设置支撑或拉锚在技术或经济上困难，同时又不存在门架式结构的施工空间，可考虑不设支撑的地下连续墙；若围护结构要求兼作永久结构时，可考虑用地下连续墙，并设 1～2 道支撑。

3. 深度大于 11m 的基坑

(1) 灌注桩加搅拌桩（旋喷桩）止水，设 3～4 道支撑或拉锚。

(2) 地下连续墙，设置必要道数的内支撑或拉锚，环境要求较高，或围护结构要求兼作永久结构时可以采用。

四、实例

某高层建筑（详见附录 A）为综合办公建筑，建筑分类为Ⅰ级，耐火等级为Ⅰ级。工程处于浦东新区行政办公区域，在杨高路南、丁香路北、桃林路东、民生路西的基地东端。主楼地上 21 层，地下 1 层，东西两侧裙房高 5 层，建筑面积 27 420m^2，总高度 120m。

东西两侧为裙房，南北两侧为门厅，中间为主楼，形成了中间基坑深，四周基坑浅，并且存在结构坡度的局面。主楼基坑深 6.15m，局部电梯和集水坑深 8.35m，四周裙房和门厅基坑深 3.15m。

本工程在进行基坑围护施工组织设计时主要考虑了几种围护方案：一是采用深层搅拌桩重力式挡土墙，二是采用土钉墙复合支护技术，三是深层搅拌桩作为隔水帷幕，放坡开挖的方案。

采用深层搅拌桩或钻孔灌注桩加深层搅拌桩作为挡土围护的技术在上海市得到了广泛的应用，该方法在施工场地狭窄，对周围环境要求较高的情况下较为适用。本工程场地开阔，具备放坡条件，如采用深层搅拌桩挡土，按规范要求，6m 深的基坑桩的宽度应为 4.2m，深度在 10m 以上，费用较大，并且搅拌桩养护时间比较长，难以保证地下工程按期完成。

土钉墙复合支护技术。本项目部所属公司虽然有成功的应用经验，且有钢丝网砂浆护面，使整个工地整洁，有利于文明施工。但考虑到本工地的实际情况，认为此法如用在本工程有以下不妥：一是土钉墙支护在水位较高的软土中必须有效解决防水问题，先前案例采用了深层搅拌桩作为隔水帷幕，而如要用隔水帷幕，放坡开挖无疑是安全合理的；二是先前案例基坑基本上呈矩形，基坑没有高差，有利于该方法的施工，即挖土到一定深度后，进行土钉的打设、注浆和护面，最后在整个基坑面上连成整体。本工程主楼和裙房基坑存在高低差，在南北两侧有地下通道，土钉墙难以有效连成整体，在土钉打设和挖土工序上容易造成无序，对工期也有影响。从经济角度考虑，该方法虽较深层搅拌桩挡土墙省费用，但用做土钉的钢管（长约 12m 左右）均将不能回收，费用仍较大。

在否定了上述两个方案后，本项目部决定充分利用结构设计的特点和土层的特性，采用深层搅拌桩隔水帷幕，两次放坡，两次开挖。根据地质勘察报告，②3 层土为砂质粉土，渗透系数较大，达 1.3×10^{-4}cm/s，②1 层和③层土为粉质黏土和淤泥质粉质黏土，渗透系数很小，与②3 层土相差两个数量级。因此在主楼深基坑四周设置长 7.5m，宽为 1.2m 的双排搅拌桩隔水帷幕，搅拌桩桩顶与裙房方桩桩顶平齐，上部 3.15m 空钻，下部位于第③层黏土层中，这样既减少了桩长，又充分起到了阻隔②3 层中的渗透水的作用。第一次放坡坡度为 1：1，放至裙房和门厅方桩顶部，既作为施工联系梁的工作面，又作为放坡台阶；第二次放坡则利用结构设计中裙房和主楼基坑的高差，在联系斜梁的位置采取按结构坡度放坡，避免二次修坡，其他位置在进行了土体稳定验算后，采取约 1：0.8 左右的坡度。为了防止下雨冲刷基坑边坡，增强土体稳定性，同时便于文明施工，在坑内井点降水开挖土方后，对主楼基坑边坡采用细石混凝土钢丝网护坡。

本基坑方案的实施如下：

(1) 施工顺序

深层搅拌桩施工→东西两侧裙房挖土→主楼基坑井点降水→主楼基坑二次放坡挖土。

(2) 在主楼四周打 2 排深层搅拌桩作为隔水帷幕（详见图 9-1），桩径 ϕ700，搭接 200mm，桩长 7.5m，水泥掺量 13%，水泥选用 32.5 级普通硅酸盐水泥。搅拌桩顶标高－3.05m。搅拌桩水灰比控制在 0.45～0.5 范围内。

(3) 主楼基坑土方开挖前 2 周布置轻型井点降水，井点管布置第一阶段挖土面－1.450m 处。井点管长 6m，滤管长 1.2m，间距 1.6m，采用 2 套井点系统。挖土前拔除井点。

(4)挖土分两个阶段进行。第一阶段在本工程范围内(裙房及主楼)挖土至地下标高－1.450m，然后根据裙房基础梁的轴线位置挖沟槽至－3.150m。采取放坡开挖，坑内降水采取明排水，设置排水沟、集水井。基坑 10m 左右网格及四周设置盲沟排水，沟内的排水坡度为 0.2%，并在沟内填放碎石，排水沟沟深 300～400mm，沟宽 300mm，要确保沟内汇渠水畅通流到设在四角的集水井内，采用潜水泵将水排至坑外。机械挖土面控制在－2.950m，剩下 0.2m 人工修平。第二阶段主楼基坑二次放坡开挖（详见图 9-2）。采用 2 台 WY100 液压反铲挖土机，挖土顺序由南向北。挖

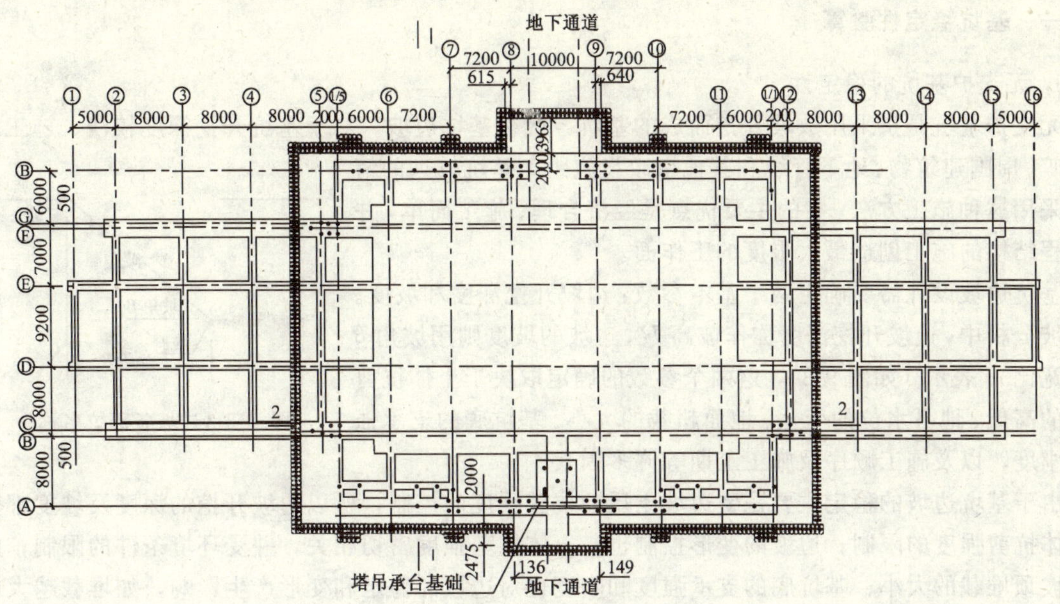

图 9-1 深层搅拌桩布置平面图

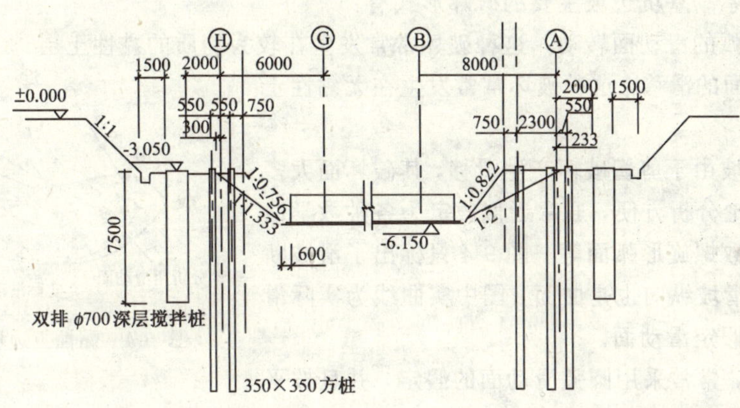

图 9-2 基坑围护剖面图

土面标高－6.150m，机械挖土面控制在－5.95m，剩下 0.2m 人工修平，落低坑放线后人工挖掘。同样需设置好盲沟和集水井。

（5）主楼基坑土方开挖，及时穿插组织人员做好边坡的修理工作，用 C20 细石混凝土护坡 30mm 厚，坑内铺成品钢丝网，与深层搅拌桩联系顶板内的预留钢筋网连接形成整体。基坑四周严禁堆放重物，防止坡顶受荷失稳。

第二节 基坑设计验算

基坑是建筑物基础施工时由人工开挖而成的土坑，基坑四壁可以是自由土坡，也可以是用板桩、灌注桩、水泥土搅拌桩、挡土墙、地下连续墙等支护结构围护而成的竖直坑壁。大面积挖土卸载后，基坑坑底和四周土体中的应力场发生了很大变化，在基坑四周一定范围内的土体有可能接近或达到强度破坏。若基坑边坡太陡或太高，围护结构的插入深度太浅或支撑力不够等，都有可能导致基坑丧失稳定性而破坏。基坑稳定性验算主要是计算基坑在外荷载作用下是否会丧失稳定。

一、基坑稳定性验算

1. 无支护基坑的稳定性

无支护基坑是指采用放坡开挖而成的基坑，或称基坑边坡。对于基坑开挖深度较浅、施工场地空旷、周围建筑物、地下管线和其他市政设施距离基坑较远的情况常采用这种施工方法。它的主要优点是经济合理、施工简单，并为工程结构的施工创造最大限度的工作面。

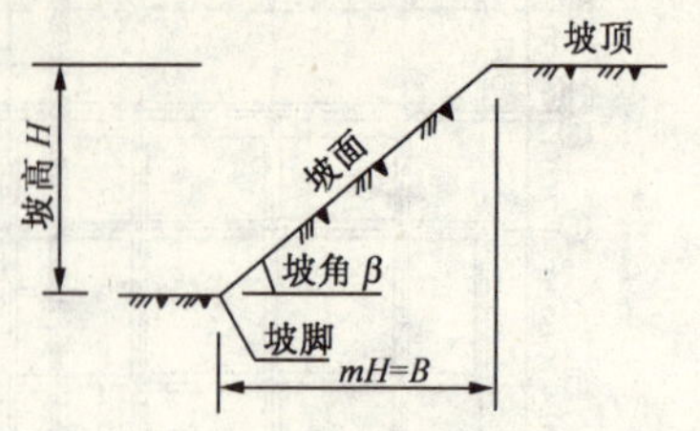

图 9-3 边坡各部位名称

基坑边坡设计需要确定两个基本参数：边坡开挖深度和坡度。在边坡分析中，边坡开挖深度称作坡高 H，边坡的坡度则用坡角 β 或高宽比 m 表示（如图 9-3），这两个参数的确定取决于土体抗剪强度的高低、地下水位的变化、地面超载的大小、基坑底的支承强度和刚度，以及施工顺序及施工工期等许多因素。

由于基坑边坡的稳定主要是受边坡土质的抗剪强度的控制，所以边坡开挖的深度及坡度都受到土体抗剪强度的限制；边坡的变形控制也与土体抗剪强度密切相关，并受环境条件的限制；此外，坡顶堆载的大小、基坑底的支承强度和刚度也对边坡的稳定和变形产生影响，如堆载越大或坑底支承强度和刚度越小，则边坡的稳定性安全系数越低，变形越大。

大量计算和实际观测表明，基坑边坡破坏形式与土层的物理力学性质、地面超载以及边坡形状等因素有密切关系。基坑边坡主要的破坏形式有：

(1) 沿近似圆弧的滑动面转动，这种破坏常常发生在较为均质的黏性土层；

(2) 沿近乎平面的滑移，这种破坏常常发生在无黏性土层。

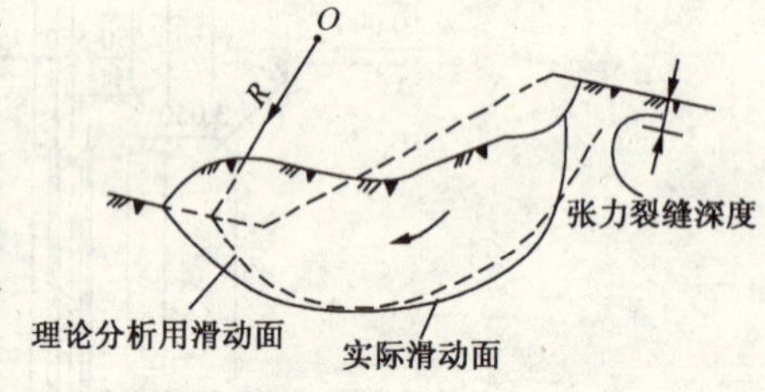

图 9-4 黏性土边坡的滑动面

黏性土层的边坡由于剪切破坏产生滑移，其破坏面大多呈现圆簸形，为理论分析方便，通常近似假定为各种数学曲线，如圆弧面、对数螺旋形弧面等。图 9-4 只标出了滑坡断面的情况，实际上滑坡纵向也是曲面，图中实曲线为实际滑动面，虚线为理论假定滑动面。

在工程运用上，常常采用圆弧滑动面的假定，并且按平面问题进行分析。目前运用最为广泛的有：①瑞典条分法（或称瑞典法）；②简化毕肖普(Bishop）法；③泰勒（Taylor）稳定数法。

2. 有支护基坑稳定性分析

有支护基坑的失稳除了因支护结构（包括桩、墙、支撑系统等）的强度、刚度和稳定性不足引起的支护结构系统破坏而造成基坑倒塌、破坏外，主要是因基坑土体的强度不足、地下水渗流作用而造成基坑失稳，包括基坑内外侧土体整体滑动失稳；基坑底的土因承载力不足而隆起，地层因承压水作用、管涌、渗漏等导致基坑工程破坏。基坑稳定性验算可归纳为：支护稳定入土深度；基坑底土隆起稳定性；基坑底土渗流稳定性；基坑边坡整体稳定性等四个方面。

基坑的稳定性计算，按平面问题考虑，并采用圆弧滑动面计算。对不同情况（如不同设计状况，不同验算方法及不同土的指标）的基坑稳定性验算，其危险滑弧均应满足式（9-1）要求：

$$K \leqslant \frac{M_r}{M_d} \tag{9-1}$$

式中 M_d，M_r——作用于危险面上的总滑动力矩（kN·m）和抗滑力矩（kN·m）标准值；

K——安全系数，其取值应根据地区经验加以调整。

下面对第一种基坑失稳情况简要分析。

(1) 支护结构稳定入土深度的验算

支护结构的稳定入土深度采用极限平衡法计算确定。作用在支护结构上的土压力分布为：基坑外侧一般可采用主动土压力，基坑内侧坑底以下取被动土压力，当入土深度较大时，在反弯点至支护结构底端可考虑反弯点下的约束作用。

悬臂式围护结构和锚撑式围护结构的稳定入土深度可参阅极限平衡法的计算。

稳定入土深度一般取式 (9-2)：

$$t=kt_0 \tag{9-2}$$

式中 t——设计入土深度；

t_0——计算入土深度；

k——安全系数，一般取 1.2，各地区取值参见《建筑基坑工程技术规范》(YB 9258—97)。

(2) 基坑隆起稳定

基坑隆起稳定性分析目的是保证基坑的稳定性和控制基坑的变形。随着深基坑逐步向下开挖，由于坑内外土体的压力差，使墙背土向基坑内推移，造成坑内土体向上隆起，坑外地面下沉的变形现象，即基坑隆起，控制这种现象发生的验算有如下几种。

1) 柯克 (Caquot) 和克雷塞尔 (Kerisel) 法；

2) Terzaghi－Peck 方法 (太沙基－泼克法)；

3) 考虑 c、φ 值的抗隆起计算法。

(3) 抗渗流稳定性验算

在地下水丰富、渗透系数较大 (渗透系数$\geqslant 10^{-6}$cm/s) 的地区进行支护开挖时，通常需要在基坑内降水。如果围护墙自身不透水，由于基坑内外水位差，导致基坑外的地下水绕过围护墙下端向基坑内渗流，这种渗流产生的动水压力在墙背后向下作用，而在墙前 (基坑内侧) 则向上作用，当动水压力大于土的水下重度时，土颗粒就会随水流向上喷涌。在砂性土中，开始时土中细粒通过粗粒的间隙被水流带出，产生管涌现象。随着渗流通道变大，土颗粒对水流阻力减小，动水力增加，使大量砂粒随水流涌出，形成流砂，加剧危害。在软黏土地基中渗流力往往使地基产生突发性的泥流涌出，以上现象发生后，使基坑内土体向上推移，基坑外地面产生下沉，墙前被动土压力减少甚至丧失，危及支护结构的稳定。验算抗渗流稳定的基本原则是使基坑内土体的有效压力大于地下水向上的渗流力。

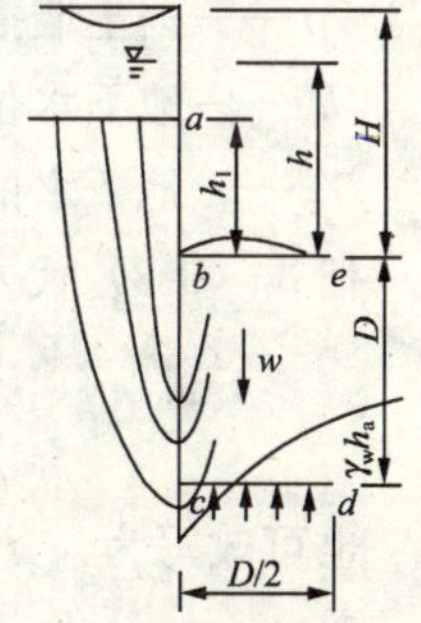

图 9-5 抗渗流验算图

1) 抗渗流稳定验算

图 9-5 是 Terzaghi－Peck 方法的计算简图。设围护墙在开挖面以下的埋入深度为 D，墙下端宽度为 $D/2$ 范围内的平均超静水头为 h_a，作用在土体 $b-c-d-e$ 下端的渗透为 $U=\gamma_w h_a$，土体的有效应力 $p=\gamma' D$，则抗渗流稳定的安全度 K 为

$$K=\frac{P}{U}=\frac{\gamma' D}{\gamma_w h_a} \tag{9-3}$$

抗渗流稳定所要求的插入深度

$$D\geqslant\frac{K\gamma_w h_a}{\gamma'} \tag{9-4}$$

式中 γ_w——水重度；

γ'——土的水下重度。

在墙下端 $D/2$ 宽度范围内的平均超静水头 h_a 是变化的，需要通过绘制流网图确定，作为一种略算法，如图 9-5，取沿围护墙的最短流线 $a-b-c-b$ 来求墙下端的水头替代 h_a（h_1 为开挖面以上产生水力坡降的土层厚度）：设平均水力梯度为 i，$i=h/(h_1+2D)$，则

$$h_a=h-i(h_1+D)=\frac{Dh}{h_1+2D} \tag{9-5}$$

将式（9-5）代入式（9-4）可得

$$D\geqslant\frac{K\gamma_w h-\gamma' h_1}{2\gamma'} \tag{9-6}$$

式（9-6）中的安全系数 K 应大于 1.2；h_1 取开挖面以上至透水性良好的土层，如松散填土、中或粗砂，砾石等地面间的距离，对于土层可取 0.7～1.0h。

2）抗管涌验算

基坑开挖后，地下水形成水头差 h'，使地下水由高处向低处流，当地下水的向上渗流力（动力压力）$j\geqslant\gamma'$ 时，土粒处于浮动状态，在坑底产生管涌现象，就会危及支护结构的安全。太沙基在进行模拟试验后得到结论：渗流引起的基坑不稳定现象一般发生在宽度为挡土墙插入深度 t 的 1/2 范围内，如图 9-6所示。

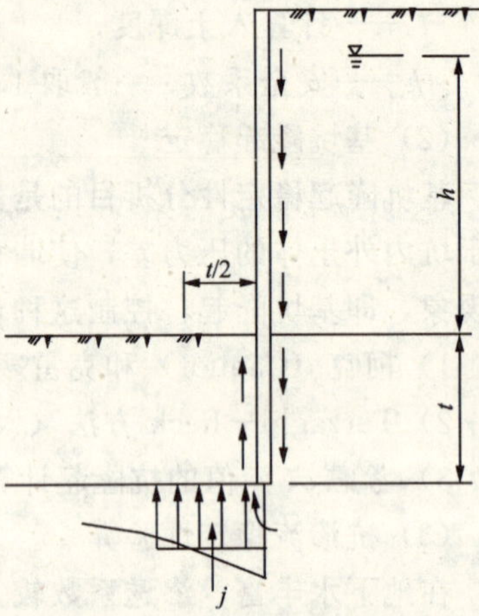

图 9-6　基坑管涌示意图

要避免管涌现象发生，则要求：

$$\gamma'\geqslant Kj \tag{9-7}$$

式中　γ'——土的浮重度；

K——抗管涌安全系数；

j——地下水的向上渗流力（动水压力）。

渗流力可按式（9-8）计算：

$$j=i\gamma_w=\frac{h'}{h'+2t}\gamma_w \tag{9-8}$$

式中　i——土体作用平均水力梯度；

t——挡土墙插入深度；

h'——地下水位至坑底的距离；

γ_w——地下水的重度。

把式（9-8）代入式（9-7），得：

$$\gamma'\geqslant K\frac{h'}{h'+2t}\gamma_w \tag{9-9a}$$

也可改写为：

$$t\geqslant\frac{Kh'\gamma_w-\gamma' h'}{2\gamma} \tag{9-9b}$$

即挡墙插入深度如满足上述条件，则不会产生管涌。

（4）抗倾覆稳定性分析

验算最下道支撑以下的主、被动压力区的压力绕最下道支撑支点的转动力矩是否平衡。在对坑内墙前极限被动土压力计算中，考虑墙体与坑内土体之间的摩擦角 δ 的影响，同时也考虑到地基土的黏聚力，因此，极限被动土压力计算公式是以 Rankine 公式形式表达的修正 Coulomb 公式。当 $c=0$ 时，该公式即为 Coulomb 公式；当 $\delta=0$ 时，该式即为 Rankine 公式。δ 取值与地基土的物理力学性质、围护墙面的粗糙度以及降排水条件有关，一般 δ 在（2/3～3/4）φ 之间，且 $\delta\leqslant20°$。地基土含水量高，δ 值小。对钢板桩墙取 $\delta=2\varphi/3$；对钻孔桩和现浇地下连续墙取 $\delta=0.75\varphi$，坑内不降水时，取 $\delta=0$。

(5) 整体稳定性分析

采用圆弧滑动法验算支护结构和地基的整体稳定性时，应注意支护结构一般有内支撑或外锚拉结构，墙面为垂直的特点，不同于边坡稳定验算的圆弧滑动，滑动面的圆心一般在挡墙上方，靠坑内侧附近。通过试算确定最危险的滑动面和最小安全系数。考虑内支撑作用时，通常不会发生整体稳定破坏，因此，对支护结构只设一道支撑时，需验算整体滑动，对设置多道支撑时可不作验算。

总之，基坑边坡稳定性计算需要知道土体重度γ，滑动面上的抗剪强度指标c、φ等土工参数。土工参数的选定需根据基坑实际工况结合试验结果确定。

基坑稳定性分析包括短期稳定性分析和长期稳定性分析两种情况。短期稳定性分析一般针对基坑开挖后较短时间内的稳定性验算，此时土体处于不排水卸载的工况，理论上进行边坡稳定性验算时可以采用总应力法，也可以采用有效应力法。由于不容易确定孔隙水压力的分布，所以采用总应力法比较方便。前述关于黏土边坡稳定性计算公式都是基于总应力方法推导出来的，此时土体强度指标采用快剪强度指标。基于基坑开挖后暴露时间较长的情况，除了要验算基坑边坡的短期稳定性外，还要验算基坑边坡的长期稳定性，这时需要考虑孔隙水压力消散与土体固结的影响，验算稳定性时一般采用有效应力法，此时土的强度指标采用固结快剪指标；对于具有明显流变特性的土层，还需考虑土体徐变的因素，此时通常采用长期强度指标。边坡长期稳定性分析需考虑地震的影响。分析中所需的地质资料要能反映基坑顶面以下至少2～3倍基坑开挖深度的工程地质和水文地质条件。

二、重力式挡墙围护结构设计

1. 水泥搅拌桩挡墙的破坏模式

(1) 倾覆破坏。如图9-7 (*a*) 所示，由于墙身入土太浅或宽度不足，当地面堆载过多或重载车辆在坑边频繁行驶，都可能导致倾覆破坏。

(2) 地基整体破坏。如图9-7 (*b*) 所示，当开挖深度较大，基坑土又十分软弱时，特别是当地面存在大量堆载（堆土）时，地基土连同支挡结构一起滑动。地基整体破坏造成的危害极大，往往伴随着地面大量下陷及坑底隆起，也可能推动坑内土体中的主体结构工程桩一起位移。

(3) 墙趾外移破坏。如图9-7 (*c*) 所示，当挡土结构插入深度不够，坑底土太软或因管涌及流砂所削弱，可能发生墙趾外移所引起的破坏。

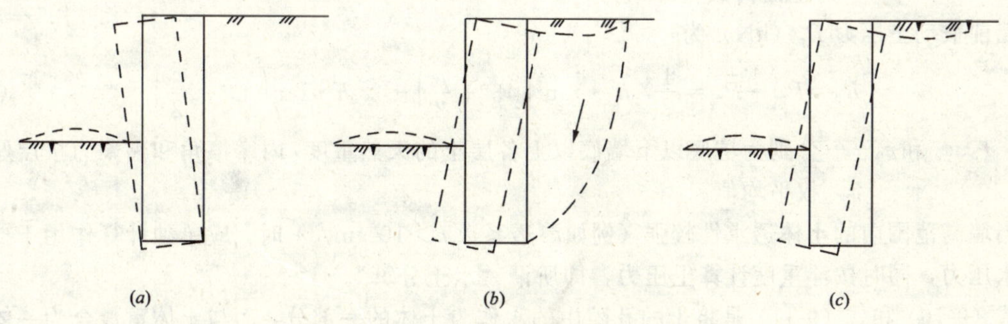

图 9-7 水泥土挡土墙的破坏形式

2. 水泥搅拌桩挡墙的计算

根据土质情况和基坑开挖深度，先按经验设定桩长和墙的宽度：

桩长：　$L=(1.8\sim2.2)H$

挡墙宽度： $B=(0.7\sim0.95)H$

式中 H——基坑开挖深度。

水泥搅拌桩挡墙的计算包括抗滑动、抗倾覆及整体稳定性等。

(1) 土压力计算

搅拌桩挡墙的设计计算图式如图 9-8 所示。

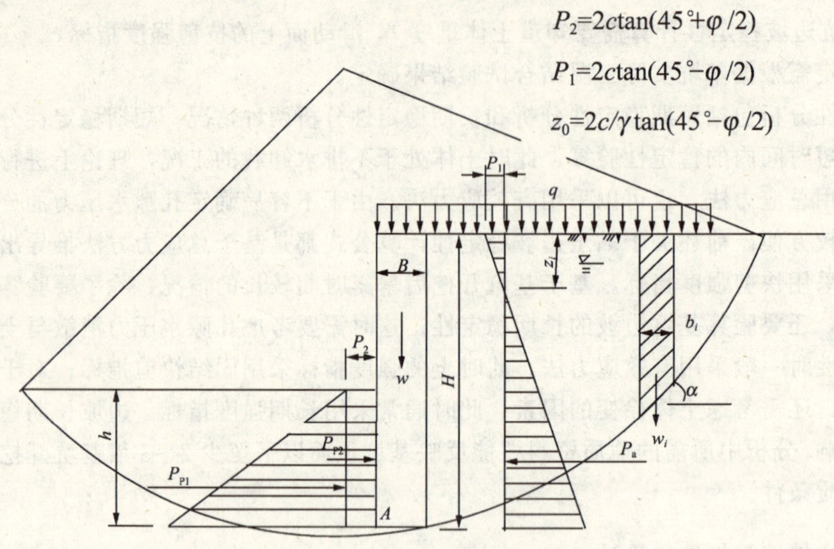

图 9-8 搅拌桩挡墙的设计计算图式

计算中通常考虑黏性土的内摩擦角 φ 和黏聚力 c 的影响。为简化计算，对成层构造的土体，墙底以上各层土的物理力学性质指标按各层土的厚度加权平均计算。

墙后主动土压力 P_a (kN) 为：

$$P_a=\left(\frac{1}{2}\gamma H^2+qH\right)\cdot\tan^2\left(45°-\frac{\varphi}{2}\right)-2cH\cdot\tan\left(45°-\frac{\varphi}{2}\right)+2\frac{c^2}{\gamma} \tag{9-10}$$

式中 γ、φ 和 c——分别是墙底以上各层土的天然重度 (kN/m^3)、内摩擦角和黏聚力 (kPa) 按层厚的加权平均值；

q——为地面荷载，kPa。

墙前被动土压力 P_p (kN) 为：

$$P_p=P_{p_1}+P_{p_2}=\frac{1}{2}\gamma_0 h^2\cdot\tan^2\left(45°+\frac{\varphi_0}{2}\right)+2c_0h\cdot\tan\left(45°+\frac{\varphi_0}{2}\right) \tag{9-11}$$

式中 γ_0、φ_0 和 c_0——分别为坑底以下墙底以上各层土的天然重度，内摩擦角和黏聚力按层厚的加权平均值。

当墙高范围内的土体透水性较强（例如渗透系数 $k>10^{-6}$m/s）时，应单独计算作用于挡土墙上的水压力，同时按浮重度计算土压力，即所谓“水土分算”。

式 (9-10) 和式 (9-11) 是将土的孔隙中的水作为土体的一部分，而与土体重量合为一体计算土压力，即习惯上称为“水土合算”。

(2) 抗倾覆与抗滑动稳定性验算

1) 按重力墙验算墙体绕前趾 A 的抗倾覆安全系数。

$$F_q=\frac{M_R}{M_C}=\frac{\frac{1}{3}hP_{p_1}+\frac{1}{2}hP_{p_2}+\frac{1}{2}BW}{\frac{1}{3}\ (H-z_0)\ \gamma_c} \tag{9-12}$$

式中 M_R——抗倾覆力矩（kN·m）；

M_C——倾覆力矩（kN·m）；

W——墙体自重，等于 γBH；

γ_C——墙体材料重度（kN/m^3），可取 $18\sim19kN/m^3$；

F_q——抗倾覆安全系数。

2）按重力墙验算墙体沿底面抗滑动稳定安全系数。

$$F_s=\frac{W\cdot\tan\varphi_0+P_p}{P_a-P_p} \tag{9-13}$$

式中 φ_0、c_0——墙底土层的内摩擦角和墙底土层的黏聚力 kPa；由于成桩时水泥浆液与墙底土层拌合，φ_0 和 c_0 可取该土层试验指标的极限值；

F_s——抗滑动安全系数。

上海市《地基基础设计规范》DBJ 08—11—99 规定，当土的抗剪强度指标采取固结快剪或快剪的峰值时，取 $F_q\geqslant1.5$，$F_s\geqslant1.3$。

为了提高搅拌桩挡墙的抗滑动稳定性，可将组成挡墙桩的入土深度设计成有深有浅的形式，即“长短结合”或“齿形”底部，计算时取其平均深度作为墙体的底面标高。

(3) 墙体应力验算

墙体所验算截面处的法向应力 σ（kPa）

$$\sigma=\frac{W_1}{B}<\frac{q_u}{F_s} \tag{9-14}$$

墙体所验算截面处的切向应力 τ（kPa）

$$\tau=\frac{P_a-W_1\tan\varphi}{B}<\frac{\bar{\sigma}\tan\varphi+C}{F_s} \tag{9-15}$$

式中 P_a——验算截面上部的土压力（kN）；

W_1——验算截面上部的墙重（kN）；

q_u、ϕ、C——加固土的抗压强度（kPa）、内摩擦角、黏聚力（kPa）；

$\bar{\sigma}=\frac{W_1}{B}$——验算截面处的墙体平均法向应力（kPa）；

F_s——加固土强度的安全系数，$F_s\geqslant1.5$。

(4) 边坡稳定性验算

搅拌桩挡墙通常应用于软土地基，验算边坡整体稳定是其设计中的一项重要内容。验算采用圆弧滑动法，对渗流力的作用采用替代表观密度法，土体抗剪强度采用总应力法，计算图式仍如图 9-8 所示，稳定安全系数采用简单分条法（瑞典法）计算，即计算滑动力矩时，浸润线以下、下游水位以上部分的土体用饱和重度；计算抗滑力矩时用浮重度。

$$F_s=\frac{\sum_{i=1}^{n}c_il_i+\sum_{i=1}^{n}\ (q_ib_i+W_i)\ \cos\alpha_i\cdot\tan\varphi_i}{\sum_{i=1}^{n}\ (q_ib_i+W_i)\ \sin\alpha_i} \tag{9-16}$$

式中 l_i——第 i 条土条顺滑动面的弧长（m），$l_i=\frac{b_i}{\cos\alpha_i}$；

q_i——第 i 条土条顶部和地面荷载（kPa）；

b_i——第 i 条土条宽度（m）；

W_i——第 i 条土条重量，当不计渗流力时坑底地下水位以上取天然重度计算，坑底地下水位以下取浮重度；当计入渗流力作用时，将坑底地下水位至墙后地下水位范围内的土体重度在计算分母（滑动力矩）时取饱和重度，在计算分子（抗滑力矩）时取浮重度，其余不变（kN/m^3）；

α_i——第 i 条滑弧中点的切线与水平线的夹角；

c_i——第 i 条土条滑动面上土的黏聚力（kPa）；

φ_i——第 i 条土条滑动面上土的内摩擦角；

F_s——整体稳定性安全系数，上海市《地基基础设计规范》(DBJ 08—11—99) 规定：当土的抗剪强度指标采用固结快剪或快剪的峰值（或最大值）时，最小安全系数可取 $F_s \geqslant 1.25$（复核验算时）或 1.30（设计时）。对于重要工程（包括邻近工程）应提高 10%，即复核验算时，取 1.375，进行设计时取 1.43。

通常最危险滑弧在墙底下 0.5～1.0m 处。当墙底下面的土层性质很差时，危险滑弧的位置还可能深一些，当墙体无侧限抗压强度不小于 1MPa 时，一般不必计算切墙体滑弧的安全系数；当小于 1MPa 时，可取 $c=\left(\frac{1}{15}\sim\frac{1}{10}\right)q_u$，$\varphi=0$，作为墙体的指标来计算切墙体滑弧的安全系数。

(5) 抗渗验算

由于基坑开挖时要求坑底无积水，坑内外将存在明显的水头差。当坑底下为砂土时，需验算墙角渗流向上溢出处的渗流坡降，以防出现流砂现象；坑底为黏性土层而其下有砂土透水层时，也必须进行渗流验算。

抗渗验算可采用 R. Daridenkoff 和 O. Franke 的方法进行，计算图式如图 9-9 所示。

按平面渗流考虑，其方法是先按图 9-9 计算参数 $\frac{S_1}{T_2}$ 和 $\frac{T_2}{b}$，然后从图 9-10 查得阻力系数 ξ_1 和 ξ_2，计算出口处（A 点）的水头 h_A（m）。

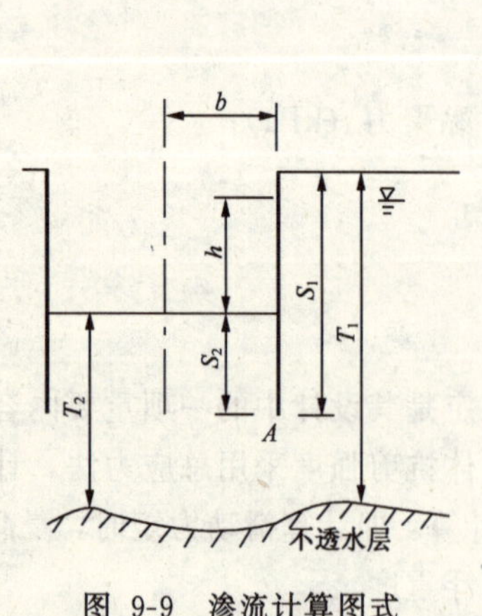

图 9-9 渗流计算图式

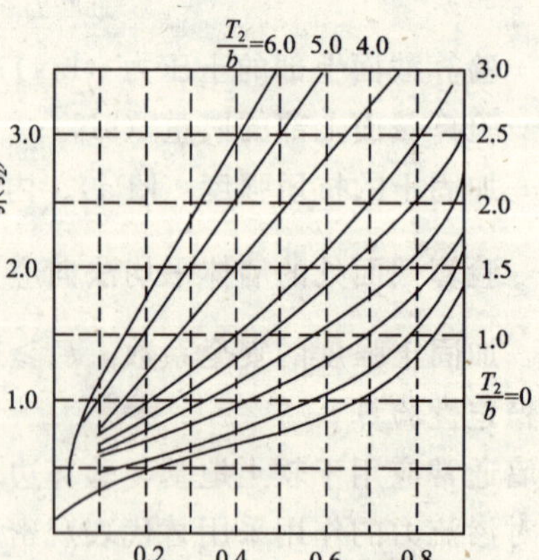

图 9-10 渗流计算曲线

计算单位宽度渗流量：

$$q=kh\frac{1}{\xi_1+\xi_2} \tag{9-17}$$

式中 k——渗透系数。

出口处（A 点）的水头：

$$h_A=\frac{h\xi_2}{\xi_1+\xi_2} \tag{9-18}$$

出口处的平均渗流坡降：

$$J_F=\frac{h_A}{S_2} \tag{9-19a}$$

且
$$J_F\leqslant J/F_s \tag{9-19b}$$

式中 J_F——临界坡降，对砂土为 0.8～1.0；

F_s——安全系数，一般取 1.5～3.0。

对粉土可取 $J_F/F_s=1/3$，或按同类工程选取允许坡降值。

(6) 水泥搅拌桩挡墙水平位移计算

水泥土挡墙墙顶位移可采用经验公式进行计算，当插入深度 $D=(0.8\sim1.2)H$（H 为基坑开挖深度），墙宽 $B=(0.6\sim1.0)H$ 时，可采用经验公式（9-20）进行估算。

$$\delta=\frac{H^2L_{max}\xi}{\eta DB} \tag{9-20}$$

式中 δ——墙顶水平位移计算值（mm）；

L_{max}——基坑的最大边长（m）；

ξ——施工质量影响系数，取 0.8～1.5；

H——基坑开挖深度（m）；

D——墙体插入坑底以下的深度（m）；

η——量纲换算系数，当 δ 单位取毫米时，取 $\eta=1$；当 δ 单位取厘米时，取 $\eta=10$；

B——搅拌桩墙体宽度（m）。

重力式水泥土挡墙的弹性地基"m"法计算水平位移，是一种简化计算方法，其基本概念已如前所述。

重力式挡墙刚度为无限大时，在墙后水土压力作用下，将产生平移和转动，如图 9-11（a）所示。沿 $B-B'$ 截面把墙身截开，可以计算作用于 $B-B'$ 截面上的弯矩 M_0 和剪力 H_0。取出 $B-B'$ 面以下墙体为计算单元，如图 9-11（b）所示，由于假设墙体刚度为无限大，在外力作用下墙体以某一点 O 为中心作刚体转动，若转角为 θ_0，基坑地面处的水平位移为 y_0，则墙顶的水平位移可写为：

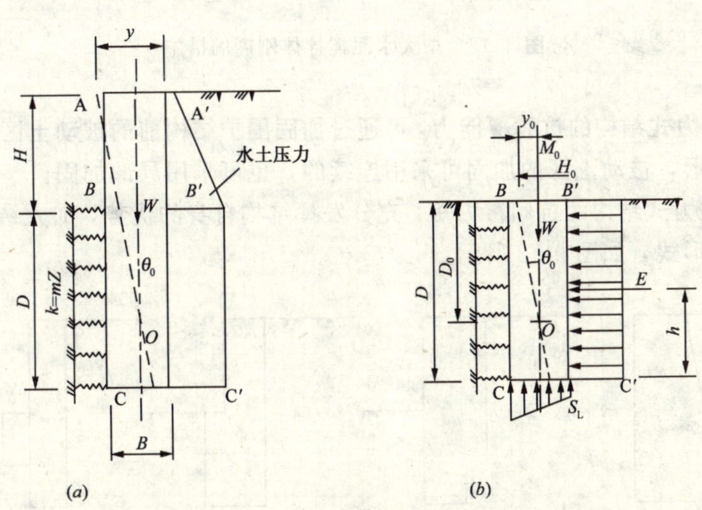

图 9-11 按"m"法计算墙顶位移

$$y=y_0+\theta_0 H \tag{9-21}$$

式中 θ_0——墙身转角；

y_0——$B-B'$端面处的水平位移；

H——基坑开挖深度。

y_0及θ_0可按式（9-22）计算：

$$y_0=\frac{24M'_0-8H'_0 D}{mD^3+36mI_B}+\frac{2H'_0}{mD^2} \tag{9-22}$$

$$\theta_0=\frac{36M'_0-12H'_0 D}{mD-36mI_B} \tag{9-23}$$

其中

$$M'_0=M_0+H_0 D+Eh-W\cdot\frac{B}{2}$$

$$H'_0=H_0+E-S_L$$

式中 S_L——墙底土体提供的摩擦抗力，$S_L=B\cdot c$；

c——土的内聚力；

I_B——墙身截面的抵抗矩，$I_B=B^3/12$。

（7）提高水泥土重力式结构刚度及安全度的有效措施

1）水泥土重力式结构顶部宜设置0.15～0.2m厚的钢筋混凝土压顶。压顶与水泥土用插筋连接，插筋长度不宜小于1.0m，采用钢筋时的直径不宜小于$\phi 12$，采用竹筋时断面不小于$\phi 16$，每桩至少一根。

2）为改变重力式结构的性状，缩小重力式结构的宽度，可在结构的两侧采用间隔插入型钢、钢筋的办法提高抗弯能力，也可采用两侧间隔设置钢筋混凝土桩的方法，如图9-12所示。

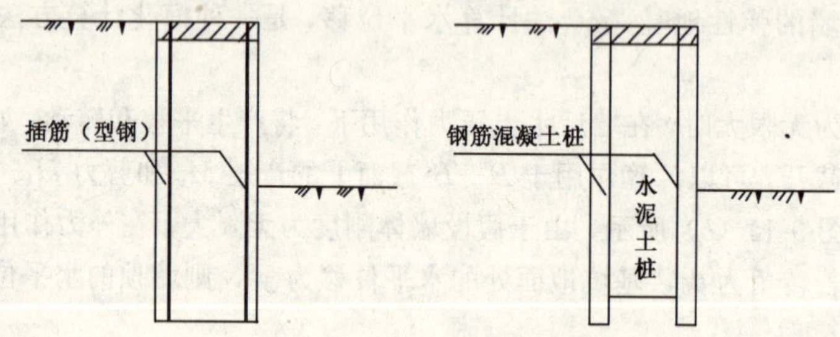

图 9-12 增大水泥搅拌体刚度的措施

3）为了增加重力式结构的抗倾覆能力，可通过加固围护结构前的被动土区来提高重力式结构的安全度，减少变形，被动土区的加固可采用连续的，也可采用局部加固。

4）为了提高重力式结构的抗倾覆力矩，充分发挥结构自身的优势，加大结构自身的力臂，可采用变截面的结构形式，如图9-13所示。

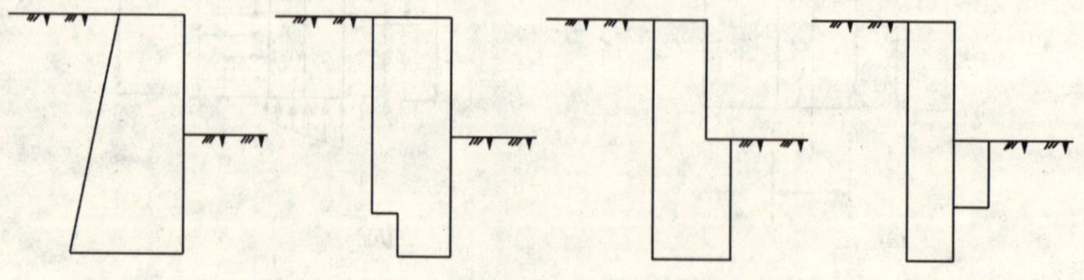

图 9-13 搅拌桩支护的几种形式

三、基坑计算实例

某高层建筑基坑北侧 4.2m 处上空有架空 220kV 高压线路，考虑到搅拌桩施工时安全，由西北侧开始 30m 长度采用四排搅拌桩挡土，不采取放坡开挖，挡土墙剖面如图 9-14 所示。

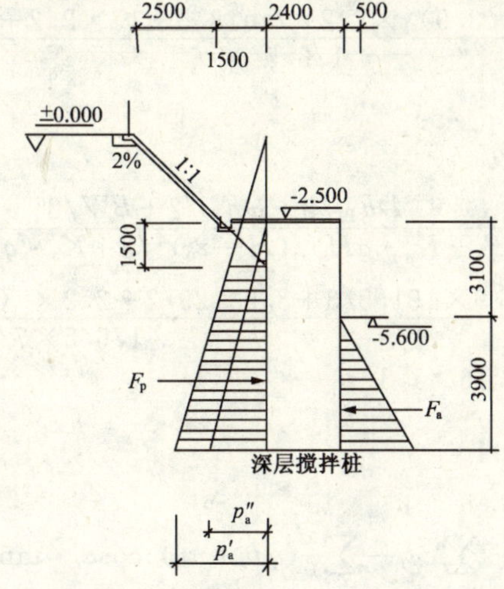

图 9-14　主动土压力和被动土压力

1. 墙前被动土压力

$$F_P = F_{P1} + F_{P2} = (\gamma_1 D^2/2) \cdot K_P + 2c_1 D_1 \cdot \sqrt{K_P}$$

$D=3.9$m，

$\gamma_1=18$kN/m^3（基坑底至墙底间各土层天然重度按土层厚度的加权平均值），

$\varphi_1=18.5°$（基坑底至墙底间各土层内摩擦角按土层厚度的加权平均值），

$c_1=12$kPa（基坑底至墙底间各土层黏聚力按土层厚度的加权平均值），

$K_P=\tan^2(45°+\varphi_1/2)$

由上式得：

$$F_{P1}=161.5\text{kN/m} \qquad F_{P2}=29\text{kN/m}$$

2. 墙后主动土压力

$$P'_a = K_a\gamma(z+h') - 2c\sqrt{K_a}$$

$$P''_a = K_a\gamma(z+h'') - 2c\sqrt{K_a}$$

$K_a=\tan^2(45°-\varphi/2)$

$\varphi=18.5°$（墙底以上各土层内摩擦角按土层厚度的加权平均值）

$c=11.8$kPa（墙底以上各土层黏聚力按土层厚度的加权平均值）

$\gamma=18.2$kN/m^3（墙底以上各土层天然重度按土层厚度的加权平均值）

由上式得：

$$P'_a = 0.52\times18.2\times9.5-2\times11.8\times\sqrt{0.52}=72.9\text{kN/m}^2$$

$$P''_a = 0.52\times18.2\times7-2\times11.8\times\sqrt{0.52}=49.2\text{kN/m}^2$$

主动土压力：$F_a=\frac{1}{2}\times11.4\times1.5+\frac{1}{2}\times\frac{72.9+49.2}{2}\times5.5=176.5\text{kN/m}$

3. 搅拌桩墙体沿墙底面滑动的安全系数计算

$$K_{HL}=\frac{\text{墙体抗滑力}}{\text{墙体滑动力}}=\frac{W\tan\varphi_0+c_0B+F_p}{F_a}$$

W——墙体自重，$W=\gamma_0 BH$；

B——墙宽 2.2m；

γ_0——墙体平均重度，坑底深度下取浮重度；

φ_0，c_0——墙底土层的内摩擦角和黏聚力，分别为 18.5°和 13kPa。

$$K_{\rm HL}=\frac{(18\times3.1+8\times3.9)\times2.2\times\tan18.5+13\times2.2+190.5}{176.5}=1.6>1.2$$

满足要求。

4. 绕前趾的抗倾覆安全系数

$$\begin{aligned}K_{\rm Q}&=\frac{DF_{\rm P1}/3+DF_{\rm P2}/2+BW/2}{(F_{\rm a}-K_{\rm a}\cdot qH)\ (H-z_0)\ /3+K_{\rm a}\cdot qH^2/2}\\&=\frac{3.9\times161.5/3+3.9\times29/2+2.2\times\ (18\times3.1+8\times3.9)\ \times2.2/2}{176.5\times7/3}\\&=1.16>1.1\end{aligned}$$

满足要求。

5. 整体稳定性验算

$$K_{\rm Z}=\frac{\sum\limits_{i=1}^{n}c_i l_i+\sum\limits_{i=1}^{n}\ (q_i b_i+w_i)\ \cos\alpha_i\cdot\tan\varphi_i}{\sum\limits_{i=1}^{n}\ (q_i+b_i)\ \sin\alpha_i}$$

l_i——第 i 条土条沿滑弧面的弧长（m），$l_i=b_i/\cos\alpha_i$；

q_i——第 i 条土条处的地面荷载；

b_i—第 i 条土条宽度（m）；

w_i——第 i 条土条重量（kN），地下水位以上取天然重度，地下水位以下取浮重度；

α_i——第 i 条滑弧中点的切线和水平线的夹角：

$\alpha_1=68.5°$，$\alpha_2=59.2°$，$\alpha_3=52°$，$\alpha_4=45.8°$，$\alpha_5=40.2°$，$\alpha_6=35.1°$，$\alpha_7=30.2°$，

$\alpha_8=24.3°$，$\alpha_9=16.1°$，$\alpha_{10}=7.3°$，$\alpha_{11}=0$，$\alpha_{12}=-9°$，$\alpha_{13}=-17.4°$，$\alpha_{14}=-26.2°$，

$\alpha_{15}=-35.7°$，$\alpha_{16}=-45°$

计算图和数值详见图 9-15 所示。

经过试算，安全系数最小的滑弧面如图 9-15 所示。

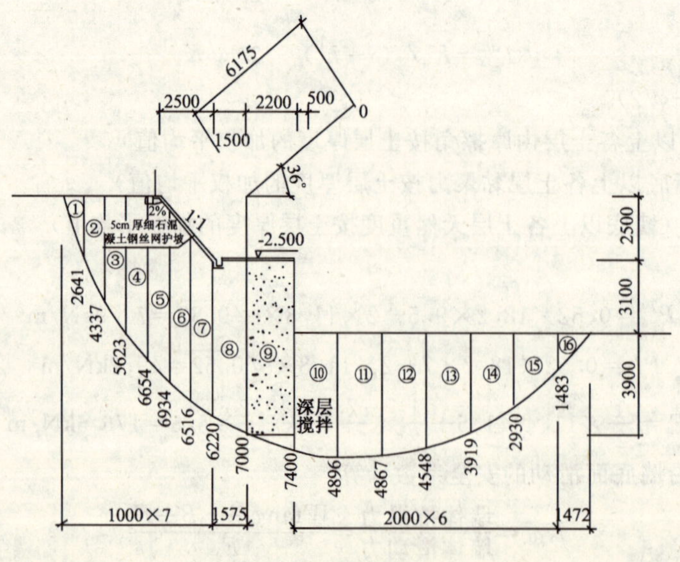

图 9-15 圆弧滑动面

$$K_Z=\frac{343.4+311.5}{231.5}=2.8>1.0$$

满足要求。

6. 位移估算

$$\delta_{OH}=\frac{0.18\zeta \cdot K_a \cdot L \cdot h_0^2}{D \cdot B}$$

L——开挖基坑的最大边长（m）；

ζ——施工质量影响系数，取大值 1.5。

$$\delta_{OH}=\frac{0.18\times1.5\times0.52\times30\times3.1^2}{3.9\times2.2}=4.7\text{cm}$$

四、基坑施工过程

1. 降水

(1) 降水的目的

土方边坡稳定与地下水有密切关系。在地下水的浸泡下土体抗剪强度下降，同时土体还会受到浮力（即静水压力）和渗透力（即动水压力）的作用，边坡容易失稳导致滑坡。此外，对于细砂和粉砂土层的边坡，地下水常常导致流砂和管涌，在黏土层中则可能出现基坑隆起，这些对施工都十分不利；在土方外运方面，挖方含水量过高还会对城市道路造成污染，因此，在土方开挖前和开挖过程中，以及地下结构施工期间，做好地下水的处理工作，保持基坑土体干燥十分重要。

流砂和管涌是基坑土方工程施工需要防止的两大危害性现象。土具有透水性，土质不同，相同水力梯度下水在其中的渗透速度也不一样，砂性土渗透速度大些，黏性土小些。工程上通常用渗透系数 k 来表示水在土中通过的难易程度，渗透系数 k 也是反映地下水动力作用的一个参数，渗透系数 k 可以通过室内土的渗透试验或现场抽水试验来测定，各种土的渗透系数变化范围如表9-2所示。

土的渗透系数参考值　　表 9-2

名　称	渗透系数（cm/sec）	名　称	渗透系数（cm/sec）
黏土	$<10^{-7}$	粉砂、细砂	$10^{-3}\sim10^{-4}$
粉质黏土	$10^{-6}\sim10^{-7}$	中砂	$10^{-1}\sim10^{-3}$
黏质粉土	$10^{-4}\sim10^{-6}$	粗砂、砾石	$10^{2}\sim10^{-1}$

地下水的渗流对土单位体积内的骨架产生的压力称为动水压力，动水压力方向为地下水渗流方向，大小等于水的重度与水力梯度的乘积，即：

$$G_d=\gamma_w \cdot i \tag{9-24}$$

式中 G_d——动水压力（kN/m^3）；

γ_w——水的重度（kN/m^3）；

i——水力梯度，$i=\Delta H/L$；

ΔH——水头差（m）；

L——渗流路径（m）。

当渗流自上向下时，动水压力方向与重力方向一致，这将增加作用于土粒之间的压力（粒间压力），反之，当渗流自下向上时，动水压力方向与重力方向相反，这将减少作用于土粒之间的压力（粒间压力），当自下而上的动水压力等于或大于土的浮重度 γ' 时，土粒之间的压力消失，于是土粒处于悬浮状态，土体随水流动，这种现象叫做流砂现象。

动水压力等于土的浮重度时的水力梯度叫做临界水力梯度 i_{cr}，$i_{cr}=\gamma'/\gamma_w$。

在地下水位以下开挖基坑，如从基坑中直接排水（如明排法），将导致地下水向上流动而产生自下而上的动水压力，可使坑底隆起，当水力梯度大于临界值时，就会出现流砂现象。这种现象在细砂、粉砂和黏质粉土中极易发生。流砂现象发生时，土体完全丧失了承载能力，工人无法立足，施工条件恶化；土方边挖边冒，很难达到设计深度；流砂严重时会引起边坡塌方，地基土体流动造成地基被掏空，使周遍地表下陷或建筑物地基破坏，导致地下管线破坏和建筑物下沉、倾斜甚至倒塌。

当土层主要由粗细相差较大的两类土粒组成时，如果水力体梯度很大，足以在土孔隙中引起紊流运动，细土粒会被冲动而陆续沿着粗土粒之间的孔隙随水流走，导致土体结构的破坏，土体失去稳定，这种现象叫做管涌。管涌现象发生时，将会破坏地基土的强度，形成空洞，产生地表塌陷，影响基坑周围建筑物和地下构筑物的安全。

流砂和管涌现象都是可以防止的。从流砂和管涌现象的产生机理上可以看出，只要减少水力梯度，不利的地下水动水压力就可以减少或消除。工程上一般有以下几种措施：

1）设置防渗帷幕，如采用冻结法，或者打设板桩、搅拌桩或地下连续墙，使渗水路径 L 增加，从而减小水力梯度 i；

2）水下挖土，使水头差 ΔH 减小，从而减小水力梯度 i；

3）人工降低地下水位，使基坑内挖方土层的动水压力消除。

（2）降水的措施

基坑开挖降水一般有两种途径：①明排法；②人工降水法。

明排法是在基坑开挖至地下水位时，在基坑范围内基础外开挖排水沟，间隔一定距离设集水井，然后用水泵将水抽走，这是一种边挖边排的降水措施，对于黏土层浅的开挖边坡较为有效，但无法处理流砂和管涌现象。

人工降水法是在基坑开挖前预先在基坑四周埋设一定数量的滤水管或滤水井，用抽水设备抽水，使地下水位降落到坑底以下，同时在基坑开挖时仍不断抽水。这种方法可使所挖的土始终处于干燥状态，从根本上防止流砂现象的发生，改善了工作条件，同时由于土中水被排走后，动水压力减小或消除，边坡可以放陡，减少挖土量，而且由于水流向下，动水压力作用使土颗粒间的压力增加，坑底土层更为密实，这种方法在城市地下工程施工中广泛应用。对于大开挖基坑来说，由于开挖深度较浅，经常采用轻型井点或管井井点降水两种方式。

采用正铲挖掘机、铲运机、推土机等机械挖方时，应使地下水位经常低于开挖底面不少于0.5m。

2. 开挖

由于种种原因，现场常常出现施工工况和原设计条件不相符合的情况，或者设计中难以考虑到的施工情况，此时必须对基坑边坡重新验算。如果安全度不足，应采取相应的补救措施。所以施工过程中应注意：

（1）不要在已开挖的基坑边坡的影响范围内进行动力打入或静力压入的施工活动，如必须打桩，应对边坡削坡和减载，打桩采用重锤低击、间隔跳打；

（2）不要在基坑边坡顶堆积过重荷载，若需在坡顶堆载或行使车辆时，必须对边坡稳定性进行核算，控制堆载指标；

（3）施工组织设计应有利于维持基坑边坡稳定，如土方出土宜从已开挖部分向未开挖方向后退，不宜沿已开挖边坡顶部出土，应由上至下的开挖顺序，不得先切除坡脚；

（4）注意地表水的合理排放，防止地表水流入基坑或渗入边坡；

(5) 采用井点等排水措施，降低地下水位；

(6) 注意现场观测，发现边坡失稳先兆（如产生裂缝时）立即停止施工，并采取有效措施，提高施工边坡的稳定性，待符合安全度要求时方可继续施工。

为了防止边坡失稳，提高施工安全，可以采取如下的防止措施：

(1) 边坡修坡

改变边坡外形，将边坡修缓或修成台阶形（图 9-16），这种方法的目的是减少基坑边坡的下滑重量，因此必须结合在坡顶卸载（包括卸土）才更有效果。

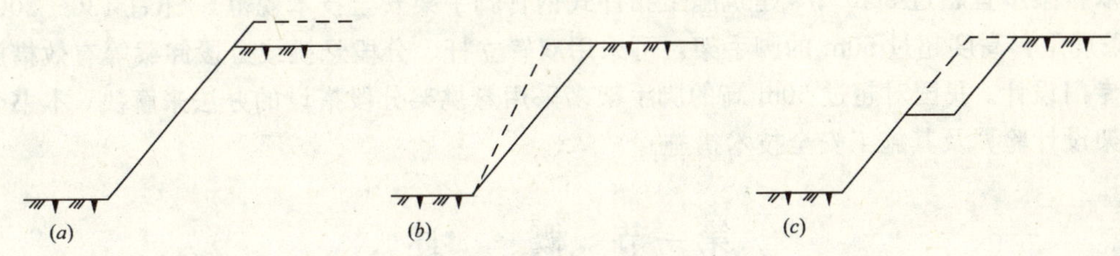

图 9-16 边坡修坡

(a) 坡顶卸土；(b) 坡度减小；(c) 台阶放坡

(2) 设置边坡护面

设置基坑边坡混凝土护面的目的是为了控制地表排水经裂缝渗入边坡内部，从而减少因为水的因素导致土体软化和孔隙水压力上升的可能性。护面可以做成 10cm 混凝土面层。为增加边坡护面的抗裂强度，面层内部可以配置一定的构造钢筋（如 $\phi6@300$）。

(3) 边坡坡脚抗滑加固

当基坑开挖深度大，而边坡又因场地的限制不能继续放缓时，可以通过对边坡抗滑范围的土层进行加固，设置抗滑桩。采用的方法有：旋喷法，分层注浆法，深层搅拌法等。采用这种方法的时候必须注意加固区应穿过滑动面并在滑动面两侧保持一定范围。

3. 基坑实施结果

前述案例，基坑开挖后基坑侧向的位移最大值仅 1.7cm，并已稳定。对三种方案进行了初步的比较，在工程费用方面，深层搅拌桩作为隔水帷幕放坡开挖的方案较深层搅拌桩重力式挡土墙方案节约造价 1/3，较土钉墙节约 1/4；在工期方面，原定±0.000 以下为 5 个月，采用该方案后，工期压缩至 4 个月。

第十章　悬挑脚手架工程

《建筑施工安全技术统一规范》第 6.1.3 条规定“钢管脚手架中扣件式单排架不宜超过 24m，扣件式双排架不宜超过 50m”；《建筑施工扣件式钢管脚手架安全技术规范》（JGJ 130—2001）第 5.3.8 条规定：高度超过 50m 的脚手架，可采用双管立杆、分段悬挑或分段卸载等有效措施，必须另行专门设计。我国对超过 50m 高的脚手架多采用悬挑架分段搭设的办法来解决，本书介绍悬挑脚手架设计验算及其施工安全技术措施。

第一节　概　　述

国内采用的悬挑脚手架主要有两种形式：一种为挑支杆构式脚手架；一种为挑梁支托式脚手架。

1. 挑支杆构式脚手架

挑支杆构式脚手架一般是指用扣件式钢管脚手架从楼板或墙体上用立杆斜挑的脚手架。图 10-1 为一典型挑支杆构式脚手架示意图。

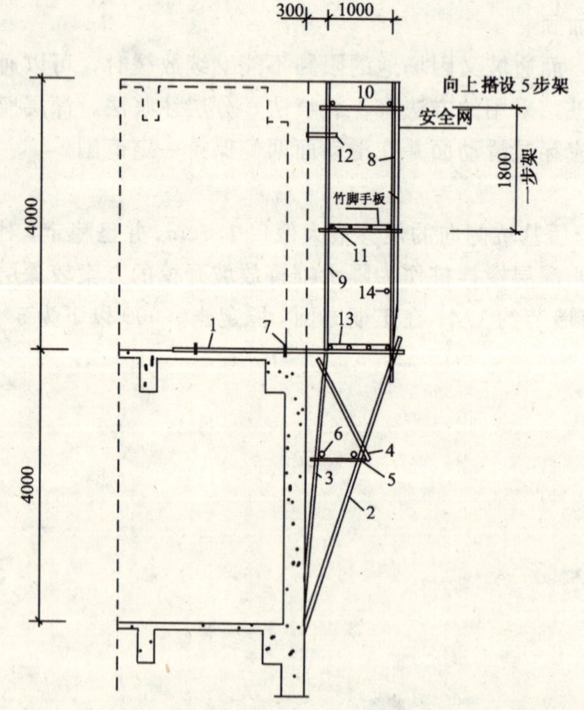

图 10-1　挑支杆构式脚手架示意图

1—水平悬挑杆；2—外斜撑；3—内斜撑；4—协腹杆；5—水平腹杆；6—纵向联系杆；7—拉结锚环；8—外立杆；9—内立杆；10—小横杆；11—大横杆；12—拉结短钢管；13—竹笆脚手板；14—栏杆

该种形式的脚手架在允许两步施工荷载同时存在的条件下，一般不超过 3～5 步架。其构造形

式为将 $\phi12$ 圆钢弯成“∩”环形式，直径 7.5cm 左右，按脚手架立杆纵距放好位置，前后两个圆环间距 1.5m，埋入楼板混凝土，同楼板、梁钢筋焊接牢固。然后将钢管插入圆环内，前后用直角扣件拧紧。排架底座斜杆支承点用 400mm 长钢管按架子纵距埋入楼板混凝土内，并与楼板主筋焊接牢固。

《建筑施工安全检查标准》(JGJ 59—99) 条文说明 3.0.4 第 2 条指出“高层建筑施工分段搭设的悬挑脚手架、……、悬挑梁或悬挑架应为型钢或定形桁架。”上海市安监总站沪建安监总 (2001) 第 013 号《关于贯彻建设部新颁发的两个脚手架安全技术规范的通知》中指出，“对悬挑式扣件钢管脚手架不采用型钢或定型桁架作悬挑梁或悬挑架的，不能参加各类安全标化达标工地。”但由于为非强制性规范或措施，该种类型的悬挑脚手架仍被大量使用。

2. 挑梁支托式脚手架

悬挑梁（架）主要有两种形式：斜拉式和下撑支托式，两者也可结合使用。斜拉式为型钢悬挑梁一端固定在结构上，另一端用钢丝绳或钢拉杆拉结到结构的可靠部位上。下撑支托式为用型钢制成三角形支架，其斜撑为受力压杆，支架的上下支点与结构可靠连接。图 10-2 为一典型的下撑挑梁脚手架。

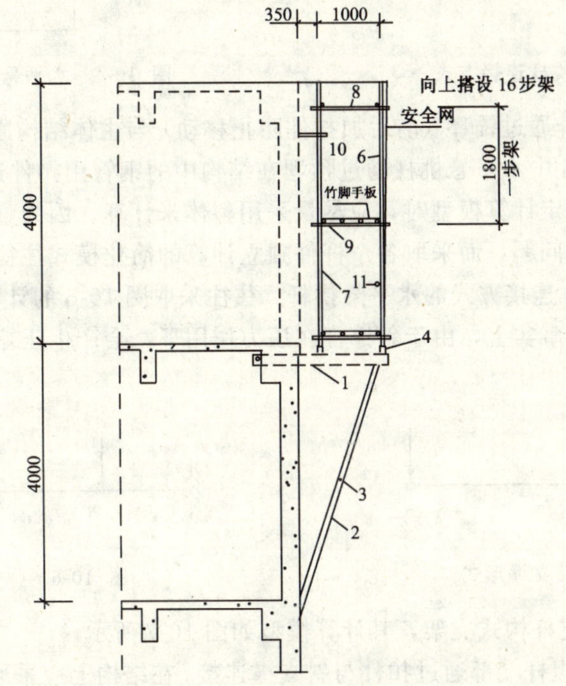

图 10-2 挑梁支托式脚手架示意图

1—水平槽钢；2—斜支撑槽钢；3—纵向联系钢管；4—立杆底座；5—抗拉短钢筋；6—外立杆；7—内立杆；8—大横杆；9—小横杆；10—拉结短钢筋；11—栏杆

第二节 悬挑架的设计验算要点

悬挑架计算模型的选择是极其重要的。它必须能真实地反映结构的实际受力情况，否则容易导致杆件受力与实际不符，某些杆件强度不能满足，引起整个结构失稳。计算模型中力的传递路线应明确，尽量通过杆件直接传递到与建筑物结构相连接的节点上。在计算模型确定后，构件的搭设也必须严格按确定好的方案搭设，严禁随意加拆杆件和改变节点连接方式。

1. 挑支杆构式脚手架

挑支杆构式桁架主要由内外斜撑、水平挑杆和桁架腹杆组成，桁架腹杆的作用主要是减少内外斜撑的计算长度，但同时会产生附加节点弯矩。另外桁架之间须加纵向联系杆，以减少内外斜撑平面外计算长度。

挑支杆构式桁架的计算模型主要取决于水平悬挑杆与建筑物的连接方式。从实际工程情况来看主要有两种连接方式，如图 10-3 和图 10-4 所示。

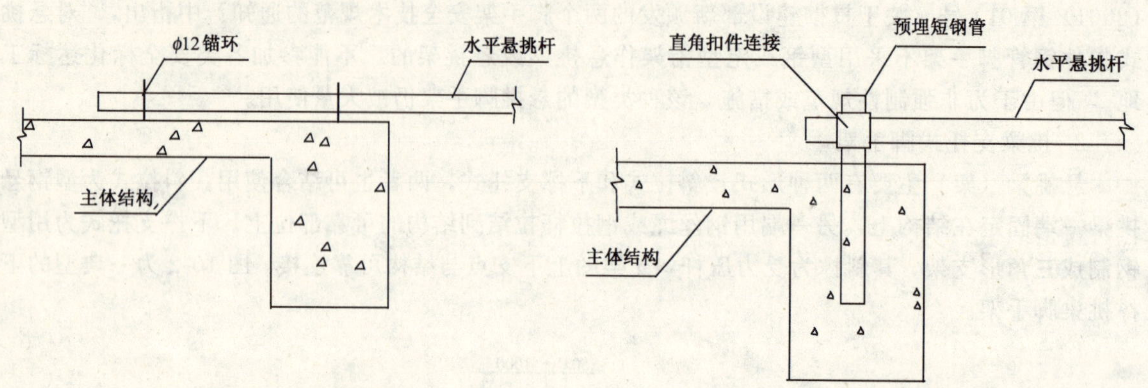

图 10-3　水平悬挑杆连接方式一　　图 10-4　水平悬挑杆连接方式二

图 10-3 中水平悬挑杆通过锚环（前后加扣件防止移动）与主体结构固结，水平悬挑杆承受弯矩、剪力和轴力。图 10-4 中水平悬挑杆通过预埋在结构中的钢管用扣件连接，属于铰接形式。

挑支杆构式支架在确定计算模型时，应尽量采用整体来计算。因为整个支架不仅存在内力平衡，而且还存在变形协调问题，而采取各个杆件独立计算的简化模式往往忽略了杆件之间的变形协调。例如对采取图 10-3 连接方式的水平悬挑杆，往往采取图 10-5 的计算模型，即按一端固定，一端简支的梁来计算，而事实上，由于斜撑杆在压力作用下，会产生压缩变形，简支端应为一弹簧形式（图 10-6）。

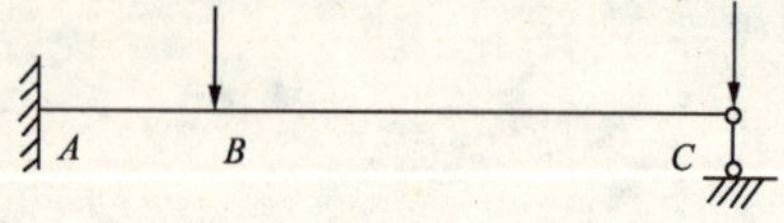

图 10-5　铰接支撑形式

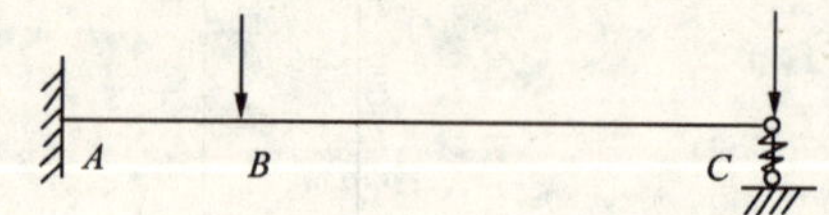

图 10-6　弹簧支撑形式

对于图 10-1 所示挑支杆构式支架，其计算模型如图 10-7 所示。

值得注意的是，两根腹杆端部通过扣件与斜支撑连接，在结构上应采取半铰形式。

有的建筑项目中，在搭设悬挑脚手架时无内斜撑，这将大大增加水平悬挑杆端部的弯矩，甚至超出钢管的极限承载力。在后面的算例中将对有无内斜撑两种形式进行分析比较。

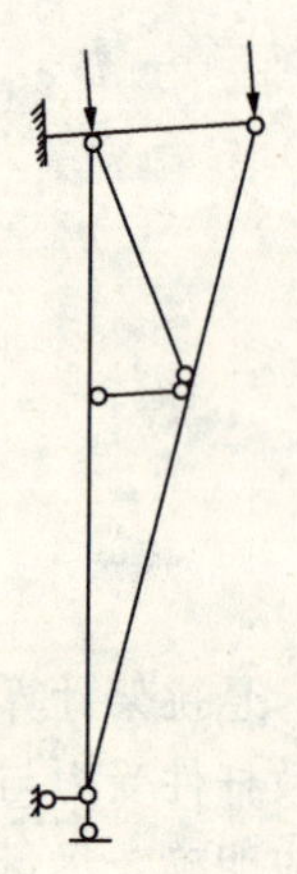

图 10-7　计算简图

钢管挑支架的验算项目：

(1) 水平悬挑杆强度计算；

(2) 水平悬挑杆挠度计算，应不大于容许挠度 $[\nu]=l/400$；

(3) 内外斜撑稳定性计算；

(4) 腹杆稳定性计算；

(5) 腹杆、内外斜撑长细比计算，一般受压构件不应大于 200，受拉构件不应大于 350；

(6) 杆件与结构连接处预埋件或其他连接件计算；

(7) 扣件抗滑计算。

上述验算项目计算公式将在例题中一并体现。

2. 挑梁支托式脚手架

采用型钢作脚手架挑支架，上面可搭设的脚手架步数远大于钢管挑支架，可达十几步以上，具体根据计算确定。根据脚手架立杆是否直接立在水平悬挑梁上，型钢挑支架可分为两种形式，当型钢支架间距与脚手架立杆纵距相同时，上部脚手架荷载通过立杆直接传至型钢支架；当型钢支架间距较大时，在支架之间连以纵向型钢，上部脚手架荷载通过立杆先传至纵向型钢梁上，然后传给支架。两者计算模式相同，只不过后者增加一根水平梁的验算项目。在算例中，采取前者作为计算模型。

型钢挑支架主要由水平悬挑梁和斜撑组成，为减少斜撑在平面内的长细比，有时须增加斜腹杆，支架斜撑之间须增加纵向联系杆加强挑支架间整体稳定性，并减少斜撑在平面外的长细比。

型钢挑支架的计算模型也主要取决于水平悬挑梁端部与建筑物主体结构连接的方式，一种固结方式，一种铰接方式。固结方式主要有两种：一种是将钢挑梁直接埋入建筑物结构的墙或梁内，沿垂直方向的剪力由钢挑梁承受，平面内的弯矩由上部结构自重产生的压力与之平衡，轴向拉力则可由销入钢梁端部的短钢筋承受。当结构钢筋过密或截面薄，钢挑梁直接埋入有困难，则可埋入预埋件，钢挑梁焊于预埋件上。

铰接方式是在结构墙或梁上预留略大于钢梁截面的孔洞，搭设时将钢梁插入孔洞，用销入钢梁端部的短钢筋限位。

从现场操作的繁易程度来看，铰接处理方式较固结处理方式简便，特别是将钢梁直接埋入结构内，如在浇筑混凝土时就埋入钢梁，现场支模难度很大，预留孔洞到后期再塞填细石混凝土，施工时也很麻烦，并且难以做到真正嵌固。从受力情况来看，固结端受力比较复杂，而铰接端则受力路线要明确得多。后面算例将对两种连接方式受力进行比较。

一般来说，斜撑的线刚度远小于横梁，因此斜撑按轴心受压杆件进行计算。

型钢挑支架的计算也应采取整体计算方式，考虑变形协调关系。对于图 10-2 中的型钢挑支架，其计算简图如图 10-8 所示。

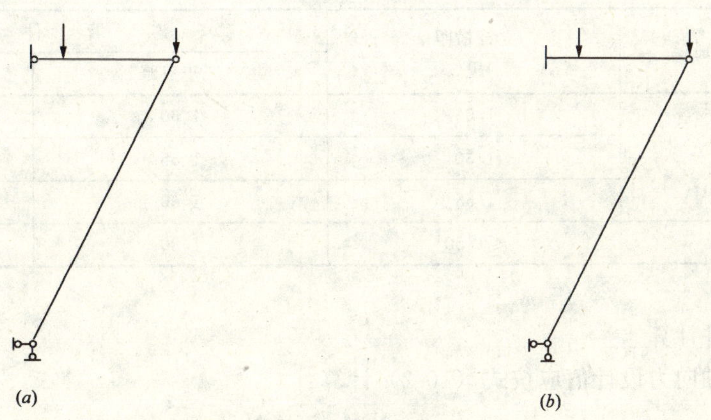

图 10-8 型钢挑支架计算简图

(a) 铰接方式；(b) 固结方式

型钢挑支架的验算项目主要有：

（1）水平挑梁的强度计算（由于其上有脚手架纵向大横杆或纵向型钢梁联系，不必验算其整体稳定性）；

（2）水平挑梁的最大挠度计算；

（3）斜撑平面内稳定性计算；

（4）斜撑平面外稳定性计算；

（5）斜撑下端部预埋件及焊缝计算；

（6）水平挑梁下混凝土局部承压计算；

（7）水平挑梁端部销筋抗剪计算。

如水平挑梁采用与预埋件焊接形式，尚应验算预埋件及焊缝。

上述验算项目计算公式将一并在例题中体现。

3. 悬挑支架上部脚手架

悬挑支架上部脚手架的计算项目同一般脚手架相同，主要验算项目包括：

（1）纵向、横向水平杆等受弯构件的强度和连接扣件的抗滑承载力计算；

（2）立杆的稳定性计算；

（3）连墙件的强度、稳定性和连接强度的计算。

一般构件的强度、稳定性计算同《钢结构设计规范》（GB 50017—2003）规定，在《建筑施工扣件式钢管脚手架安全技术规范》（JGJ 130—2001）中也有说明。这里对《建筑施工扣件式钢管脚手架安全技术规范》（JGJ 130—2001）中特殊的计算内容讨论，其余验算项目也将在例题中体现。

（1）立杆计算长度

计算立杆稳定性时，需计算立杆的计算长度，《建筑施工扣件式钢管脚手架安全技术规范》（JGJ 130—2001）第 5.3.5 条对立杆的计算长度规定如下：

$$l_0=k\mu h \tag{10-1}$$

式中 k——计算长度附加系数，取 1.155；

μ——考虑脚手架整体稳定因素的单杆计算长度系数，按表 10-1 采用；

h——立杆步距。

脚手架立杆的计算长度系数 μ 表 10-1

类别	立杆横距 (m)	连墙件布置	
		二步三跨	三步三跨
双排架	1.05	1.50	1.70
	1.30	1.55	1.75
	1.55	1.60	1.80
单排架	≤1.50	1.80	2.00

（2）连墙件计算

连墙件的轴向力设计值应按式（10-2）计算：

$$N_l=N_{lw}+N_0 \tag{10-2}$$

$$N_{lw}=1.4\cdot w_k\cdot A_w$$

式中 N_l——连墙件轴向力设计值（kN）；

N_{lw}——风荷载产生的连墙件轴向力设计值，应按《建筑施工扣件式钢管脚手架安全技术规范》（JGJ 130—2001）第 5.4.2 条的规定计算；

N_0——连墙件约束脚手架平面外变形所产生的轴向力(kN)，单排架取 3kN，双排架取 5kN；

A_w——每个连墙件的覆盖面积内脚手架外侧面的迎风面积；

w_k——风荷载标准值。

除需验算连墙件本身的强度外，其连接扣件应按下式验算抗滑承载力。

$$R \leqslant R_c \tag{10-3}$$

式中 R——纵向、横向水平杆传给立杆的竖向作用力设计值；

R_c——扣件抗滑承载力设计值。

(3) 预埋件计算

由锚板和对称配置的直锚筋所组成的受力预埋件，其锚筋的总截面面积 A_s 应按下列公式计算：

当有剪力、法向拉力和弯矩共同作用时，按式（10-4）及式（10-5）计算，并取其中的较大值：

$$A_s \geqslant \frac{V}{\alpha_r \alpha_v f_y} + \frac{N}{0.8\alpha_b f_y} + \frac{M}{1.3\alpha_r \alpha_b f_y z} \tag{10-4}$$

$$A_s \geqslant \frac{N}{0.8\alpha_b f_y} + \frac{M}{0.4\alpha_r \alpha_b f_y z} \tag{10-5}$$

当有剪力、法向压力和弯矩共同作用时，按式（10-6）及式（10-7）计算，并取其中的较大值：

$$A_s \geqslant \frac{V-0.3N}{\alpha_r \alpha_v f_y} + \frac{M-0.4Nz}{1.3\alpha_r \alpha_b f_y z} \tag{10-6}$$

$$A_s \geqslant \frac{M-0.4Nz}{0.4\alpha_r \alpha_b f_y z} \tag{10-7}$$

当 $M < 0.4Nz$ 时，取 $M-0.4Nz=0$

上述公式中的系数，应按式（10-8）及式（10-9）计算：

$$\alpha_v = (4.0-0.08d)\sqrt{\frac{f_c}{f_y}} \tag{10-8}$$

当 $\alpha_v > 0.7$ 时，取 $\alpha_v = 0.7$；

$$\alpha_b = 0.6 + 0.25\frac{t}{d} \tag{10-9}$$

当采取措施防止锚板弯曲变形时，可取 $\alpha_b = 1$。

式中 V——剪力设计值；

N——法向拉力或法向压力设计值；法向压力设计值应符合 $N \leqslant 0.5 f_c A$，此处，A 为锚板的面积；

M——弯矩设计值；

α_r——锚筋层数的影响系数；当等间距配置时，二层取 1.0；三层取 0.9；四层取 0.85；

α_v——锚筋的受剪承载力系数；

d——锚筋直径，mm；

α_b——锚板弯曲变形的折减系数；

t——锚筋厚度；

z——外层锚筋中心线之间的距离。

受力预埋件的锚板，宜采用 Q235 钢。锚筋应采用 HPB235 级或 HRB335 级钢筋，不得采用冷加工钢筋。预埋件的受力直锚筋不宜少于 4 根，也不宜多于 4 层，其直径不宜小于 8mm，亦不宜大于 25mm。对受剪预埋件的直锚筋，可采用 2 根。

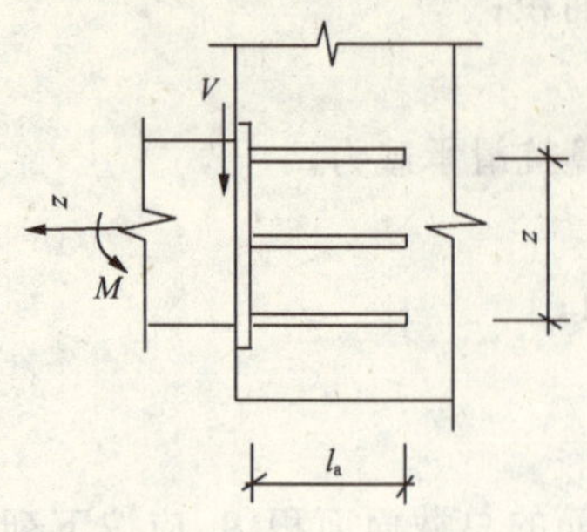

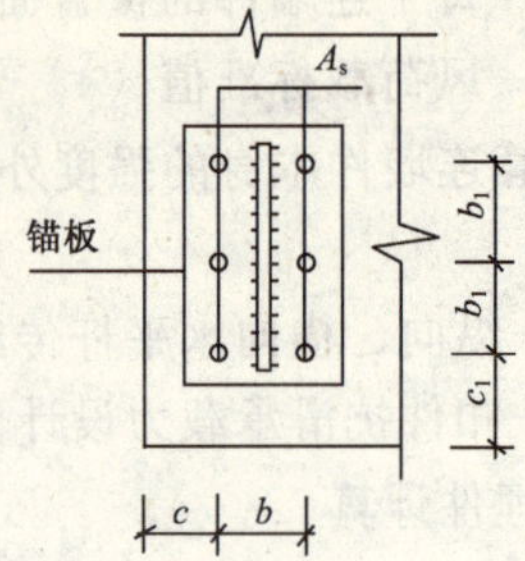

图 10-9 预埋件细部构造

直锚筋与锚板应采用T形焊。锚筋直径小于或等于20mm时，宜采用压力埋弧焊；锚筋直径大于20mm时，宜采用穿孔塞焊。当采用手工焊时，焊缝高度不宜小于6mm及0.5d（HPB235级钢筋）或0.6d（HRB335级钢筋）。受拉锚筋的锚固长度应符合《混凝土结构设计规范》（GB50010）中受拉钢筋的最小锚固长度要求，当难以满足时，可采取与结构主筋焊接等有效锚固措施。受剪和受压直锚筋的锚固长度不应小于15d。

锚板厚度应大于锚筋直径的0.6倍。受拉和受弯预埋件的锚板厚度尚应大于$b/8$，此处，b为锚筋的间距。锚筋中心至锚板边缘的距离不应小于2d及20mm。对受拉和受弯预埋件，其锚筋的间距b及b_1和锚筋至构件边缘的距离c、c_1均不应小于3d及45mm。受剪预埋件，其锚筋的间距b及b_1不应大于300mm，其中，b_1不应小于6d及70mm，锚筋至构件边缘的距离c_1不应小于6d及70mm，b、c不应小于3d及45mm。

第三节　荷载计算、荷载组合及基本设计规定

1. 荷载计算

作用于脚手架的荷载分为永久荷载（恒荷载）和可变荷载（活荷载）。永久荷载包括脚手架结构自重和构配件自重，可变荷载分为施工荷载和风荷载。脚手架结构自重和构配件自重标准值可查阅《建筑施工扣件式钢管脚手架安全技术规范》（JGJ 130—2001）。装修与结构脚手架作业层上的施工均布活荷载标准值为：当为装修脚手架时，其标准值为2kN/m²；当为结构脚手架时，其标准值为3kN/m²。在计算脚手架及其下部悬挑架时，一般按两步架同时作业计算。

作用于脚手架上的水平风荷载标准值，根据《建筑施工扣件式钢管脚手架安全技术规范》（JGJ 130—2001）按下式计算：

$$w_k = 0.7\mu_z \cdot \mu_s \cdot w_0$$

式中　w_k——风荷载标准值，kN/m²；

μ_z——风压高度变化系数，按《建筑结构荷载规范》（GB 50009—2001）规定采用；

μ_s——脚手架风荷载体型系数，根据《建筑施工扣件式钢管脚手架安全技术规范》（JGJ 130—2001）表4.2.4规定采用；

w_0——基本风压（kN/m²），按《建筑结构荷载规范》（GB 50009—2001）规定采用。

脚手架的风荷载体型系数按《建筑施工扣件式钢管脚手架安全技术规范》（JGJ 130—2001）表4.2.4取，即表10-2所示：

脚手架的风荷载体型系数 μ_s 表 10-2

<table>
<tr><td colspan="2">背靠建筑物的状况</td><td>全封闭墙</td><td>敞开、框架和开洞墙</td></tr>
<tr><td rowspan="2">脚手架状况</td><td>全封闭、半封闭</td><td>1.0φ</td><td>1.3φ</td></tr>
<tr><td>敞开</td><td colspan="2">μ_{stw}</td></tr>
</table>

注：1. μ_{stw}值可将脚手架视为桁架，按国家标准《建筑结构荷载规范》（GB 50009—2001）表 6.3.1 第 32 项和第 36 项的规定计算；

2. φ 为挡风系数，$\varphi=1.2A_n/A_w$，，其中 A_n 为挡风面积；A_w 为迎风面积。敞开式单、双排脚手架的 φ 值宜按《建筑施工扣件式钢管脚手架安全技术规范》（JGJ 130—2001）附录 A 表 A－3 采用。

从表 10-2 中可以看出，计算风荷载体型系数 μ_s 关键是求出挡风系数 φ，在规范表 4.2.4 注 2 中仅给出敞开式单、双排脚手架的 φ 值，而事实上目前的建筑工程其脚手架外一般满挂密目式安全网，《建筑施工扣件式钢管脚手架安全技术规范》（JGJ 130—2001）没有对密目式安全网挡风系数的取值作出规定，导致仁者见仁、智者见智，有的取 0.4，有的取 0.5，而挡风系数取值的混乱，将直接导致脚手架附墙件及其他特殊脚手架附墙装置设计计算的混乱。因此有关权威部门应尽快对密目式安全网的挡风系数作出规定，以利相关安全技术规范的执行。

2. 荷载效应组合

脚手架的承载能力应按概率极限状态设计法的要求，采用分项系数设计表达式进行设计。对于脚手架中的受弯构件，尚应根据正常使用极限状态的要求验算变形，验算构件变形时，应采用荷载短期效应组合的设计值。

当无风荷载参加组合时，荷载效应组合的设计值为：

$$S=\gamma_G S_G+\gamma_Q S_Q$$

当有风荷载参加组合时，荷载效应组合的设计值为：

$$S=\gamma_G S_G+\varphi_W\ (\gamma_W S_W+\gamma_Q S_Q)$$

式中 S——荷载效应组合的设计值；

S_G——永久荷载的标准值；

S_Q——施工均布活荷载的标准值；

S_W——风荷载的标准值；

γ_G——永久荷载的分项系数，计算强度及稳定性时取 1.2，计算挠度变形时取 1.0；

γ_Q——施工均布活荷载的分项系数，计算强度及稳定性时取 1.4，计算挠度变形时取 1.0；

γ_W——风荷载分项系数，计算强度及稳定性时取 1.4，计算挠度变形时取 1.0；

φ_W——风荷载组合系数，取 0.85。

在设计时，应根据使用过程中可能出现的最不利组合进行计算，荷载效应组合列表如表 10-3 所示。

荷载效应组合 表 10-3

<table>
<tr><td>计 算 项 目</td><td colspan="2">荷 载 效 应 组 合</td></tr>
<tr><td>纵向、横向水平杆强度</td><td colspan="2">$1.2\times S_G+1.4\times S_Q$</td></tr>
<tr><td>纵向、横向水平杆变形</td><td colspan="2">$1.0\times S_G+1.0\times S_Q$</td></tr>
<tr><td rowspan="2">脚手架立杆稳定性</td><td colspan="2">①$1.2\times S_G+1.4\times S_Q$</td></tr>
<tr><td colspan="2">②$1.2\times S_G+0.85\times\ (1.4\times S_Q+1.4\times S_W)$</td></tr>
<tr><td rowspan="2">连墙件承载力</td><td>单排架</td><td>$1.4\times S_W+3.0$kN</td></tr>
<tr><td>双排架</td><td>$1.4\times S_W+5.0$kN</td></tr>
</table>

3. 基本设计规定

一般来说，钢材本身、螺栓、焊缝等的强度设计值应按照国家标准《钢结构设计规范》（GB50017—2003）中的规定取值，但《建筑施工扣件式钢管脚手架安全技术规范》（JGJ 130—2001）中第5.1.6条规定Q235钢抗拉、抗压和抗弯强度设计值为205N/mm²，与《钢结构设计规范》略有不同。其余未说明处皆应遵循《钢结构设计规范》（GB 50017—2003）中的有关内容。

扣件、底座的承载力设计值见表10-4所示，受弯构件挠度不应超过表10-5中规定的容许值。

扣件、底座的承载力设计值（kN） **表10-4**

项　　目	承载力设计值
对接扣件（抗滑）	3.20
直角扣件、旋转扣件（抗滑）	8.00
底座（抗压）	40.00

注：扣件螺栓拧紧扭力矩不应小于40N·m，且不应大于65N·m。

受 弯 构 件 的 容 许 挠 度 **表10-5**

构 件 类 别	容 许 挠 度 [v]
脚手板，纵向横向水平杆	l/150与10mm
悬挑受弯构件	l/400

注：l为受弯构件的跨度。

受压、受拉构件的长细比不应超过表10-6规定的容许值。

受压、受拉构件的容许长细比 **表10-6**

构 件 类 别		容许长细比 [λ]
立　　杆	双排架	210
	单排架	230
横向斜撑、剪刀撑中的压杆		250
拉杆		350

注：计算λ时，立杆的计算长度按$l_0=k\mu h$计算但k值取1.00，本表中其他杆件的计算长度按$l_0=\mu l=1.27l$计算。

对于挑架中的受压和受拉构件的长细比，应采取《钢结构设计规范》（GB 50017—2003）中的规定。一般受压构件容许长细比 [λ] =150，受拉构件容许长细比 [λ] =350，用于减少受压构件长细比的杆件，其容许长细比 [λ] =200。

第四节 计 算 实 例

一、钢管悬挑脚手架

（一）荷载计算

取钢管38.4N/m，扣件15N/个，竹笆脚手板350N/m²，栏杆和木脚手板挡板140N/m，在悬挑5步架范围内，按装修施工，两步架同时作业，施工荷载2kN/m²，三角承力架钢管自重忽略不计，恒载分项系数 1.2，活载取 1.4，纵向 1.5m 为一计算单元。

1. 每步架（1.8m）脚手荷载标准值

内外立杆：	1.8×38.4×2＝138.2N
纵向水平杆：	1.5×38.4×4＝230.4N
横向水平杆：	1.2×38.4×2＝92.2N
扣　　件：	15×7＝105N
竹　　笆：	1.5×1.0×350＝525N
安全网：	1.8×1.5×5＝13.5N
剪刀撑等：	＝150N
合　　计：	1254.3N

2. 一步施工荷载标准值：

1.5×1×2000＝3000N

3. 每根立杆所受荷载（搭设 5 步架）P

$$P=\frac{1}{2}\ (1254.3\times5\times1.2+3000\times1.4\times2)\ =7.96\text{kN}$$

（二）计算简图

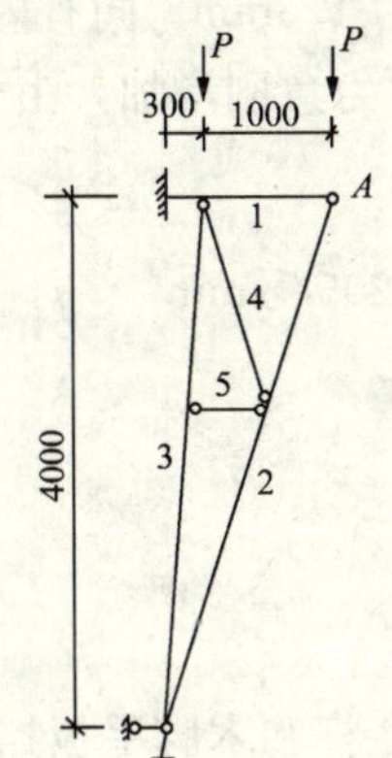

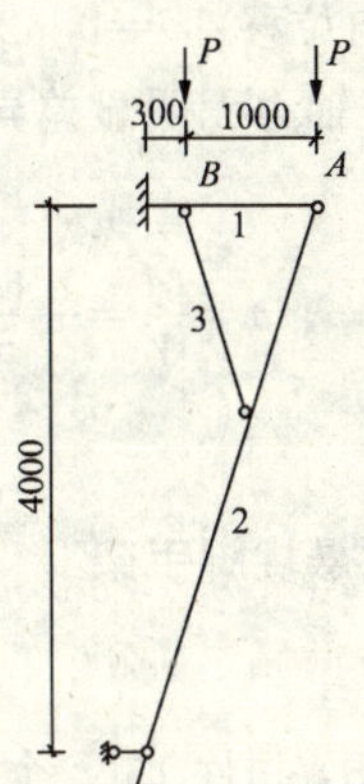

图 10-10　悬挑脚手架计算简图

（三）斜杆计算

1. 外斜杆 2 内力为：$N=-8.46\text{kN}$

$$\lambda=\frac{l}{i}=\frac{2103}{15.8}=133<[\lambda]=150，\varphi=0.381$$

$$\sigma=\frac{N}{\varphi A}=\frac{8.46\times10^3}{0.381\times489}=45.4\text{N/mm}^2<f=205\text{N/mm}^2$$

2. 内斜杆 3 内力为：$N=-6.81\text{kN}$

$$\lambda=\frac{l}{i}=\frac{2006}{15.8}=127<[\lambda]=150，\varphi=0.412$$

$$\sigma=\frac{N}{\varphi A}=\frac{6.81\times10^3}{0.412\times489}=33.8\text{N/mm}^2<f=205\text{N/mm}^2$$

（四）水平杆 1 计算：

内力为：$N=3.12\text{kN}$，$M=0.25\text{kN}\cdot\text{m}$，$V=1.09\text{kN}$

$$\sigma_1=\frac{N}{A}=\frac{3120}{489}=6.4\text{N/mm}^2,\ \sigma_2=\frac{M}{W}=\frac{0.25\times10^6}{5080}=49.2\text{N/mm}^2$$

$$\sigma=\sigma_1+\sigma_2=55.6\text{N/mm}^2<f=205\text{N/mm}^2$$

（五）水平挑杆端部 A 竖向位移：

$$v=0.3\text{mm}<[v]=l/400=1300/400=3.25\text{mm}$$

（六）腹杆 4、5：通过分析可知，腹杆 4、5 不直接受力，但对增加挑架的整体刚度和稳定性以及减少内外斜撑的自由长度起至关重要的作用。在本例中，如果不设置腹杆，内外斜撑的长细比将达到 260 左右，不满足要求，同时，其轴心受压的稳定系数 φ 将急剧降低，承载能力也将不满足要求。

比较一：水平杆端部铰接形式。

外斜杆内力：$N=-8.45\text{kN}$；内斜杆内力：$N=-7.73\text{kN}$；水平挑杆内力：$N=3.18\text{kN}$，$M=0.05\text{kN}\cdot\text{m}$，$V=0.18\text{kN}$；水平挑杆端部位移 $v=0.3\text{mm}$。同水平杆端部固结形式相比，外斜杆轴力、内斜杆轴力、水平挑杆轴力及水平挑杆端部竖向位移差别很小，但水平挑杆弯矩减小较多。因此，从受力情况来看，两种连接方式并无明显差异，但从构造上来看，铰接方式连接较为简单。

比较二：无内斜杆形式。

外斜杆 2 内力：$N=-8.97\text{kN}$；水平挑杆 1 内力：$N=2.8\text{kN}$，$M=1.62\text{kN}\cdot\text{m}$，$V=7.29\text{kN}$；水平挑杆端部 A 竖向位移：$v=0.32\text{mm}$，但 B 点位移较大，为 1.3mm。同有内斜杆形式相比较，无内斜杆时，外斜杆轴力无明显差异，但水平挑杆的弯矩和剪力急剧增加，由于弯矩造成的正应力为：

$$\sigma=\frac{M}{W}=\frac{1.62\times10^6}{5080}=319\text{N/mm}^2>f=205\text{N/mm}^2$$

已不能满足要求。

二、挑梁支托式悬挑脚手架

（一）荷载计算

取钢管 38.4N/m，扣件 15N/个，竹笆脚手板 350N/m²，栏杆和木脚手板挡板 140N/m，在悬挑 7 层步架范围内（层高 4m），按装修施工，两步架同时作业，施工荷载 2kN/m²，恒载分项系数 1.2，活载取 1.4，纵向 1.5m 为一计算单元。每根支架挑 7 层，共 28m，步数为 16 步。

挑梁采用［16 槽钢，下撑斜杆采用［10 槽钢，下撑斜杆中点用 ϕ48/3.5 钢管纵向连接，防止平面外失稳。上部脚手架通过立杆支座焊在横梁上，立杆底部通过扫地杆将挑架连成整体。

斜杆与框架梁的连接预埋件在混凝土浇捣时预埋，横梁与上部框架梁的连接采取预留洞口的方式。

槽钢挑梁穿过混凝土梁后，在腹板上开孔插 ϕ20 短钢筋一根抗剪，抵抗水平力。

1. 一步架（1.8m）脚手荷载标准值

内外立杆：	1.8×38.4×2=138.2N
纵向水平杆：	1.5×38.4×4=230.4N
横向水平杆：	1.2×38.4×2=92.2N
扣　件：	15×7=105N
竹　笆：	1.5×1.0×350=525N
安全网：	1.8×1.5×5=13.5N
栏杆及踢脚板：	1.5×140=210N

剪刀撑等：　　　　　　　　　　$=150\text{N}$

合　　计：　　　　　　　　　　1464.3N

2. 一步施工荷载标准值：

$$1.5\times1\times2000\times2=6000\text{N}$$

3. 每根立杆所受荷载（搭设16步架）P

$$P=\frac{1}{2}(1464.3\times16\times1.2+6000\times1.4)=18.3\text{kN}$$

（二）计算简图

[16槽钢横梁插入预留洞口，其节点为铰接形式。

（三）[16槽钢横梁计算

铰接模式：2号节点受力为：

$$M=4.22\text{kN}\cdot\text{m},\ N=7.32\text{kN},\ Q=14.1\text{kN}$$

$$\sigma_1=\frac{N}{A}=\frac{7.32\times10^3}{2195}=3.3\text{N/mm}^2$$

$$\sigma_2=\frac{M}{W}=\frac{4.22\times10^6}{108.3\times10^3}=39\text{N/mm}^2$$

$$\sigma=\sigma_1+\sigma_2=42.3\text{N/mm}^2<f=205\text{N/mm}^2$$

$$\tau-\frac{Q}{l_w t_w}-\frac{14.1\times10^3}{160\times6.5}=13.6\text{N/mm}^2<f_v=125\text{N/mm}^2$$

满足要求。

（四）[10槽钢斜杆（斜杆与斜杆中间加ϕ48/3.5钢管支撑）计算

铰接模式：$N=23.7\text{kN}$

$$\lambda_x=\frac{l}{i_x}=\frac{4207}{39.5}=107,\ \varphi_x=0.511$$

$$\lambda_y=\frac{l}{i_y}=\frac{4207}{2\times14.1}-149,\ \varphi_y-0.308$$

$$\sigma=\frac{N}{\varphi A}=\frac{23.7\times10^3}{0.308\times1274}=60.4\text{N/mm}^2<f=205\text{N/mm}^2$$

满足要求。

（五）斜杆预埋件计算

铰接模式：$N=7.32\text{kN}$，$V=22.5\text{kN}$

板厚$t=10\text{mm}$，钢筋为4Φ16，锚固35d。

$$A_s>\frac{V}{\alpha_r\alpha_v f_y}+\frac{N}{0.8\alpha_b f_y}$$

$$\alpha_r=0.9,\ \alpha_v=(4-0.08d)\sqrt{\frac{f_c}{f_y}}=(4-0.08\times16)\sqrt{\frac{15}{310}}=0.598$$

$$\alpha_b=0.6+0.25\frac{t}{d}=0.6+0.25\times\frac{10}{16}=0.756$$

$$A_s=4\times\frac{\pi}{4}\times16^2=804\text{mm}^2$$

$$\frac{V}{\alpha_r\alpha_v f_y}+\frac{N}{0.8\alpha_b f_y}=\frac{19200}{0.9\times0.598\times310}+\frac{6500}{0.8\times0.756\times310}=150\text{mm}^2<A_s$$

满足要求。

（六）斜杆与预埋件焊缝计算

在压力作用下：

$$\sigma_f=\frac{N}{h_e l_w}\leqslant\beta_f f_f^w$$

在剪力作用下：

$$\tau_f=\frac{V}{h_e l_w}\leqslant f_f^w$$

在压力和剪力的综合作用下：

$$\sqrt{\left(\frac{\sigma_f}{\beta_f}\right)^2+\tau_f^2}\leqslant f_f^w$$

式中 σ_f——按焊缝有效截面（$h_e l_w$）计算，垂直于焊缝长度方向的应力；

τ_f——按焊缝有效截面（$h_e l_w$）计算，沿焊缝长度方向的剪应力；

h_e——角焊缝的有效厚度，对直角角焊缝等于 $0.7h_f$，h_f 为较小焊脚尺寸；

l_w——角焊缝的计算长度，对每条焊缝取其实际长度减去 10mm；

f_f^w——角焊缝单色强度设计值，对 Q235 钢，$f_f^w=160\text{N/mm}^2$；

β_f——正面角焊缝的强度设计值增大系数，对承受静力荷载和间接承受动力荷载的结构，$\beta_f=1.22$。

本例中，$N=7.32\text{kN}$，$V=22.5\text{kN}$，$h_f=6\text{mm}$，$h_e=0.7\times6=4.2\text{mm}$，焊缝实际长度 100mm，计算长度 90mm，双面焊，则

$$\sigma_f=\frac{7320}{2\times4.2\times90}=9.7\text{N/mm}^2<1.22\times160=195.2\text{N/mm}^2$$

$$\tau_f=\frac{22500}{2\times4.2\times90}=29.76\text{N/mm}^2<160\text{N/mm}^2$$

$$\sqrt{\left(\frac{9.7}{1.22}\right)^2+29.76^2}=30.8\text{N/mm}^2<160\text{N/mm}^2$$

满足要求。

（七）型钢挑梁端部销入钢筋验算

挑梁所受轴向拉力有可能使挑梁产生水平位移，故一般均在型钢挑梁端部设置锚固件，锚固件多用短钢筋销入钢挑梁端部孔内，这种情况下需验算锚筋的抗剪强度：

$$\tau=\frac{N/n}{A}\leqslant f_v$$

式中 N——轴向拉力，N；

n——锚筋的数量；

A——锚筋截面面积，mm^2；

f_v——锚筋的抗剪设计强度，N/mm^2。

在本例中，$N=7.32\text{kN}$，采用一根 $\phi20$ 短钢筋作为锚筋。

$$\tau=\frac{7.32\times10^3}{314.2}=23.3\text{N/mm}^2<f_v$$

（八）钢挑梁插入端混凝土局部承压验算验算

$$F_l\leqslant1.5\beta f_c A_l$$

式中 F_l——局部荷载设计值（N）；

f_c——混凝土轴心抗压强度设计值（N/mm^2）；

A_l——混凝土局部承压净面积（mm^2）；

β——混凝土局部承压强度提高系数；

$$\beta=\sqrt{\frac{A_b}{A_l}}$$

A_b——混凝土局部受压时的计算底面积。

本例中，$F_l=14100\text{N}$，混凝土 C30，$f_c=15\text{N/mm}^2$，$A_l=90\times250\text{mm}^2$，偏安全，取 $\beta=1$。

$$14100N<1.5\times15\times90\times250=506250\text{N}$$

满足要求。

三、脚手架计算

纵向和横向水平杆的支承方式将直接影响其计算模式的建立，当采用竹笆脚手板时，纵向水平杆应采用直角扣件固定在横向水平杆上，并应等间距设置，间距不应大于 400mm。当使用冲压钢脚手板、木脚手板、竹串片脚手板时，纵向水平杆应作为横向水平杆的支承，用直角扣件固定在立杆上。从工程的实际搭设情况来看，采用前者居多，因此在后面的计算中，将采用前者计算模式，即横向水平杆作为纵向水平杆的支承，见图 10-11 所示。计算中，步距为 1.8m，纵距为 1.5m，横距为 1.05m，横向水平杆内挑长度为 0.3m。

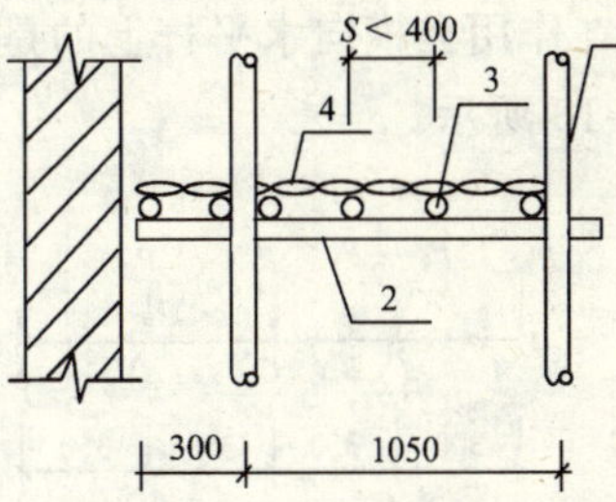

图 10-11　脚手架构造

1—立杆；2—横向水平杆；3—纵向水平杆；4—竹笆脚手板

（一）纵向水平杆计算

根据《建筑施工扣件式钢管脚手架安全技术规范》JGJ 130—2001 中 5.2.4 条有关规定，纵向水平杆宜按三跨连续梁计算，计算跨度取纵距 l_a。为保证安全可靠，其内力（弯矩、支座反力）应按不利荷载组合计算。

荷载标准值计算：

竹　　笆：　　$350\times0.35=122.5\text{N/m}$

施工荷载：　　$3000\times0.35=1050\text{N/m}$

计算挠度时，其荷载为：$q'=122.5+1050=1172.5\text{N/m}$

计算弯矩时，其荷载为：$q=122.5\times1.2+1050\times1.4=1617\text{N/m}$

按三跨连续梁考虑，其荷载不利组合有五种形式，如图 10-12 所示。

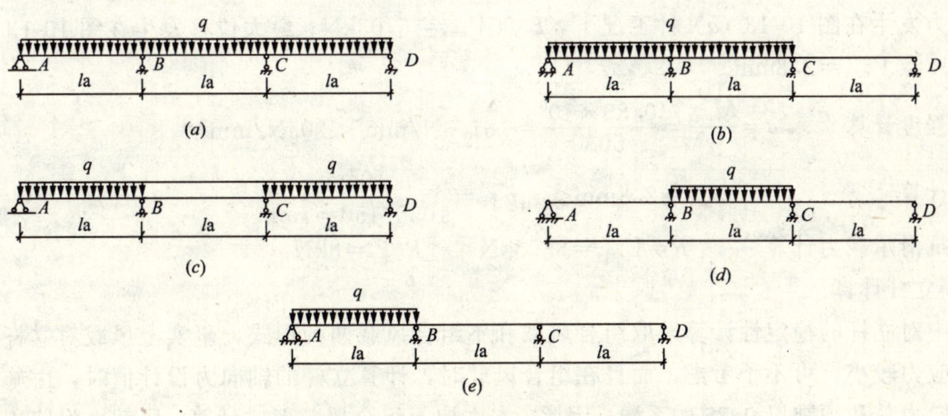

图 10-12　纵向水平杆荷载组合形式

通过对上述五种情况的内力分析可以得到，最大弯矩发生在图 10-12（b）种形式下，在支座

B 点处，最大弯矩为 $0.117ql_a^2$，而最大位移发生在图 10-12（c）种形式下，在 AB 跨或 CD 跨跨中，最大位移为 $\frac{0.99q'l_a^4}{100EI}$，最大剪力发生在图 10-12（$b$）种形式下，在支座 B 左端为 $0.617ql_a$。

抗弯强度计算 $M_{max}=0.117ql_a^2=0.117\times1.617\times1.5^2=0.43\text{kN}\cdot\text{m}$

$$\sigma=\frac{M}{W}=\frac{0.43\times10^6}{5080}=84.6\text{N/mm}^2<205\text{N/mm}^2$$

挠度计算 $v=\frac{0.99\times1.1725\times1500^4}{100\times2.06\times10^5\times12.19\times10^4}=2.34\text{mm}<[v]=\begin{matrix}10\text{mm}\\ \frac{l_a}{150}=10\text{mm}\end{matrix}$

扣件抗滑承载力计算 $R=0.617\times1.617\times1.5=1.5\text{kN}<[R_c]=8\text{kN}$

钢管的抗剪强度不起控制作用，只要满足扣件的抗滑力计算条件，杆件的抗剪力也肯定满足。

（二）横向水平杆杆计算

作用在横向水平杆上的是纵向水平杆传下来的集中荷载。其荷载不利组合有三种形式，见图 10-13 所示。

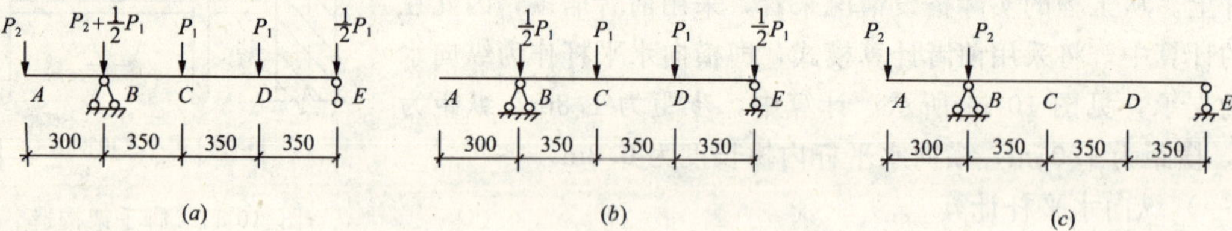

图 10-13 横向水平杆荷载组合形式

荷载计算：

计算强度时

$$P_1=(1.2\times350+1.4\times3000)\times1.5\times0.35=2425.5\text{N}$$
$$P_2=(1.2\times350+1.4\times3000)\times1.5\times0.15=1039.5\text{N}$$

计算变形时

$$P_1=(350+3000)\times1.5\times0.35=1758.8\text{N}$$
$$P_2=(350+3000)\times1.5\times0.15=753.8\text{N}$$

经过计算可知，最大弯矩发生在图 10-13（b）种工况下，C 点或 D 点 $M_{max}=0.85\text{kN}\cdot\text{m}$；最大支座反力发生在图 10-13（$a$）种工况下，$B$ 点 $V_{max}=6.03\text{kN}$；最大位移发生在图 10-13（b）种工况下，A 点 $V_{max}=2.8\text{mm}$。

抗弯强度计算 $\sigma=\frac{M_{max}}{W}=\frac{0.85\times10^6}{5080}=167.3\text{N/mm}^2<205\text{N/mm}^2$

挠度计算 $v_{max}=2.8\text{mm}<[v]=\begin{matrix}10\text{mm}\\ 1050/150=7\text{mm}\end{matrix}$

扣件抗滑承载力计算 $R=V_{max}=6.03\text{kN}<[R_c]=8\text{kN}$

（三）立杆计算

规范中对立杆的稳定性计算采取组合风载和不组合风载两种形式，事实上风载对立杆产生弯矩引起的应力较小，可不予考虑，而且在组合风载时，计算立杆的轴向力设计值时，由施工荷载产生的轴向力总和须乘以 0.85 的系数，因此，本文按不组合风载形式计算。风载由附墙连接杆承受。

本文对支承在悬挑型钢脚手架的立杆进行计算，其轴力为 $N=18.3\text{kN}$，连墙件布置按二步三跨考虑。

立杆计算长度：$l_0=k\mu h=1.155\times1.5\times1.8=3.12\text{m}$

$$\lambda=\frac{l_0}{i}=\frac{3120}{15.8}=197.5<[\lambda]=210,\ \varphi=0.185$$

$$\sigma=\frac{N}{\varphi A}=\frac{18.3\times10^3}{0.185\times489}=202.3\text{N/mm}^2<205\text{N/mm}^2$$

满足要求。

（四）附墙连接计算

连接杆的主要作用是：

（1）承受水平风荷载或风吸力，防止脚手架向内或向外倾覆；

（2）脚手架立柱中间支座，对立柱在垂直于墙面方向位移起一定的约束作用，能提高立柱的承载力，对保证脚手架的整体稳定起重要作用。

作用力：

$$N_l=N_{lw}+N_0$$

$$N_{lw}=1.4w_kA_w$$

$$w_k=0.7\mu_z\mu_sw_0$$

本工程脚手架高度达到 90m，按 90m 高度考虑，$\mu_z=2.02$，上海地区基本风压标准值 $w_0=0.55\text{kN/m}^2$，$\mu_s=1.3\phi=0.52$，其中 ϕ 暂按 0.4 考虑。

连墙件按二步三跨考虑时。

$$A_w=2\times1.8\times1.5\times3=16.2\text{m}^2$$

$$w_k=0.7\times2.02\times0.52\times0.55=0.4\text{kN/m}^2$$

$$N_{lw}=1.4\times0.4\times16.2=9.07\text{kN}$$

$$N_0=5\text{kN}$$

$$N_l=9.07+5=14.07\text{kN}>[R_c]=8\text{kN}$$

连墙件按一步二跨考虑时。

$$A_w=1.8\times1.5\times2=5.4\text{m}^2$$

$$N_{lw}=1.4\times0.4\times5.4=3\text{kN}$$

$$N_l=3+5=8\text{kN}=[R_c]=8\text{kN}$$

由此可见，由于规范中对连墙件约束脚手架平面外变形所产生的轴向力 N_0 取为 5kN，以及密目安全网挡风系数的增大，使得目前广泛采用的连墙件用单扣件连接的方法，难以满足计算要求。特别是当连墙件布置大于一步二跨或二步一跨时，轴力相差较大。

第五节　脚手架安全技术措施

1. 脚手架搭设人员必须是经过按现行国家标准《特种作业人员安全技术考核管理规则》GB 5036 考核合格的专业架子工。上岗人员应定期体检，合格者方可持证上岗。

2. 脚手架搭设前必须对施工人员进行安全技术交底。

3. 脚手架搭设人员必须戴好安全帽，系好安全带，穿好防滑鞋。

4. 作业层上的施工荷载应符合设计要求，不得超载。不得将模板支架、缆风绳、泵送混凝土和砂浆的输送管等固定在脚手架上；严禁悬挂起重设备。

5. 六级及六级以上大风和雾、雨、雪天气应停止脚手架搭设与拆除作业。雨、雪后上架作业应有防滑措施，并应扫除积雪。

6. 在脚手架使用期间，严禁拆除下列杆件：

(1) 主节点处的纵、横向水平杆，纵、横向扫地杆；

(2) 连墙件。

7. 脚手架在使用中，应定期派专人检查杆件的设置和连接、连墙件的构造是否符合要求，检查扣件螺栓是否松动，脚手板上是否超载，如发现有问题，要及时做好维修工作。

8. 脚手架应在下列阶段进行检查与验收，发现问题应及时整改。

(1) 基础完工后及脚手架搭设前，对于悬挑脚手架，应在悬挑型钢架搭好后；

(2) 作业层上施加荷载前；

(3) 每搭设完 10～13m 高度后；

(4) 达到设计高度后；

(5) 遇有六级或六级以上大风与大雨后。

9. 在脚手架上进行电、气焊作业时，必须有防火措施和专人看守。

10. 脚手架应按行业标准《施工现场临时用电安全技术规范》JGJ 46 做好接地避雷措施。

11. 搭拆脚手架时，地面应设围栏和警戒标志，专人统一指挥和监护。

12. 拆除脚手架按搭设反顺序进行拆除，把架子各部分材料传递到楼层内或地面，不准向下抛扔，并要做到一步一清、一杆一清工作。

13. 搭设脚手架各部材料必须符合规定质量要求，方可使用。

14. 对于悬挑脚手架，尚需注意以下事项：

(1) 严格按照计算书的尺寸、间距搭设悬挑架，防止实际受力状态和计算状态不一致；一些用于减少构件计算长度的次要杆件不得删减，防止发生平面内、外失稳；

(2) 构件间的焊接、构件与预埋件之间的焊接，其焊缝的焊脚尺寸、焊缝长度应严格按照计算书的要求执行；

(3) 特别注意节点的构造要求；

(4) 建筑物拐角处的悬挑架往往很难安装，对此处应采取可靠措施，可加大构件的规格，并通过横向构件联系成为一体。

第十一章　悬挑式钢平台（受料台）

第一节　概　述

在高层建筑的施工中，常常需要设置卸料平台（或称受料台），以便将无法用电梯、井字架提运的大件材料、器具和设备，用塔式起重机先吊运至卸料平台上后，再转运至使用或安装地点。结构施工拆下的模板、支撑也可由室内运往卸料平台，用塔式起重机转运至上层使用或地面回收。

卸料平台的尺寸应根据施工的需要加以确定，一般宽 2～4m，悬出长度 3～6m，按其悬挑方式可分为悬挑式和斜撑式两种（图 11-1），悬挑式平台施工方便，应用较广。

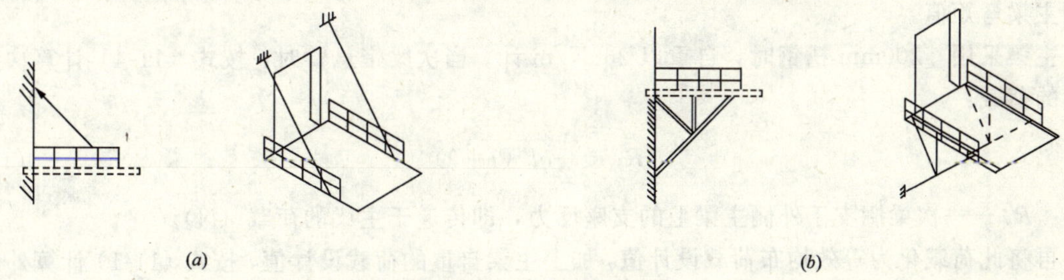

图 11-1　卸料平台形式

(a) 悬挑式；(b) 斜撑式

悬挑式钢平台是可以吊运和搁支于楼层边的用于接送物料和转运模板等的悬挑形式的操作平台，通常采用钢构件制作，其设置要求与挑脚手架大致相同。由于卸料平台的悬挑长度和所受荷载都比悬挑脚手架大得多，因此必须严格地进行设计和验算，并按设计要求进行加工和安装。

第二节　设计要点

1. 平台本身强度、挠度计算

悬挑式钢平台可以用槽钢做次梁和主梁，上铺厚度大于或等于 50mm 的木板，并以螺栓与槽钢固定。

（1）次梁计算

恒荷载（永久荷载）中的自重，采用［100mm 槽钢时以 100N/m 计，铺板以 400N/m² 计；施工活荷载以 1500N/m² 计。

按次梁承受均布荷载考虑，按式（11-1）计算弯矩：

$$M=\frac{1}{8}ql^2 \tag{11-1}$$

式中　M——弯矩最大值（N·m）；

q——次梁上的等效均布荷载设计值（N/m）；

l——次梁计算长度（m）。

当次梁带悬臂时，按式（11-2）计算弯矩：

$$M=\frac{1}{8}ql^2\ (1-\lambda^2)^2 \tag{11-2}$$

式中 λ——悬臂比值，$\lambda=\frac{m}{l}$；

m——悬臂长度，m；

l——次梁两端搁支点间的长度，m。

将上项弯矩值按式（11-3）计算弯曲强度：

$$M_u \leqslant W_n f \tag{11-3}$$

式中 M_u——上杆的弯矩（N·m）；

W_n——上杆净截面抵抗矩（cm^3）；

f——上杆抗弯强度设计值（N/mm^2）。

（2）主梁计算

按外侧主梁以钢丝绳吊点作支承点计算。为安全考虑，按里侧第二道钢丝绳不起作用，里侧槽钢亦不起作用计算。将次梁传递的恒荷载和活荷载，加上主梁自重的恒荷载，按式（11-1）计算外侧主梁弯矩值。

主梁采用［200mm 槽钢时，自重以 260N/m 计。当次梁带悬臂时，按式（11-4）计算次梁所传递的荷载：

$$R_{外}=\frac{1}{2}ql\ (1+\lambda)^2 \tag{11-4}$$

式中 $R_{外}$——次梁搁支于外侧主梁上的支座反力，即传递于主梁的荷载（N）。

再将此荷载化为等效均布荷载设计值，加上主梁自重的荷载设计值，按式（11-1）计算外侧主梁弯矩值，将此弯矩按式（11-3）计算外侧主梁弯曲强度。

2. 钢丝绳

钢丝绳具有强度高、弹性大、韧性好、耐磨、能承受冲击荷载等优点，而且磨损后外部产生许多毛刺，容易检查，便于预防事故。

（1）构造和种类

结构吊装中常用的钢丝绳是由 6 束绳股和 1 根绳芯（一般为麻芯）捻成。绳股是由许多高强钢丝捻成（图 11-2）。

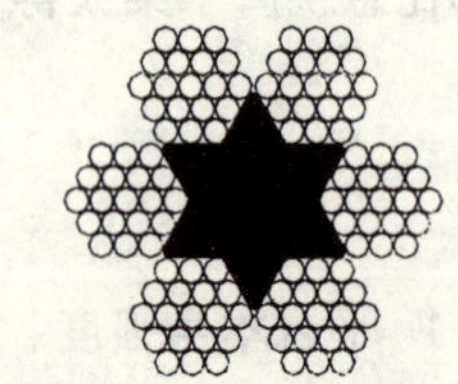

图 11-2 普通钢丝绳截面

钢丝绳其捻制方法分有右交互捻（股向右捻，丝向左捻）、左交互捻（股向左捻，丝向右捻）、右同向捻（股和丝均向右捻）、左同向捻（股和丝均向左捻）四种。

同向捻钢丝绳中钢丝捻的方向和绳股捻的方向一致；交互捻钢丝绳中钢丝捻的方向与绳股捻的方向相反。

同向捻钢丝绳比较柔软、表面较平整，它与滑轮或卷凹槽的接触面较大，磨损较轻，但容易松散和产生扭结卷曲，吊重时容易旋转，吊装中一般不用；交互捻钢丝绳较硬，强度较高，吊重时不易扭结和旋转，吊装中应用广泛。

钢丝绳按绳股数及每股中的钢丝数区分，有 6 股 7 丝，7 股 7 丝，6 股 19 丝，6 股 37 丝及 6 股 61 丝等。吊装中常用的有 6×19、6×37 两种。6×19 钢丝绳可作缆风和吊索；6×37 钢丝绳用于穿滑车组和作吊索。

（2）技术性能

常用钢丝绳的技术性能见表 11-1～表 11-3。

6×19 钢丝绳的主要数据 表 11-1

直径		钢丝总断面积	参考重量	钢丝绳公称抗拉强度（N/mm²）				
钢丝绳	钢丝			1400	1550	1700	1850	2000
				钢丝破断拉力总和				
（mm）		（mm²）	[kg/(100m)]	（kN）大于或等于				
6.2	0.4	14.32	13.53	20.0	22.1	24.3	26.4	28.6
7.7	0.5	22.37	21.14	31.3	34.6	38.0	41.3	44.7
9.3	0.6	32.22	30.45	45.1	49.9	54.7	59.6	64.4
11.0	0.7	43.85	41.44	61.3	67.9	74.5	81.2	87.7
12.5	0.8	57.27	54.52	80.1	88.7	97.3	105.5	114.5
14.0	0.9	72.49	68.50	101.0	112.0	123.0	134.0	144.5
15.5	1.0	89.49	84.57	125.0	138.5	152.0	165.5	178.5
17.0	1.1	103.28	102.3	151.5	167.5	184.0	200.0	216.5
18.5	1.2	128.87	121.8	180.0	199.5	219.0	238.0	257.5
20.0	1.3	151.24	142.9	211.5	234.0	257.0	279.5	302.0
21.5	1.4	175.40	165.8	245.5	271.5	298.0	324.0	350.5
23.0	1.5	201.35	190.3	281.5	312.0	342.0	372.0	402.5
24.5	1.6	229.09	216.5	320.5	355.0	389.0	423.5	458.0
26.0	1.7	258.63	244.4	362.0	400.5	439.5	478.0	517.0
28.0	1.8	289.95	274.0	405.5	449.0	492.5	536.0	579.5
31.0	2.0	357.96	338.3	501.0	554.5	608.5	662.0	715.5
34.0	2.2	433.13	409.3	306.0	671.0	736.0	801.0	
37.0	2.4	515.46	487.1	721.5	798.5	876.0	953.5	
40.0	2.6	604.95	571.7	846.5	937.5	1025.0	1115.0	
43.0	2.8	701.60	663.0	982.0	1085.0	1190.0	1295.0	
46.0	3.0	805.41	761.1	1125.0	1245.0	1365.0	1490.0	

注：表中、粗线左侧可供应光面或镀锌钢丝绳，右侧只供应光面钢丝绳。

6×37 钢丝绳的主要数据 表 11-2

直径		钢丝总断面积	参考重量	钢丝绳公称抗拉强度（N/mm²）				
钢丝绳	钢丝			1400	1550	1700	1850	2000
				钢丝破断拉力总和				
（mm）		（mm²）	[kg/(100m)]	（kN）大于或等于				
8.7	0.4	27.88	26.21	39.0	43.2	47.3	51.5	55.7
11.0	0.5	43.57	40.96	60.9	67.5	74.0	80.6	87.1
13.0	0.5	62.74	58398	87.8	97.2	106.5	116.0	125.0
15.0	0.7	85.39	80.57	119.5	132.0	145.0	157.5	170.5
17.5	0.8	111.53	104.8	156.0	172.5	189.5	206.0	223.0
19.5	0.9	141.16	132.7	197.5	213.5	239.5	261.0	282.0
21.5	1.0	174.27	163.3	243.5	270.0	296.0	322.0	348.5
24.0	1.1	210.87	198.2	295.0	326.5	358.0	390.0	421.5
26.0	1.2	250.95	235.9	351.0	388.5	426.5	464.0	501.5
28.0	1.3	294.52	276.8	412.0	456.5	500.5	544.5	589.0
30.0	1.4	341.57	321.1	478.0	529.0	580.5	631.5	683.0
32.5	1.5	392.11	368.6	548.0	607.5	666.5	725.0	784.0
34.5	1.6	446.13	419.4	624.5	691.5	758.0	825.0	892.0
36.5	1.7	503.64	473.4	705.0	780.5	856.0	931.5	1005.0
39.0	1.8	564.63	530.8	790.0	875.0	959.5	1040.0	1125.0
43.0	2.0	697.08	655.3	975.0	1080.0	1185.0	1285.0	1390.0
47.0	2.2	843.47	792.9	1180.0	1305.0	1430.0	1560.0	
52.0	2.4	1003.80	943.6	1405.0	1555.0	1705.0	1855.0	
56.0	2.6	1178.07	1107.4	1645.0	1825.0	2000.0	2175.0	
60.5	2.8	1366.28	1234.3	1910.0	2115.0	2320.0	2525.0	
65.0	3.0	1568.43	1474.3	2195.0	2430.0	2665.0	2900.0	

注：表中、粗线左侧可供应光面或镀锌钢丝绳，右侧只供应光面钢丝绳。

6×61钢丝绳的主要数据 表11-3

直径		钢丝总断面积	参考重量	钢丝绳公称抗拉强度（N/mm²）				
钢丝绳	钢丝			1400	1550	1700	1850	2000
				钢丝破断拉力总和				
(mm)		(mm²)	[kg/(100m)]	(kN) 大于或等于				
11.0	0.4	45.97	43.21	64.3	71.2	78.1	85.0	91.9
14.0	0.5	71.83	67.52	100.5	111.0	122.0	132.0	143.5
16.5	0.6	103.43	97.22	144.5	160.0	175.5	191.0	206.5
19.5	0.7	140.78	132.3	197.0	218.0	239.0	260.0	281.5
22.0	0.8	183.88	172.3	257.0	285.0	312.5	340.0	367.5
25.0	0.9	232.72	218.0	325.5	360.5	395.5	430.5	465.0
27.5	1.0	287.31	270.1	420.0	445.0	488.0	531.5	574.0
30.5	1.1	347.65	326.8	486.5	538.5	591.0	643.0	695.0
33.0	1.2	413.73	388.9	579.0	641.0	703.0	765.0	827.0
36.0	1.3	485.55	456.4	679.5	752.5	825.0	898.0	971.0
38.5	1.4	563.13	529.3	788.0	872.5	957.0	1040.0	1125.0
41.5	1.5	640.45	607.7	905.0	1000.0	1095.0	1195.0	1290.0
44.0	1.6	735.51	691.4	1025.0	1140.0	1250.0	1360.0	1470.0
47.0	1.7	830.33	780.5	1160.0	1285.0	1410.0	1535.0	1660.0
50.0	1.8	930.88	875.0	1300.0	1440.0	1580.0	1720.0	1860.0
55.5	2.0	1149.24	1080.3	1605.0	1780.0	1950.0	2125.0	2295.0
61.0	2.2	1390.58	1307.1	1945.0	2155.0	2360.0	2570.0	
66.5	2.4	1654.91	1555.6	2315.0	2565.0	2810.0	3060.0	
72.0	2.6	1942.22	1825.7	2715.0	3010.0	3300.0	3590.0	
77.5	2.8	2252.51	2117.4	3150.0	3490.0	3825.0	4165.0	
83.0	3.0	2585.79	2430.6	3620.0	4005.0	4395.0	4780.0	

注：表中、粗线左侧可供应光面或镀锌钢丝绳，右侧只供应光面钢丝绳。

(3) 钢丝绳的允许拉力计算

钢丝绳的允许拉力按式（11-5）计算：

$$[F_g]=\frac{\alpha F_g}{K} \tag{11-5}$$

式中 $[F_g]$——钢丝绳的允许拉力（kN）；

F_g——钢丝绳的钢丝破断拉力总和（kN）；

α——换算系数，按表11-4取用；

K——钢丝绳的安全系数，按表11-5取用。

如果用的是旧钢丝绳，则求得允许拉力应根据钢丝绳的新旧程度乘以0.4～0.75的系数。

钢丝绳破断拉力换算系数 表11-4

钢丝绳结构	换算系数
6×19	0.85
6×37	0.82
6×61	0.80

钢丝绳的安全系数　　表11-5

用途	安全系数	用途	安全系数
作缆风	3.5	作吊索、无弯曲时	6～7
用于手动起重设备	4.5	作捆绑吊索	8～10
用于机动起重设备	5～6	用于载人的升降机	14

(4) 钢丝绳的安全检查

钢丝绳使用一定时间时，就会产生断丝、腐蚀和磨损现象，其承载能力降低。一般规定钢丝绳在一个节距内断丝的数量超过表11-6的数字时就应当报废，以免造成事故。

钢丝绳报废标准（一个节距内的断丝数）　　表11-6

采用的安全系数	钢丝绳种类					
	6×19		6×37		6×61	
	交互捻	同向捻	交互捻	同向捻	交互捻	同向捻
5以下	12	6	22	11	36	18
6～7	14	7	26	13	38	19
7以上	16	8	30	15	40	20

在钢丝绳表面有磨损式腐蚀情况时，钢丝绳的报废标准按表11-7所列数值降低。

钢丝绳报废标准降低率　　表11-7

钢丝绳表面腐蚀或磨损程度（以每根钢丝的直径计）%	在一个节距内断丝数所列标准乘下列系数	钢丝绳表面腐蚀或磨损程度（以每根钢丝的直径计）%	在一个节距内断丝数所列标准乘下列系数
10	0.85	25	0.60
15	0.75	30	0.50
20	0.70	40	报废

断丝数没有超过报废标准，但表面有磨损、腐蚀的旧钢丝绳，可按表11-8的规定使用。

钢丝绳合用程度判断　　表11-8

类别	钢丝绳表面现象	合用程度	使用场所
Ⅰ	各股钢丝位置未动，磨损轻微，无绳股凸起现象	100%	重要场所
Ⅱ	1. 各股钢丝已有变位、压扁及凸出现象，但未露出绳芯； 2. 个别部分有轻微锈痕； 3. 有断头钢丝，每米钢丝绳长度内断头数目不多于钢丝总数的3%	75%	重要场所
Ⅲ	1. 每米钢丝绳长度内断头数目超过钢丝总数的3%，但少于10%； 2. 有明显锈痕	50%	次要场所
Ⅳ	1. 绳股有明显的扭曲、凸出现象； 2. 钢丝绳全部均有锈痕，将锈痕刮去后钢丝上留有凹痕； 3. 每米钢丝绳长度内断头数超过10%，但少于25%	40%	不重要场所或辅助工作

(5) 钢丝绳使用注意事项

1) 钢丝绳解开使用时，应按正确方法进行，以免钢丝绳产生扭结。钢丝绳切断前应在切口两侧用细钢丝捆扎，以防切断后绳头松散。

2) 钢丝绳穿过滑轮时，滑轮槽的直径应比绳的直径大1～2.5mm。滑轮槽过大钢丝绳容易压扁；过小则容易磨损。滑轮的直径不得小于钢丝绳直径的10～12倍，以减小绳的弯曲应力。禁止使用轮缘破损的滑轮。

3) 应定期对钢丝绳加润滑油（一般以工作4个月左右加一次）。

4) 存放在仓库里的钢丝绳应成卷排列，避免重叠堆置，库中应保持干燥，以防钢丝绳锈蚀。

5) 在使用中，如绳股间有大量的油挤出，表明钢丝绳的荷载已相当大，这时必须勤加检查，以防发生事故。

(6) 钢丝绳附件（绳具）

钢丝绳附件有楔行夹头、套环、绳夹及铝合金压制夹头等。

1) 钢丝绳用楔行夹头 GB 5973—86。

钢丝绳用楔行夹头的最大抗拉强度为1815N/mm^2，作绳端固定或连接用。

钢丝绳用楔行夹头的外行、规格及力学性能见表11-9所示。

楔行接头尺寸及力学性能 表11-9

楔行接头公称尺寸（钢丝绳公称直径 d）(mm)	尺寸 (mm)				断裂载荷 (kN)	许用载荷 (kN)	开口销	单组重量 (kg)
	B	D	H	R				
6	29	16	90	16	43	10	2×20	0.56
8	31	18	100	25	51	10		0.77
10	38	20	120	25	71	15		1.01
12	44	25	155	30	100	20	2×25	1.70
14	51	30	185	35	118.5	25		2.34
16	60	34	195	42	161.3	30		3.27
18	64	36	195	44	184	35	3×30	4.00
20	72	38	220	50	249.6	50		5.45
22	76	40	240	52	285.3	55		6.37
24	83	50	260	60	327	65	4×50	8.32
26	92	55	280	65	373.6	75		10.16
28	94	55	305	70	484.6	95		13.94
32	110	65	360	77	600	120		17.94
36	122	70	390	85	780	155	5×60	22.03
40	145	75	470	90	984	200		32.35

2) 钢丝绳用普通套环 GB 5974.1—86。

钢丝绳用普通套环为钢丝绳的固定连接附件，其最大抗拉强度为1815N/mm^2。钢丝绳用普通套环的外形、规格如表11-10所示。

钢丝绳用普通套环规格 表11-10

套环公称尺寸（钢丝绳公称直径 d）(mm)	尺寸 (mm)							单体重量 (kg)
	F_{max}	F_{min}	C	A	D	G_{min}	K	
6	6.9	6.5	10.5	15	27	3.3	4.2	0.032
8	9.2	8.6	14.0	20	36	4.4	5.6	0.075
10	11.5	10.8	17.5	25	45	5.5	7.0	0.150

续表

套环公称尺寸（钢丝绳公称直径 d）(mm)	尺寸（mm）							单体重量 (kg)
	F_{max}	F_{min}	C	A	D	G_{min}	K	
12	13.8	12.9	21.0	30	54	6.6	8.4	0.250
14	16.1	15.1	24.5	35	63	7.7	9.8	0.393
16	18.4	17.2	28.0	40	72	8.8	11.2	0.605
18	20.7	19.4	31.5	45	81	9.9	12.6	0.867
20	23.0	21.5	35.0	50	90	11.0	14.0	1.205
22	25.3	23.7	30.5	55	99	12.1	15.4	1.563
24	27.6	25.8	42.0	60	108	13.2	16.8	2.045
26	29.9	28.0	45.6	65	117	14.3	18.2	2.620
28	32.2	30.1	49.0	70	126	15.4	19.6	3.290
32	36.8	34.4	56.0	80	144	17.6	22.4	4.854

3）钢丝绳用重型套环 GB 5974.2—86。

钢丝绳用重型套环为受拉力较大和用于更重要场合的钢丝绳的固定连接附件，一般由铸钢制成。

钢丝绳用重型套环的外形和规格，见表 11-11。

钢丝绳用重型套环规格 **表 11-11**

套环公称尺寸（钢丝绳公称直径 d）(mm)	主 要 尺 寸（mm）										单体重量 (kg)
	F_{max}	F_{min}	C	A	B	R	L	G_{min}	D	E	
8	9.2	8.6	14.0	20	40	59	56	6.0			0.08
10	11.5	10.8	17.5	25	50	74	70	7.5			0.17
12	13.8	12.9	21.0	30	60	89	84	9.0			0.32
14	16.1	15.1	24.5	35	70	98	98	10.5	5	20	0.50
16	18.4	17.2	28.0	40	80	112	112	12.0			0.78
18	20.7	19.4	31.5	45	90	126	126	13.5			1.14
20	23.0	21.5	35.0	50	100	148	140	15.0			1.41
22	25.3	23.7	38.5	55	110	163	154	16.5			1.96
24	27.6	25.5	42.0	60	120	178	168	18.0			2.41
26	29.9	28.0	45.5	65	130	193	182	19.5			3.46
28	32.2	30.1	49.0	70	140	207	196	21.0	20	30	4.30
32	36.8	34.4	56.0	80	160	237	224	24.0			6.46
36	41.4	38.7	63.0	90	180	267	262	27.0			9.77
40	46.0	43.0	70.0	100	200	296	280	30.0			12.94
44	50.6	47.3	77.0	110	220	326	308	33.0			17.02
48	55.2	51.6	84.0	120	240	356	336	36.0			22.75
52	59.8	55.9	91.0	130	260	385	364	39.0	15	45	28.41
56	64.4	60.2	98.0	140	280	415	392	42.0			35.56
60	69.0	64.5	105.0	150	300	445	420	45.0			48.35

4）钢丝绳夹 GB 5976—86。

钢丝绳夹作绳端固定或连接用。其外形及规格见表 11-12。

钢丝绳夹规格 表 11-12

绳夹公称尺寸（钢丝绳公称直径 d）(mm)	尺寸（mm）					螺母 d	单组重量 (kg)
	A	B	C	R	H		
6	13	14	27	3.5	31	M6	0.034
8	17	19	36	4.5	41	M8	0.073
10	21	23	44	5.5	51	M10	0.140
12	25	28	53	6.5	62	M12	0.243
14	29	32	61	7.5	72	M14	0.372
16	31	32	63	8.5	77	M14	0.402
18	35	37	72	9.5	87	M16	0.601
20	27	37	74	10.5	92	M16	0.624
22	43	46	89	12.5	108	M20	1.122
24	45.5	46	91	13.5	113	M20	1.205
26	47.5	46	93	14.0	117	M20	1.244
28	51.5	51	102	15.0	127	M22	1.605
32	55.5	51	106	17.0	136	M22	1.727

5）钢丝绳铝合金压制接头 GB 6946—86。

钢丝绳铝合金压制接头使用于起重、提升、牵引设备和各种索具的末端连接。接头的结构形式及基本尺寸参数，如表 11-13 所示。接头所用套环可用重型或普通套环，也可采用无套环连接。根据钢丝绳直径与之相对应的钢丝总断面面积按表 11-13 选取接头使用（表中接头尺寸只适用公称抗拉强度为 1770N/mm^2 以下的钢丝绳），接头所用的铝合金材料牌号为 LF2 或 LF21。

钢丝绳铝合金压制接头基本尺寸参数 表 11-13

钢丝绳直径 d (mm)	钢丝总断面积 (mm^2)		D	D_1	$L\geqslant$	$l_1\geqslant$	$l_2\geqslant$	$l_3\approx$	压制力值（参考值）(kN)
	min	max							
6.2	14.2	15.1	13	—	—	31	3.5	—	150
7.7	21.9	23.3	16	—	—	38	4.0	—	200
9.3	31.9	34.0	19	—	—	46	4.5	—	300
11.0	44.8	47.2	23	18	58	55	5.5	22	400
12.5	57.2	61.4	26	20	66	62	6.5	25	500
14.0	72.4	77.0	29	22	74	70	7.0	28	650
15.5	88.7	94.4	32	24	82	77	8.0	31	800
17.5	113.1	120.3	36	27	92	87	9.0	35	1000
20.0	147.7	157.1	41	31	105	99	10.0	40	1300
21.5	170.6	181.2	44	34	114	106	11.0	43	1550
24.0	212.6	226.2	49	38	127	119	12.0	48	1850
26.0	249.5	265.5	54	41	137	129	13.0	52	2250
28.0	289.4	307.9	58	44	147	138	14.0	56	2550
32.5	389.9	414.8	67	50	171	162	17.0	65	3400
36.5	491.8	523.2	75	57	192	182	18.5	73	4300
40.0	590.6	628.3	82	62	211	198	20.0	80	5150
43.0	682.5	726.1	89	67	227	213	21.5	86	6150
47.5	832.9	886.0	98	74	250	235	24.0	95	7250
52.0	998.2	1061.9	107	81	275	258	26.0	104	8600
56.0	1157.6	1231.5	115	87	295	277	28.0	112	10000
60.5	1351.1	1437.4	125	94	320	300	31.0	121	12000

(7) 钢丝绳夹使用注意事项

1)钢丝绳夹应按图11-3所示方法把夹座扣在钢丝绳的工作段上,U形螺栓扣在钢丝绳的尾段上,钢丝绳夹不得在钢丝绳上交替布置。

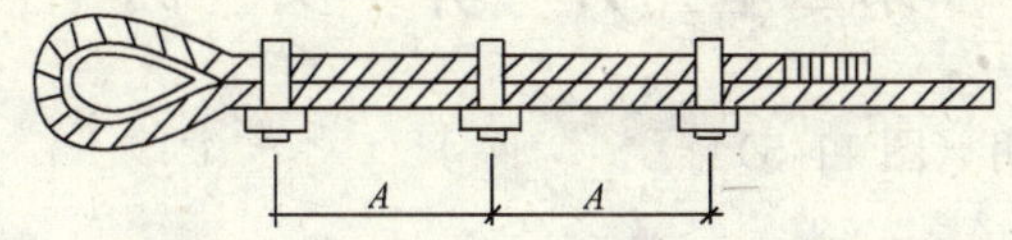

图 11-3 钢丝绳夹的正确布置方法

2) 每一连接处所需钢丝绳夹的最少数量如表11-14所示。

钢丝绳使用数量和间距 **表11-14**

绳夹公称尺寸（钢丝绳公称直径 d）(mm)	数量（组）	间 距
≤18	3	6～8倍钢丝绳直径
19～27	4	
28～37	5	
38～44	6	
45～60	7	

3)绳夹正确布置时,固定处的强度至少为钢丝绳自身强度的80%,绳夹在实际使用中受载1、2次后螺母要进一步拧紧。

4) 离套环最近处的绳夹应尽可能地紧靠套环，紧固绳夹时要考虑每个绳夹的合理受力，离套环最远处的绳夹不得首先单独紧固。

5) 为了便于检查接头，可在最后一个夹头后面约500mm处再安一个夹头，并将绳头放出一个“安全弯”(图11-4)。当接头的钢丝绳发生滑动时，“安全弯”即被拉直，这时应立即采取措施。

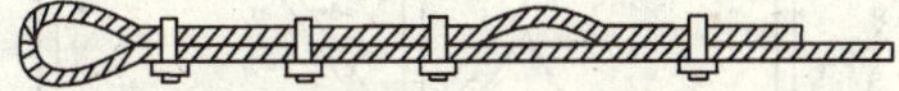

图 11-4 钢丝绳夹放“安全弯”方法

(8) 钢丝绳验算

为安全考虑，钢平台每侧两道钢丝绳均以一道受力作验算，钢丝绳按式 (11-6) 计算其所受拉力：

$$T=\frac{ql}{2\sin\alpha} \tag{11-6}$$

式中 T——钢丝绳所受拉力 (N)；

q——主梁上的均布荷载标准值 (N/m)；

l——主梁计算长度 (m)；

α——钢丝绳与平台面的夹角，当夹角为45°时，$\sin\alpha=0.707$；当夹角为60°时，$\sin\alpha=0.866$。

以钢丝绳拉力按式 (11-7) 验算钢丝绳的安全系数 K：

$$K=\frac{F}{T}\leqslant[K] \tag{11-7}$$

式中　F——钢丝绳的破断力，取钢丝绳的破断拉力总和乘以换算系数（N）；

$[K]$——作吊索用钢丝绳的法定安全系数，定为 10。

第三节　计　算　实　例

（一）悬挑式钢平台说明（图 11-5）

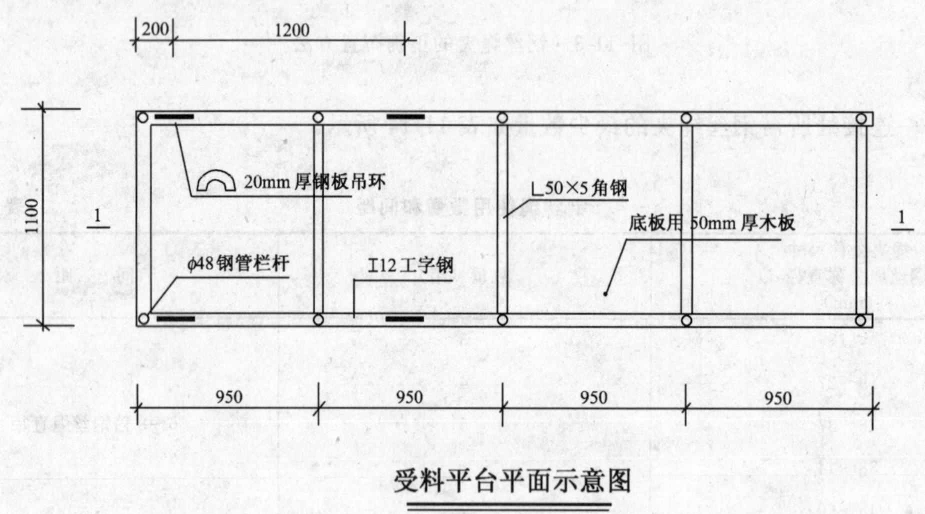

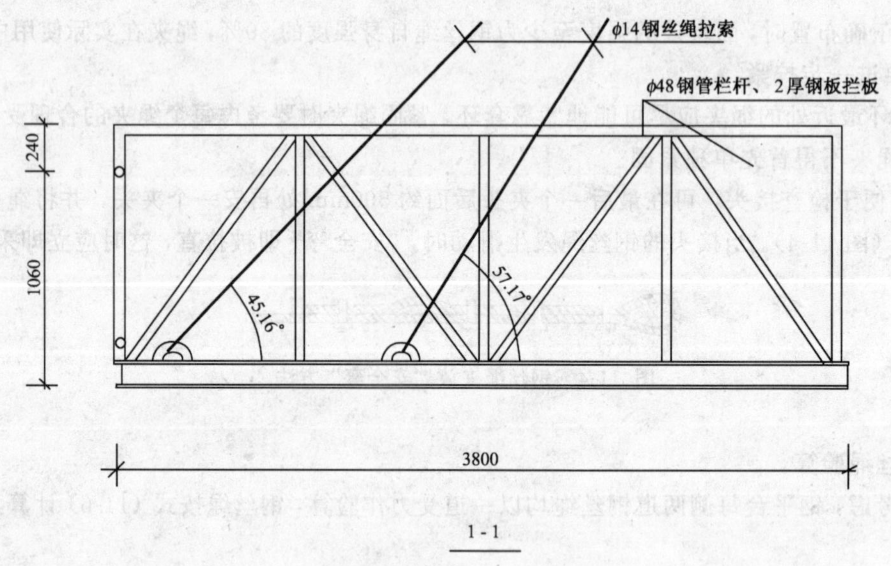

图 11-5　悬挑式钢平台示意图

悬挑式钢平台长 3.8m，宽 1.1m。

主梁采用 2 根工 12 轻型工字钢，次梁采用∟ 50×5 角钢，底板用 50mm 厚木板，三边用 ϕ48 ×3.5mm 钢管作为栏杆，内衬 2mm 厚钢板作为护板。

整个平台用 4 根 6×19、直径为 14mm 的钢丝绳，通过上层框架梁上的预埋板斜拉，2 根工字钢端部通过预埋板与本层框架梁焊接搁置，吊环采用 20mmQ235 钢板制作，钢丝绳与吊环用配套的绳夹固定，钢丝绳夹采用三组，间距为 6～8 倍的钢丝绳直径。

（二）悬挑式钢平台计算书

1. 荷载计算

悬挑式钢平台容许荷载为 15kN，均布活荷载为：

$$\frac{15}{1\times 3.8}=4\text{kN/m}^2$$

铺板、角钢及栏杆自重取均布荷载为：0.4kN/m²

工 12 工字钢自重：0.12kN/m

由此算得作用在工字钢上的荷载如图 11-6 所示。

2. 计算简图

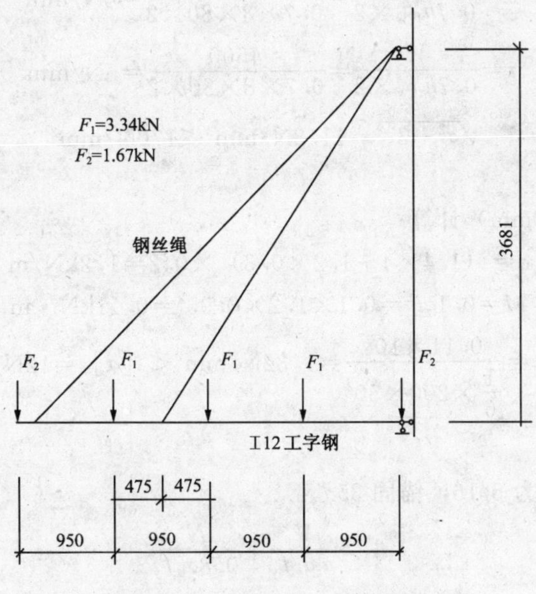

图 11-6 悬挑钢平台计算模型

3. 钢丝绳计算

查表 11-1 得 ϕ14 钢丝绳的破断拉力为 101kN，允许拉力为：

$$[F_g]=\frac{\alpha F_g}{K}=\frac{0.85\times 101}{10}=8.56\text{kN}$$

计算得　　$F=8.27\text{kN}$

$$F<[F_g]\ 满足要求。$$

4. 工 12 轻型工字钢计算

$$N=6.37\text{kN}\qquad V=2.17\text{kN}\qquad M=2.06\text{kN}\cdot\text{m}$$

$$\sigma_N=\frac{N}{A}=\frac{6.37\times 10^3}{1470}=4.3\text{N/mm}^2$$

$$\sigma_M=\frac{M}{W}=\frac{2.06\times 10^6}{58.4\times 10^3}=35.3\text{N/mm}^2$$

$$\tau=\frac{V}{A}=\frac{2170}{1470}=1.5\text{N/mm}^2$$

$$\sigma=\sigma_N+\sigma_M=39.6\text{N/mm}^2<215\text{N/mm}^2$$

满足要求。

5. 角钢次梁（∟ 50×5mm）计算

$$q=(1.4\times4+1.2\times0.3)\times0.95=5.66\text{kN/m}$$

$$M=\frac{1}{8}ql^2=\frac{1}{8}\times5.66\times1.0^2=0.71\text{kN}\cdot\text{m}$$

$$\sigma=\frac{M}{W}=\frac{0.71\times10^6}{3.13\times10^3}=226.8\approx[\sigma]=1.05\times215=226\text{N/mm}^2$$

满足要求。

6. 吊环计算

吊环受力：　　$N=8.27\times\sin57.17°=7\text{kN}$　$V=8.27\cos57.17°=4.5\text{kN}$

吊环两耳各长 5cm，焊缝双面焊，焊脚尺寸 $h_f=8\text{mm}$。

$$\sigma=\frac{N}{0.7h_fl_w\times2}=\frac{7000}{0.7\times8\times80\times2}=8\text{N/mm}^2$$

$$\tau=\frac{V}{0.7h_fl_w\times2}=\frac{4500}{0.7\times8\times80\times2}=5\text{N/mm}^2$$

$$\sqrt{\sigma^2+3\tau^2}=11.8\text{N/mm}^2<170\text{N/mm}^2$$

满足要求。

7. 木方（50mm×200mm）计算

$$q=(1.4\times4+1.2\times0.3)\times0.2=1.2\text{kN/m}$$

$$M=0.1ql^2=0.1\times1.2\times0.95^2=0.11\text{kN}\cdot\text{m}$$

$$\sigma=\frac{M}{W}=\frac{0.11\times10^6}{\frac{1}{6}\times200\times50^2}=1.32\text{N/mm}^2<[\sigma]=12\text{N/mm}^2$$

8. 预埋板计算

板厚 $t=10\text{mm}$，钢筋为 $6\phi16$，锚固 $35d$。

$$A_s>\frac{V}{\alpha_r\alpha_vf_y}+\frac{N}{0.8\alpha_bf_y}$$

$$N=6.37\text{kN},\ V=9.03\text{kN}$$

$$\alpha_r=0.9,\ \alpha_v=(4-0.08d)\sqrt{\frac{f_c}{f_y}}=(4-0.008\times16)\sqrt{\frac{15}{310}}=0.598$$

$$\alpha_b=0.6+0.25\ \frac{t}{d}=0.6+0.25\times\frac{10}{16}=0.756$$

$$A_s=6\times\frac{\pi}{4}\times16^2=1206\text{mm}^2>\frac{V}{\alpha_r\alpha_vf_y}+\frac{N}{0.8\alpha_bf_y}=\frac{9030}{0.9\times0.598\times310}+\frac{6370}{0.8\times0.756\times310}=88\text{mm}^2$$

满足要求。

第四节　安全技术措施

1. 悬挑式钢平台应按现行的相应规范进行设计，其结构构造应能防止左右晃动，计算书及图纸应编入施工组织设计。

2. 悬挑式钢平台的搁支点与上部拉结点，必须按设计要求位于建筑物上，不得设置在脚手架等施工设备上，或与脚手架等以任何方式拉结。

3. 斜拉杆或钢丝绳，构造上宜两边各设置前后两道，两道中的每一道均应作单道受力计算。

4. 应设置 4 个经过验算的吊环。吊运平台时应使用卡环，不得使吊钩直接钩挂吊环，吊环应使用甲类 Q235 沸腾钢制作。

5. 钢平台安装时，钢丝绳应采用专用的挂钩挂牢，采取其他方式时卡头的卡子不得少于 3 个，建筑物锐角利口处应加衬软垫物，钢平台外口应略高于内口。

6. 钢平台左右两侧必须装置固定的防护栏杆。

7. 钢平台吊装需待横梁支撑点电焊固定，接好钢丝绳，调整完毕，经过检查验收，方可松卸起重吊钩，上下操作。

8. 钢平台使用时，应有专人进行检查，发现钢丝绳有锈蚀损坏应及时调换，焊缝脱焊应及时修复。

9. 钢平台上应显著地标明容许荷载值，钢平台上物料的总重量严禁超过设计的容许荷载，应配备专人加以监督。

10. 悬挑式钢平台应设置在窗口部位，台面与楼板取平或搁置在楼板上。

11. 钢平台在建筑物的垂直方向应错开设置，不得设在同一平面位置上，以避免上面的钢平台阻碍向下层钢平台吊运物品材料。

12. 钢平台的三面均应设置防护栏杆，当需要吊运长度超过钢平台长的材料时，其端部护栏可以做成格栅门，需要时打开。因卸料要求不能设置护栏时，其入料洞口应设置格栅门，人员上钢平台时，必须采取可靠的安全防护措施。

附录A　某高层建筑设计施工背景资料

上海市某高层建筑坐落在浦东新区花木行政办公区内，杨高路南，丁香路北，桃林路东，民生路西的基地范围内，占地面积 $2857m^2$，建筑面积为 $27600m^2$。该建筑主楼地下一层，地上21层，裙房为5层。主楼高90.25m（未包括主楼钢结构顶高度）。底层层高3.9m，二层为3.95m，其余楼层层高均为4.0m，如图A-1所示。

图 A-1　某高层建筑立面效果图

主楼基础采用PHC桩承载，利用钢筋混凝土地下室底板作为桩基承台，板厚1.6m，PHC桩外径为 $\phi500$，桩长36m。裙房为柱下十字交叉承台梁加预制混凝土方桩，桩截面为0.35m×0.35m，桩长26m。

主楼为框架—剪力墙体系，屋面90m以上为棱台型钢结构，其上为一钢结构通讯塔。东西两侧裙房为框架结构，屋面梁采用后张预应力张拉工艺，跨度24m。主楼和裙房之间设后浇带。

抗震设防烈度为7度，剪力墙和框架按二级抗震等级设计，地下室底板及条形基础采用C30混凝土，抗渗等级P6，主楼及裙房梁、板均为C30，裙房柱为C40。主楼柱、剪力墙：1～7层为C55，8～13层为C50，14～18层为C45，18层以上为C40。填充墙采用蒸压加气混凝土砌块。

标准层混凝土楼板厚度为110mm。标准层平面如图A-2所示。

标准层施工采用三层模板支撑，初期施工周期为10d，后期为7d。采用木质9层胶合板模板，厚20mm，45mm×85mm方木格栅，$\phi48\times3.5$mm钢管支柱（实测弹性模量为 $1.8214\times10^5N/mm^2$），支架间距0.8～1.0m。

该工程由上海市浦东新区建设（集团）有限公司总承包，自2000年9月28日开工，至2002年9月28日竣工。工程曾先后获得了上海市标化工地、上海市文明工地、上海市优质结构、上海市民防优质结构、上海市白玉兰奖。

该工程在施工过程中进行了一系列有益的科研探索活动，其中基坑围护是该工程的一项关键工序，施工时充分利用结构设计的特点和土层的特性，采用深层搅拌桩作为隔水帷幕，两次放坡两次开挖的方案。使地下室部分工期由5个月压缩至4个月，并节约造价70万元，该项成果获上海市建设系统优秀QC成果三等奖。

框架混凝土的外观质量通病在各工程中存在已久，虽经不断改进，但难以有效治愈，项目部管理人员采取系统的分析方法，从通病产生的根源入手，摒弃以前的经验观念和模糊认识，对混凝土的模板系统、支架系统等进行科学分析计算，制定详尽方案，经过改进，整个框架混凝土外光内实，线脚挺拔，线性顺直。该成果也获上海市建设系统优秀QC成果三等奖。

施工阶段高层建筑混凝土时变结构与模板支撑系统共同作用的规律是一个重要的课题，因为

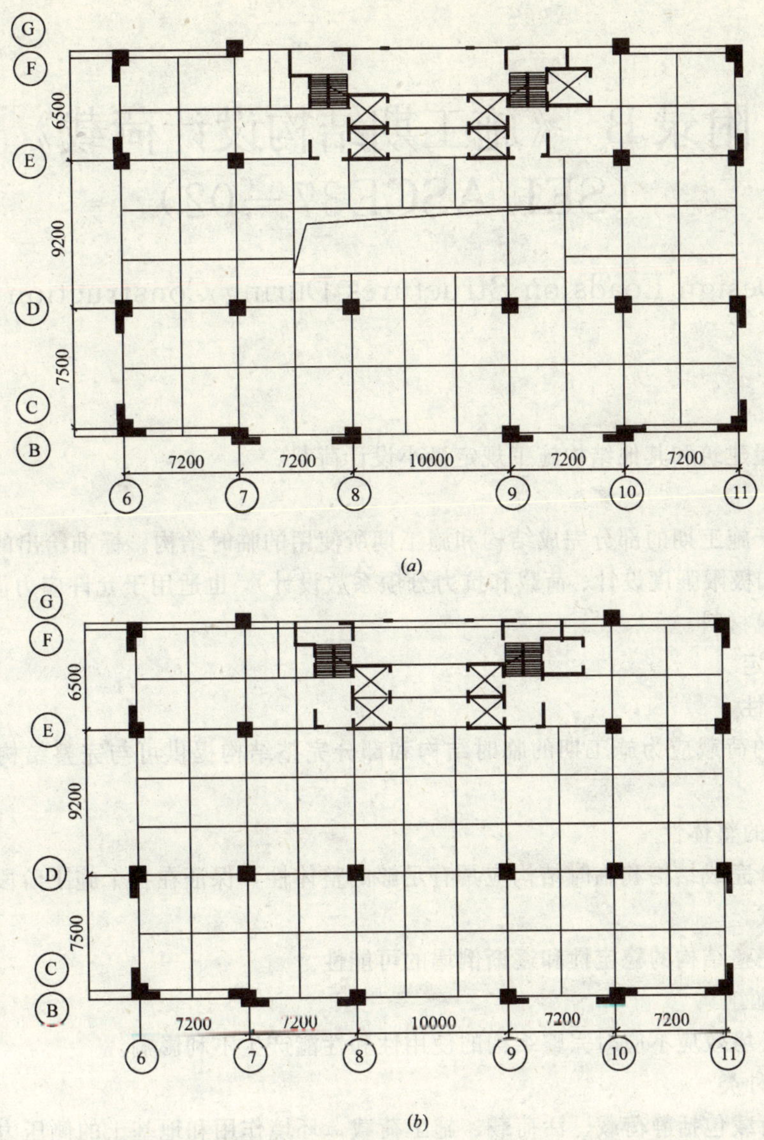

图 A-2 标准楼层平面示意图

(*a*) 单层楼层结构平面；(*b*) 双层楼层结构平面

它直接影响到施工周期、混凝土结构的正常使用及模板系统的安全。但迄今未有明确的理论依据，现行相关施工规范也未给出指导性建议。施工中往往依赖经验，或过于保守，导致资源浪费；或疏于研究，导致不安全因素产生。施工单位与同济大学建筑工程系成立联合课题组，对施工阶段高层混凝土结构与模板支撑系统共同作用的力学情况进行分析并进行现场实测，获得了宝贵的数据资料。

附录B 《施工期结构设计荷载》(SEI/ASCE37—02)

Design Loads on Structures During Construction

1.0 总则

1.1 目的

本标准为房屋建筑和其他结构施工规定最小设计荷载。

1.2 范围

本标准适用于施工期的部分完成结构和施工期所使用的临时结构。标准给出的荷载既适用于强度设计准则（如极限强度设计、荷载和抗力分项系数设计），也适用于允许应力设计准则。适用于各类传统的建筑材料。

1.3 基本规定

1.3.1 安全性

本标准规定的荷载应为施工期的临时结构和部分完整结构提供可与完整结构相比的安全水平。

1.3.2 结构的整体性

施工期的部分完成结构和临时结构应具有足够的整体性，保证在各个施工阶段保持稳定，抵抗标准规定的荷载。

应考虑到非完整结构的稳定性和逐渐倒塌的可能性。

1.3.3 使用性

施工荷载和环境效应不应对完整结构的使用性和性能产生不利影响。

1.3.4 荷载种类

本标准中的荷载包括静荷载、活荷载、施工荷载，环境作用和地基土的侧压力。此外，应考虑部分完成结构和临时支撑（和支撑结构）间的相互作用。

1.3.5 施工方法

应考虑连续施工作业阶段施工计划（顺序）和施工方法对荷载产生的影响。

1.3.6 分析

作用于非完整结构、临时结构和其他相应的单独构件上的荷载效应，应采用可接受的结构分析方法以及合适的地质技术分析，并考虑平衡、稳定，几何协调和材料性能确定。

2.0 荷载与荷载组合

2.1 荷载

适用于本标准的结构应抵抗以下荷载效应和其荷载效应组合。

设计荷载——见3.0。

D——静载；

L——活载。

施工荷载——见4.0。

临时结构自重

C_D——施工静荷载。

材料荷载

C_{MFL}——固定材料荷载；

C_{VML}——可变材料荷载。

施工过程中的荷载

C_P——作业人员和设备荷载；

C_H——水平向的施工荷载；

C_F——建造和安装荷载；

C_R——设备支座反力；

C_C——新浇混凝土侧压力。

地基土侧压力——见5.0。

C_{EH}——土侧压力。

环境荷载

W——风载；

S——雪荷载；

E——地震作用；

R——雨水作用；

I——冰作用。

这里规定的荷载为标准荷载，适用于传统的允许应力设计以及荷载抗力分项系数设计方法，并规定了荷载组合以及荷载分项系数。

2.2 强度设计采用的荷载组合和荷载分项系数

按本节进行荷载组合，以获得杆件和结构体系的最大设计荷载效应。

2.2.1 荷载组合

当不同的荷载效应产生相同效果，以及当结构遭受一个以上的可变荷载时，应据下面规定评价选择足够荷载组合。每种组合的总设计荷载效应，应为静荷载或（和）材料荷载，最大的可变荷载和其他互不相关的任意时点荷载，乘以相应的分项系数并求和。对相关的可变荷载，如竖向和水平施工荷载，应考虑它们同时出现最大值的情况。荷载组合通式如式（B-1）所示：

组合设计荷载＝静载＋材料荷载＋最大值可变荷载＋任意时点不相关荷载

$$U=\sum_{k} C_{D,k} D_{n,k}+\sum_{i} C_{max} Q_{n,i}+\sum_{j} C_{APTj} Q_{n,j} \tag{B-1}$$

式中 C_D——静荷载分项系数；

C_{max}——最大值可变荷载分项系数；

C_{APT}——任意时点可变荷载分项系数；

D_n——静荷载或施工材料荷载标准值；

Q_n——可变荷载标准值；

k——所有的静荷载和施工材料荷载数；

i——所有出现最大值的可变荷载；

j——所有同时发生的任意时点可变荷载。

当不同的可变荷载相关时，如来自同一作业的竖向和水平荷载，应采用相同的分项系数C_{max}或C_{APT}。

2.2.2 荷载分项系数

强度设计所采用的最小荷载分项系数见表B-1所示。

施工期强度设计荷载分项系数

表 B-1

荷载性质	荷载分项系数 C_{max}	任意时点荷载分项系数 C_{APT}
D	0.9（当风或振动作用有利时）	
	1.4（当仅有施工和材料荷载时）	
	1.2（其他）	
L	1.6	0.5
C_D	0.9（当风或振动作用有利时）	
	1.4（当仅有施工和材料荷载时）	
	1.2（其他）	
C_{FML}	1.2	
C_{VML}	1.4	分析确定
C_P	1.6	0.5
C_C	1.3（所有压头）	
	1.5（其他）	
C_{EH}	1.6	
C_H	1.6	0.5
C_F	2.0	分析确定
C_R	2.0（未标定）	
	1.6（有标定）	
W	1.3	0.5
T	1.4	
S	1.6	0.5
E	1.0	
R	1.6	
I	1.6	

基本组合见 2.2.3。

2.2.3　基本组合

除非现行的标准规范已有规定，否则应按下列组合对结构及其构件进行设计，使其强度大于荷载与荷载分项系数之积：

$$1.4D+1.4C_D+1.2C_{FML}+1.4C_{VML} \quad \text{(B-2)}$$

$$1.2D+1.2C_D+1.2C_{FML}+1.4C_{VML}+1.6C_P+1.6C_H+0.5L \quad \text{(B-3)}$$

$$1.2D+1.2C_D+1.2C_{FML}+1.3W+1.4C_{VML}+0.5C_P+0.5L \quad \text{(B-4)}$$

$$1.2D+1.2C_D+1.2C_{FML}+1.0E+1.4C_{VML}+0.5C_P+0.5L \quad \text{(B-5)}$$

$$0.9D+0.9C_D+(1.3W \text{ 或 } 1.0E) \quad \text{(B-6)}$$

式中　D——所考虑施工阶段相应的静荷载；

L——活荷载，它可能小于或大于设计或荷载；

W——按 6.2.1 折减风速计算出的风荷载。

无论风和地震作用是否同时发生，均应考虑风和地震效应的最不利组合，与此同时，也不需要假定 C_H 与风或振动作用同时发生。

应考虑侧向土压，环境荷载和其他施工荷载组合，见 2.2.2。

因此，除上述基本组合外，需考虑其他组合。

2.2.4　有利组合

一个荷载效应部分或全部被其他荷载效应抵消，抵消荷载的分项系数应取 0（对于可变荷载）和 0.85（对于永久荷载和控制荷载）。

2.3　允许应力设计（ASD）

按本节规定荷载组合，获取构件和体系的最大设计荷载效应，允许应力设计对于 APT 荷载也采用分项系数，但是通常增大允许应力。除了那些持续性荷载外，组合中不采用分项系数。

2.3.1　附加组合

当采用本标准规定荷载进行允许应力设计时，应考虑足够的附加荷载组合，以获得构件和体系最大设计荷载效应。

应考虑下列基本组合：

$$D+C_D+C_{FML}+C_{VML} \quad (B-7)$$

$$D+C_D+C_{FML}+C_{VML}+C_P+C_H+L \quad (B-8)$$

$$D+C_D+C_{FML}+W+C_{VML}+C_P+L \quad (B-9)$$

$$D+C_D+C_{FML}+0.7E+C_{VML}+C_P+L \quad (B-10)$$

$$D+C_D+（W 或 0.7E） \quad (B-11)$$

式中　D——所考虑施工阶段相应的静荷载；

L——活荷载，它可能小于或大于设计荷载；

W——按 6.2.1 折减风速计算除的风荷载。

无论风和地震作用是否同时发生，均应考虑风和地震效应的最不利组合，与此同时，考虑 C_H 与风或振动作用组合。其他组合见 2.1。

2.3.2　荷载折减

按 2.3.1 基本组合，当两个和两个以上可变荷载与静荷载组合时，结构荷载效应应符合下列规定：

(1)两个和两个以上可变荷载乘以 0.5 加上静载效应不应小于静载与最大可变荷载效应组合。

(2) 为了考虑这些组合，不应增加允许应力。

2.3.3　倾覆和滑移

设计的建筑和其他结构，由侧向荷载（风或洪水）单独作用或其组合引起的倾覆弯矩不应超过静荷载稳定弯矩的 2/3，除非建筑或结构经过锚固能抵抗额外弯矩。侧向力引起的基底剪力不应超过由摩擦和粘结产生的总抗力的 2/3，除非建筑和结构经过锚固，能抵抗额外滑动力。

2.3.4　抵消荷载

当在结构构件节点中的设计荷载效应相互抵消时，应考虑应力反向问题。

2.4　桥梁

桥梁施工期的荷载组合按 AASHTO（AASHTO1995）AREA 或其他标准执行。

3.0　静载和活载

3.1　静载

本标准中的静荷载是指分析对象在施工过程中的特定时期相应的永久施工自重荷载。静载包括相应于临时支架和支撑的所有施工荷载，它包括先前建好的，并用于支撑施工材料和施工设备结构系统。不包括脚手架自重，支架自重、混凝土模板自重，施工设备进路、临时栈桥，以及其他临时结构的自重，这些荷载是施工静载 C_D（见 4.1.1）。

相应的永久施工荷载包括所有非结构荷载，如包层、分隔、吊顶、围栏等。

3.2　活载

活载是指施工中因居住、使用产生的荷载。这些荷载作用于相应施工阶段，部分被拆除了的结构，以及临时结构。活载 L 随施工阶段而变。

对桥梁和其他交通结构，活载包括车辆纵向力、车辆离心力，作用于车辆上的风荷载。

4.0　施工荷载

4.1　一般规定

本节对遭受施工荷载作用的临时结构和永久结构的设计，定义施工荷载。这些荷载需与第2节中规定的作用于结构上的其他活载进行组合。

当法律认可的其他文件包含有施工荷载，并对材料或施工方法作出规定的，允许其作为附件使用。

楼梯、梯子、电梯不包括在本标准中。

4.1.1　定义

施工荷载：施工期间以及由于施工引起，作用于部分完成或临时结构上的荷载。施工荷载包括，但不仅限于，施工过程中作用于临时结构或永久结构上的材料、人员、设备自重。

施工静荷载 C_D：相应施工阶段临时结构的自重荷载。永久结构的自重（包括部分完成的或全部完成的）不包括在 C_D 内，永久结构自重是静荷载 D，见3.1。

集中荷载：包括一个工人体重加上工人自身携带的设备重量，取1.1kN。

工作面：施工期那些可能遭受施工荷载的临时结构或部分完成结构的平台、甲板、楼面。

4.2　材料荷载

材料荷载包括以下两类：

(1) 固定材料荷载（FML）；

(2) 可变材料荷载（VML）。

固定材料荷载是指数量固定的材料荷载。而可变材料荷载是施工过中数量变化的材料荷载。如果材料荷载的堆积幅度随施工阶段变化，则该材料荷载为可变材料荷载。

4.2.1　混凝土荷载

永久结构模板中浇筑的混凝土重量是材料荷载。当混凝土获得足够强度，为支撑混凝土重量设置的模板支撑、二次支撑不再需要时，混凝土自重材料荷载变为静荷载。

4.2.2　设备容器中的材料

被提升以及装于设备容器中的材料，是设备荷载的一部分，不是材料荷载，一旦材料从设备上卸下，该荷载变为材料荷载。

4.3　人员和设备荷载 C_P

4.3.1　一般原则

部分完成结构和临时结构的设计与分析，应考虑人员和设备荷载。这类结构的设计分析应由均布荷载和集中人员和设备荷载控制，而不论其是否产生最大的强度和（或）极限使用性状态。应假定产生最大强度和（或）使用性状态的控制性荷载图式。

在临时结构或部分完成结构设计分析中使用的荷载，应是施工过程中可能产生的最大荷载。

4.3.2　均布荷载

选择的均布荷载产生的弯矩和内力包括可能发生的集中荷载作用产生的弯矩和内力，两者应同时考虑。

4.3.3　集中荷载

人员和设备集中荷载应是施工过程中预计发生的实际最大荷载，而且不应小于表B-2中的数值。集中荷载应作用于结构构件中产生最大强度和（或）使用性状态位置。设计人员应考虑到施工中可能发生的人员和设备的各类最小集中荷载。

设备集中荷载应按 4.6 节确定。

对于公共交通类临时结构，应按 AASHTO 桥梁设计标准（AASHTO1996，AASHTO1998）设计。或按 4.6 节规定，针对将使用的设备设计，而不论其是否给出最危险效应。

人员和设备最小集中荷载　表 B-2

作　　用	最小荷载（kN）①	荷载作用面积（mm×mm）
单个作业人员	1.11	300×300②
手工动力车轮压	2.22	荷载除以胎压③
动力设备轮压	8.90	荷载除以胎压③

①当实际荷载大于表中数值时，取实际值；

②不必小于 457mm；

③对硬橡胶胎，荷载分布于 25mm 地面（胎宽）。

4.3.4　冲击荷载

表 B-2 中给出的集中荷载，适当地考虑了一般冲击条件。对于结构设计，应对可预计的异常振动和冲击作用荷载作出规定。

4.4　水平施工荷载 C_H

应采用下列规定之一确定作用于临时结构和部分完成结构的最小水平荷载，而不论该荷载是否为所分析对象在该方向上的最大结构效应。

(1) 运输材料的轮式车辆，单台车的 20%或两台及两台以上车辆荷载的 10%，作用于运行平台的任意方向；

(2) 设备支座反力（见 4.6），取计算出的水平荷载或设备标定水平荷载，不论其是否为最大值；

(3) 按每人 0.22kN 水平荷载，作用于施工平台的任意方向；

(4) 全部竖向荷载的 2%。作用方向任意，并应按结构质量比例分布。这一荷载不需要与风或地震同时作用。

本条规定不应取代环境荷载分析。

4.5　建造和装配力 C_F

应考虑到因建造活动，如矫正，安装，拧螺栓，支撑，牵索等引起的力。

4.6　设备支座反力 C_R

临时结构或部分完成结构设计应考虑设备各种状态下的支座反力。设备支座反力包括设备以最大负荷运转的重量和其他环境荷载，除非采用了约束和修正反力的措施，否则应按下列规定执行。

4.6.1　一般要求

设计结构应能安全地支撑设备以及与其运行引起的最恶劣荷载效应，并考虑支撑的变形或位移、支撑层变形、竖向变形，环境荷载。

4.6.2　额定设备

设备制造商或供应商应提供用于结构设计的最小设备负荷。除非像前端式装载机，或铲车（叉式升降机）有意限制某轴的倾斜，装载机自重加上倾斜荷载，应作用与前轴。

设计人员应检验标定的基础条件、设备供应商给出的额定支座反力。如标定的基础条件不同于设备将使用条件，则设计中应采用最不利的支座反力。

4.6.3 非额定设备

非额定设备的设备荷载效应，应通过分析确定。

4.6.4 冲击

考虑冲击影响的设备支座反力，应增大约 30%，除非制造商推荐了其他数值（或大、或小一些），或由执法当局规定，或分析确定。

4.7 模板压力

4.7.1 模板压力

除非满足 4.7.1.1 或 4.7.1.2 条规定，否则应按式（B-12）给出的新浇混凝土的侧压力，设计模板。

$$C_C=W\times h=23.5h \tag{B-12}$$

式中 C_C——侧压力（kPa）；

W——新鲜混凝土单位重量，23.5kN/m³；

h——流体或塑性混凝土深度（m）。

对于柱及其他模板，在混凝土的任何硬化发生前，被迅速充满，h 应取模板全高或两个施工接头间的距离（对于多于一处的混凝土浇筑作业）。

4.7.1.1 Ⅰ型水泥拌制混凝土，不含火山灰或其他添加料的单位重量为 23.6/kN/m³，其坍落度为 100mm 左右，正常间隔振捣深 1.22m 左右，模板设计侧压按式（B-13）计算：

对柱：
$$C=7.2+\frac{785R}{T+17.8} \tag{B-13}$$

其上限为 144kPa，下限为 28.8kPa，且≥23.5h

对墙：①浇筑速度＜2m/小时：
$$C=7.2+\frac{785R}{T+17.8} \tag{B-14}$$

其上限为 95.8kPa，下限为 28.8kPa，且≥23.5h。

②浇筑速度 2～3m/h：
$$C=7.2+\frac{244R}{T+17.8}+\frac{1156}{T+17.8} \tag{B-15}$$

式中 R——浇筑速度（m/h）；

T——混凝土入模温度（℃）。

4.7.1.2 作为选择，可以采用基于适当实验数据的经验方法确定模板设计侧压。

4.7.1.3 如果混凝土泵送从模板面开始，模板设计应考虑混凝土全静压 $C=W\times h$ 加上 25% 的泵波动压力。在某些情况下，压力可能和混凝土泵活塞的面压一样高。

4.7.2 滑模压力

滑模混凝土施工，模板、支撑、箍，设计中采用的新混凝土侧压，按式（B-16）计算：

$$C=c+\frac{524}{T+17.8} \tag{B-16}$$

式中 c——当浇筑混凝土有 150～250mm 的提高量，并带有轻微振动或不再振捣时，取 4.79kPa；对于需要附加振捣混凝土，如气密性混凝土或容器混凝土，取 7.19kPa。

其他符号意义同前。

4.7.3 支架荷载

当需要支架支撑新混凝土荷载时，这些支架应支撑到混凝土获得足够强度，足以支撑自身重量。当连续数层楼板上设置支架时，这些支架上的计算荷载应该累加，直到支架卸荷或重新设支架（二次支架）使楼板承担自重。这种卸荷必须保证混凝土具有承担自重的能力。

4.8 荷载应用

4.8.1　荷载组合

设计施工荷载，应包括人员、设备和材料荷载等的关键组合。

4.8.1.1　工作面

4.1　定义了支撑工作面的结构，其设计应考虑材料、人员、设备或其他可能作用的施工荷载的组合。当施工作业适合表 B-3 的定义时，允许设计人员按表中均布荷载进行设计。该荷载是由人员、转运或静态的设备和材料组合的竖向荷载。当施工作业不符合表 B-3 定义作业时，应取实际荷载设计。集中荷载应单独考虑。

工作面类别与其组合均布荷载　　**表 B-3**

工　　作　　类　　别		均布荷载 kN/m²①
非常轻型作业	零星人群，手工作业和手工工具非常少的施工荷载	0.96
轻型作业	稀少人群，手工作业，手工作业设备，脚手架材料；轻型施工作业	1.20
中型作业	集中手工作业，脚手架材料一般施工作业	2.40
重型作业	动力小车，材料作业，脚手架材料重型施工作业	3.59

①表中荷载不包括静载 D、施工静载 C_D 以及固定材料荷载 C_{FML}。

4.8.1.2　关于临时结构

当临时结构由荷载名称指定，设计荷载大小和荷载类别按表 B-3 确定。

4.8.2　部分荷载

如果全量荷载仅作用于结构和构件长度的一部分产生的荷载效应比同样荷载作用于结构或构件全跨更为不利，则应考虑非全跨荷载布置情况。

4.8.3　施工荷载的折减

4.8.3.1　材料荷载

固定或可变材料荷载，不允许折减，除非转运或静态的少量材料荷载已经包括于均布的人员、设备和材料荷载中，如表 B-3 中的那些情况例外。

4.8.3.2　人员和设备荷载

施工作业分析表明，设计构件影响面积≥37.16m² 时，应用式 (B-17) 确定折减的人员和设备均布荷载：

$$C_P = L_0\ (0.25 + 4.57/\sqrt{A_1}) \tag{B-17}$$

式中　C_P——设计构件支撑面积上的折减后的人员和设备均布设计荷载 (kN/m²)；

L_0——未折减的设计构件支撑面积上的人员和设备均布荷载；

A_1——影响面积 (m²)。

影响面积 A_1 通常是柱有效支撑面积的 4 倍，梁有效支撑面积的 2 倍。双向板为板格面积。不论影响面积大小，折减后的人员和设备均布设计荷载不得小于构件未折减设计荷载的 50%（支撑一层构件），40%（支撑一层以上构件）。且当人员、设备均布荷载≤1.2kN/m² 时，减少后的均布荷载不得小于未折减荷载的 60%，经施工作业分析判定例外。

4.8.3.3　作用于斜坡屋顶上的人员和设备的自重施工荷载进行折减，折减系数按式 (B-18) 计算：

$$R = 1.2 - 0.006 \times F \leqslant 1.0 \tag{B-18}$$

式中　F——以百分数表示的屋面坡度；

R——不小于 0.6。

这个折减系数可以同基于面积减小系数相乘，但减小后的荷载不应小于未折减荷载的 60%。

4.8.4 荷载限制条件

下列工作面应具有使用、通道的限制，限制方式有：允许荷载作用位置、荷载条件，或由作业控制，或由有资格单位规定其使用。

(1) 脚手架工作面不应大于 3.72m² 时，应标明其能承载人员荷载数量，而且工作面应作相应限制。设计时，对于单个人员荷载应作用于脚手架结构构件上能产生最大荷载效应处。且中心间隔不能小于 0.61m。

(2) 设计遭受 1.20kN/m² 左右均布荷载的工作面，应标明其均布荷载承载力和能承担的单个人员荷载位置、数量。并应对这些工作面作相应限制。

(3) 设计荷载小于合理预计荷载的工作面，应按设计荷载进行限制。

5.0 地基土侧压

5.1 定义

本标准中，侧向土压力 C_{EH} 定义为由土和水的重力产生的水平或接近水平的单位面积上的力。

5.2 侧向土压

土侧压及其分布的设计值，应使用可接受的工程实际应用的可信、可靠的方法确定。

一种可靠的土压力确定的测试方法，应是在一种以上被广泛接受的地质工程参考文献上刊登的方法。

在选择计算方法时，应考虑规定的现场条件，对于关键因子，应使用现场标定数据。

应对主动土压、被动土压做出区分，它们影响结构在荷载作用下的变形大小和运动方向。允许通过室内试验、现场试验、观察、测试确定土压力。

6.0 环境活载

环境荷载计算的基本参照是 1995 年版 ASCE7，除了这里作出规定外，应采用 ASCE 7—95 的要求。

当其他由行政执法机构认可的文件含有环境荷载规定，并由规定的材料或施工方法时，允许作为可以采用的文件。

6.1 重要性因子

对所有环境荷载，施工期的结构的重要性因子均取 1.0。

6.2 风 除这里的修正外，风荷载应按 ASCE 7—95 的规定计算。

设计风压应基于 6.2.1 计算的设计风速计算，而不必提高风速以满足 ASCE 7—95 关于设计最小风荷载的规定。

6.2.1 设计风速

设计风速取 ASCE 7—95 规定的基本风速，并乘以表 B-4 给出的系数。

施工期风速修正系数　　表 B-4

施工工期	系数
小于 6 周	0.75
6 周～1 年	0.80
1～2 年	0.85
2～5 年	0.90

6.2.1.1 施工工期

施工工期取为开始施工到每一独立的结构子系统的结构完工（包括包层安装）的时间间隔。工期低于6周，如果采用同施工条件一致的施工季节的当地风速资料统计分析、判定，允许系数小于0.75。

接近海湾海岸和东海岸地区，ASCE 7—95 规定风速超过 40m/s（3s 阵风），工期从11月1日到第二年7月31日（飓风季节除外），允许这些地区的结构施工期间，风速取最不利的基本风速40m/s；在8月1日～10月31日，在接到飓风到来通知前，及时采用提前预备的附加支撑系统的，允许采用40m/s的基本风速。

6.2.1.2 连续工作期

施工作业连续工作期间，允许采用低于6.2规定的风速，且基本风速不应小于预计风速，即调整后的3s阵风。如，国家气象服务部门和其他可信的行政执法机构认可的来源。

连续工作期是指那些连续的、索具、建造或拆除作业持续一天内的工作时间。连续工作期在工作日结束，在此施工期结构应保持固有稳定性或适当的安全保护，以满足6.2.1.1关于施工期的要求。

6.2.2 无包层（构架工程）框架结构

结构应抵抗作用于连续未包封构件上的风荷载效应。

脚手架、支架、规则的矩形平面工作架，多为桁架塔，允许按 ASCE 7—95 进行处理，除非进行了详尽分析表明可以使用较小荷载，否则不允许对包封的连续排架或塔架荷载折减。

对未包封框架、结构构件，应针对每一构件计算风荷载。除非进行了详尽分析，否则对于包封的同类构件引起的荷载折减，按以下规定计算：

①作用于平行于风向的前三排包封构件的荷载不允许折减。

②第四排及四排以后的包封构件，允许折减15%，对所有暴露的内分隔、墙，临时包封，标识牌，施工材料，设备遭受的允许风荷载应计算确定。这些荷载应加到结构构件的荷载中去。

应对结构的每一主轴进行计算。每个方向的计算结果，应考虑到垂直方向上同时作用计算荷载的50%。

6.2.3 风被加速区域

风被加速区域的结构构件（接近建筑的边、角区）应抵抗更高的压力或吸力。应在基本风速的基础上乘以一调高系数，按 ASCE 7—95 给出的包封吸力系数的平方根取值。用一合适的阻挡系数计算作用于结构上的风速。在建筑物的角区，假定包封面两个正交方向上风压水平作用于毗邻的结构表面，沿平行于和垂直于包封的顶部边缘，压力作用方向向上或水平。

6.3 热荷载

下列条件建造结构时，应计算结构和建筑构件的热变形：

(1) 结构长度与温度之积超过1185m·℃的下列结构：

①建造结构膨胀节点间的最大水平尺寸。

②结构部分在建造并暴露于环境温度的数周内，下列温度差的最大值。

i 最高日均最大温度和最低日均最小温度；

ii 预计结构使用期的平均温度和最高日均最大温度；

iii 预计结构使用期的平均温度和最低的日均最小温度。

(2) 当将包封的结构的部分在炎热天气环境或当结构建成后遭受直接太阳辐射。

(3) 当温度变化产生的变形可能损坏结构和建筑构件。

6.4 雪荷载

预计施工期降雪时（如6.2.1.1定义），可能聚集雪的表面上雪荷载的确定，除这里规定外，均按 ASCE 7—95 执行。

当不在降雪的冬期施工时，则不需要考虑雪荷载，假如施工期改变，冬期施工，未考虑雪荷载的应按规定复核设计，并进行修正。

假如采用适当方法和措施，清除可能集聚到设计结构上的积雪，允许设计雪荷载小于本节规定的雪荷载。

6.4.1 地面上的雪荷载

地面上雪荷载，按 ASCE 7—95 规定取值，并应作修正，修正系数见表 B-5。

施工期雪荷载修正系数 **表 B-5**

施 工 工 期	修 正 系 数
小于等于 5 年	0.8
大于 5 年	1.0

6.4.2 热暴露和斜坡系数

热系数 C_t、暴露系数 C_e，应按将施工结构可能存在的环境确定。如环境条件位于某一范围，应作一系列计算以覆盖热范围和预计的暴露系数。斜坡系数 C_S 应基于施工阶段的 C_t 和 C_e 确定。

6.4.3 排水

施工期排水系统可能阻塞（如冻结），应考虑由于这类阻塞产生的附加荷载。

6.4.4 超过设计值的荷载

应监测结构面上聚集的雪和水，施工作业前应清除超过施工阶段设计荷载的任何荷载。

6.5 地震

政府主管部门、业主、设计工程师要求，应进行临时结构和支撑结构的抗震设计。如需要应按 ASCE 7—95 的程序计算地震作用。所有施工结构均按Ⅱ类设计。

6.5.1 应用

除非加速度系数 $A_a>0.15$，否则，不需要考虑地震荷载，即是 $A_a>0.15$，如果风及其他因素造成的水平标准荷载超过 $0.2A_a$ 倍，采取临时支撑系统加固的，也不需要考虑地震作用。

空旷的（独立的）一幢和两幢轻型框架结构住宅施工，当不超过两层时，不需要考虑地震。

除 6.5.3 另有规定外，本节适用于所有结构施工。

6.5.2 ASCE 7—95 的应用

为了便于 ASCE 7—95 关于地震作用规定的执行，这里做出如下修正：

(1) 为考虑暴露时间较短的事实，A_a 和 A_v 图示值可以乘以小于 1.0 的系数，但该系数不应小于 0.2。注意：在图上 0.4 等值线内的区域，沿主截断线最小系数应增加到 0.4。

(2) 只要永久抗震系统上的临时支撑系统的高度不超过 30m，对结构系统类型的地震分类 (D 和 E) 不限。

(3) 用于临时支撑系统的系数 R 不应超过 2.5，除非系统构造符合 ASCE 7—95 的规定。

(4) 需要满足的惟一规定是抗震结构系统的强度。

6.5.3 其他抗震设计标准

ASCE 7—95 中地震荷载规定，未包括部分完成结构，如交通运输桥梁，应采用专用抗震设计标准设计、评价。与这类结构相关的临时结构的地震作用应按 6.5.2 的规定确定。

除非专用标准包括有临时结构，否则，应遵照该条执行。

6.6 雨水

除这里作出补充规定外，雨水荷载应按 ASCE 7—95 计算。

对历史同期降雨量低于 25mm 的月份施工，当施工工期低于 1 个月时，不必考虑雨水荷载。

6.7　冰

除这里作出补充规定外，冰荷载应按 ASCE 7—95 计算。

对于结构不会遭受累积冰荷载的施工季节，不考虑冰荷载。

尽管施工期开敞结构对冰荷载敏感，对施工完成将封闭的结构和设计活荷载≥0.96kN/m² 的结构，不需要考虑冰荷载。

ASCE 7—95，“Minimum design loads for buildings and other structures”，American Society of Civil Engineers，1995，Reston，Va.

参 考 文 献

1 刘西拉．结构工程学科的现状与展望．北京：人民交通出版社，1997

2 叶耀先．中国建筑结构倒塌事故分析．建筑结构，1990（5）：54～56

3 曹志远．土木工程分析的施工力学与时变力学基础．土木工程学报，2001（6），Vol.34，No.3：41～46

4 Fabian C. Hadipriono，Hana-KwangWang，Analysis of causes of false-work failures in concrete structures，Journal of Construction Engineering and Management，Vol.112，No.1，March，1986，112～121

5 石礼文．建设工程质量知识读本．上海：上海科学技术出版社，2001-2

6 吴学敏．关于结构设计安全度问题．建筑科学，1999（5），Vol.15，No.5：11～13

7 陈肇元．要大幅度提高建筑结构设计的安全度．工程建设标准化，1999（1）：16～20

8 建设部标准定额司．设计规范结构可靠指标合理取值研讨会会议纪要．工程建设标准化，1999（2）：2～3

9 赵国藩，金伟良，贡金鑫．结构可靠度理论．北京：中国建筑工业出版社，2000-12

10 刘西拉．重大土木与水利工程安全性及耐久性的基础研究．土木工程学报，2001（12），Vol.34，No.6：1～7

11 王光远．论时变结构力学．土木工程学报，2000（12），Vol.33，No.6：105～108

12 那向谦，沈祖炎编．结构工程学科的研究现状和发展趋势，A.M.El-Shahhat，W.F.Chen，Toward a life cycle analysis of concrete structures，上海：同济大学出版社，1995（1）：37～75

13 K.Nielsen，Load on Reinforced Concrete Floor Slabs and Their Deformation During Construction，Bulletin No.15 Final Report，Swedish Cement and Concrete Research Institute，Royal Institute of Technology，Stockholm，1952

14 Grundy，P. and Kabaila，A. Construction Loads on Slabs with Shored Formwork in Multistory Buildings，ACI Journal，Vol.60，No.12，Dec.，1963，pp1729～1738

15 Agarwal，R.K. and Gardner，N.J.，Form and Shore Requirements fore Multistory Buildings，ACI Journal，Vol.71，No.11，Nov.，1974，pp559～569

16 Xi-L. Liu Wai-Fah Chen and Bowman MD. Construction Load Analysis for Concrete Structures，ASCE，Journal of Structural Engineering，Vol.111，No.5，1985，pp1019～1036

17 Xi-L. Liu Wai-Fah Chen and Bowman M.D.，Shore-Slab Interaction in Concrete Buildings，ASCE，Journal of Construction Engineering and Management，Vol.112，No.2，1986，pp227～244

18 Xi-L. Liu H.M. Lee and Wai-Fah Chen，Analysis of Construction Loads on Slabs and Shores by Personal Computer，Concrete International，June，1988，pp21～30

19 Khalid H.M. and Wai-Fah Chen，Determining Shoring Loads for Reinforced Concrete Construction，ACI Structural Journal，Vol. 88，No.3，1991，pp340～350

20 Ashraf M.E. and Wai-Fah Chen，Improved Analysis of Shore-Slab Interaction，ACI Structural Journal，Vol. 89，No.5，1992，pp528～537

21 Gardner，N.J. and A.Muscati，Shore and Reshore Scheduling Using a Microcomputer，Concrete International，August，1989，pp32～36

22 Gardner，N.J.，Design and Construction Interdependence，Concrete International，November，1990，pp32～38

23 Xi-L. Liu and Wai-Fah Chen，Safety Analysis of High-Rise Buildings during Construction，Proceedings，International Symposium on Fundamental Theory of Reinforced Concrete and Prestressed Concrete，Nanjing，Sept.1986，Vol. 3，pp.1280～1287

24 A. M. EL-Shahhat, D. V. Rosowsky and W. F. Chen, Partial Factor Design for Reinforced Concrete Building during Construction, ACI, Journal of Structure, Vol. 91, No. 4, 1994, pp475～485

25 D. Rosowsky, D. Hoston, P. Fuhr, W. F. Chen, Measuring Formwork Loads during Construction, ACI, Concrete International, Vol. 16, No. 11, 1994, pp21～23

26 W. F. Chen, K. H. Mosallam, CONCRETE BUILDINGS ANALYSIS FOR SAFE CONSTRUCTION, CRC Press, Boca Rston Ann Arbor Boston London, 1991

27 R. C. Stivaros, G. T. Halvorsen, Equivalent Frame Analysis of Concrete Buildings During Construction, Concrete International ACI, Vol. 13, No. 8, August, 1991, pp57～62

28 R. C. Stivaros, G. T. Halvorsen, Construction Load Analysis of Slabs and Shores Using Microcomputers, Concrete International ACI, August, 1992, pp27～32

29 Ashraf M. E., David V. R. and Wai-Fah Chen, Construction Safety of Multistory Concrete Buildings, ACI Structural Journal, Vol. 90, No. 4, 1993, pp335～341

30 Gardner, N. J. Shoring, Reshoring and Safety, Concrete International, Vol. 7, No. 4, Apr. 1985, pp28～34

31 Gardner, N. J. and Poon, S. M., control of Construction Loads on Multi-floor Buildings, Canadian Journal of Civil Engineering, Vol. 54, No. 2 1979

32 H. S. LEW, Construction Loads and Load Effects in Concrete Building Construction, Concrete International, ACI, Vol. 7, No. 4, 1985

33 F. C. Hadipriono, Analysis of Events in Recent Structural Failures, Journal of Structural Engineering, Vol. 111, No. 7, 1985, pp1468～1481

34 A. Karamchandani, C. A. Cornell, Sensitivity Estimation within First and Second Reliability Methods, Structural Safety, Vol. 11, No. 1, 1992

35 A. S. Hanna, A. B. Senouci, Design Optimization of Concrete Slab Forms, Journal of Construction Engineering and Management, ASCE, Vol. 121, No. 2, 1995

36 M. Z. Duan, W. F. Chen, Design Guidelines for Safe Concrete Construction, ACI, Concrete Intertional, 1996, October, pp44～49

37 Dov Kaminetzky, Pericles C. Sticaros, Early-age Concrete: Construction Loads, Behavior and Failures, ACI, Concrete International, 1994, January, pp58～63

38 K. Ofosh Asamoah, N. J. Gardner, Flat Slab Thickness Required to Satisfy Serviceability Including Early Age Construction Loadsl, ACI, Journal of Structure, Vol. 94, No. 6, 1997, pp700～707

39 Pericles C. Stivaros, Grant T. Halvorsen, Shoring / Reshoring Operations for Multistory Buildings, ACI, Journal of Structure, Vol. 87, No. 5, 1990, pp589～596

40 Stephen G. Gilbert, Tony K. Murray, Equivalent Frame Analysis Methods for Gravity Loading In Flat Slab Structures, ACI, Journal of Structure, Vol. 97, No. 2, 2000, pp316～321

41 A. M. Nevile, Properties of Concrete, Pitman Publishing Limited, 1981

42 ACI347R-88, Guide to Formwork for Concrete, ACI, Structural Journal, 1988, pp530～562

43 Gardner, N. J., and Poon, S. M., Time and Temperature Effects on Tensile Bond and Compressive Strengths, ACI, Journal Proceedings, Vol. 73, No. 7, 1976

44 Sau, P. L., A Study of the Casting and Curing Temperature on the Mechanical Properties of Concrete, M. Eng. Thesis, University of Ottawa, 1984

45 Klieger, Paul, Effect of Mixing and Curing Temperature on Concrete Strength, ACI, Journal Proceedings, Vol. 54, No. 12, 1958, pp1063～1081

46 Carino, Nicholas J., The Maturity Method: Theory and Application, Cement, Concrete and Aggregates, Vol. 6, No. 2, 1986, pp61～73

47 Dong-Ping Fang, Chuan-Dong Geng, Hong-Yi Zhu, Xi-La, Liu, Floor Load Distribution in Reinforced Concrete Buildings during Construction, ACI, Journal of Structure, Vol. 98, No. 2, 2001, pp149～156

48 王光远．论结构力学的拓广．工程力学．1997，A01

49 刘西拉．时变结构及高层建筑施工的安全分析．工程力学增刊，1997，29～33
50 曹志远．土木工程分析的时变力学方法．工程力学．1996，A01，71～77
51 李瑞礼，曹志远．高层建筑结构施工力学分析．计算力学学报，1999（5），Vol. 16，No. 2：157～161
52 曹志远．时变力学及其工程应用．力学与实践．1999，Vol. 21，No. 5：1～4
53 王光远．论时变结构力学体系．力学 2000（白以龙、杨卫编）．北京：气象出版社，2000－8，662～663
54 赵宪忠．高层建筑施工安全分析．同济大学博士学位论文，2000（12）
55 曹志远，李瑞礼．施工力学与时变结构体系的数值分析．计算力学学报，1997（4）
56 李瑞礼，曹志远．高层建筑结构分析的施工力学方法．结构工程师，1998 年增刊，210～216
57 Karshenas S. and Ayoub H.，Analysis of Concrete Construction Live Loads on Newly Powered Slabs，ASCE，Journal of Construction Engineering，Vol. 120，No. 5，1994，pp1525～1541
58 Ayoub H. and Karshenas S.，Construction Live Loads on Slab Formworks before concrete placements，structural safety，Vol. 14，No. 3，1994
59 Karshenas S. and Ayoub H.，Survey Results for Concrete Construction Live Loads on Newly Powered Slabs，ASCE，Journal of Structural Engineering，Vol. 120，No. 5，1994，pp1543～1561
60 Karshenas S. and Ayoub H.，Analysis of Concrete Construction Live Loads on Newly Powered Slabs，ASCE，Journal of Structural Engineering，Vol. 120，No. 5，1994，pp1525～1542
61 Dong-Ping Fang，Hong-Yi Zhu，Chuan-Dong Geng，Xi-La，Liu，On-Site Measurement of Load Distribution in Reinforced Concrete Buildings during Construction，ACI，Journal of Structure，Vol. 98，No. 2，2001，pp157～163
62 A. W. Beeby，The forces in back-props during construction of flat slab structures，Proceedings of the institution Civil Engineering，Structures & Buildings 146 Issue 3，2001，pp307～317
63 A. W. Beeby，Criteria for the loading of slabs during construction，Proceedings of the institution Civil Engineering，Structures & Buildings 146 Issue 2，2001，pp195～202
64 苗吉军．高层混凝土结构施工过程中的安全性分析．［同济大学硕士学位论文］1998（9）
65 刘雁等．施工过程中框架结构模板支撑体系所受荷载的实测分析．建筑施工．2000（2）：240
66 苗吉军，顾祥林，方晓铭．高层混凝土结构施工荷载数学模型的研究．建筑结构．2002（3）：7～9
67 金贤玉．对早期混凝土产生损伤的试验研究与分析．土木工程学报，1997（6）：47～51
68 李建林，朱子龙．混凝土裂缝愈合作用的试验研究．混凝土与水泥制品，1994（6）：19～21
69 朱子龙，李建林等．粉煤灰混凝土裂缝愈合能力的试验研究．南京建筑工程学院学报，1998，（4）：70～76
70 杨宗放．现代模板工程．北京：中国建筑工业出版社，1995
71 潘　鼐．现浇混凝土楼板和模板支撑荷载传递的测试分析．工业建筑，1989（5）40～47
72 祝宏毅等．施工期钢筋混凝土结构特性的实测研究．国家基础性研究重大项目（攀登计划 B）重大土木与水利工程安全性的基础研究：［论文集1］2000（1）
73 方东平，祝宏毅等．施工期钢筋混凝土结构特性的计算研究，国家基础性研究重大项目（攀登计划 B）重大土木与水利工程安全性的基础研究：［论文集 1］2000（1）
74 同济大学．结构优化与裂缝控制研究室．中远两湾城分转换板施工支架排架优化．2000（12）
75 杨宗放，郭正兴．高层建筑施工中现浇楼板的荷载传递与支模层数研究．工业建筑，1989（5）
76 孟宪海，方东平．钢筋混凝土工程施工活荷载调查研究，“R.C. 高层建筑上部结构在施工过程中的安全性分析机制”：［1997 年度报告］．清华大学土木系，山东建筑工程学院
77 陈宗严．多层现浇楼板支模荷载分析研究：［中国首届模板工程年会论文］．山西太原，1985（5）66～71
78 Lutz Lammer，Udo Meibner，Michael Peterasen，Object-oriented integration of construction and simulation models，Computers & Structures，79，2001，pp2143～2149
79 Akhmad Suraji，A. Roy Duff，Stephen J. Peckitt，Development of causal model of construction accident causation，Journal of Construction Engineering and Management，Vol. 127，No. 4，2001，pp337～344
80 Gardner，N. J. and Sau，P. L.，Strength Development and Durability of CSA Type 30 Cement/Slag/Fly-Ash Concrete for Arctic Marine Applications，Durability of Building Materials，Vol. 4，No. 2，1986

81 吴松勤．重大工程质量事故综合分析，施工技术．1999（10），Vol.28，No.10：42～44
82 王赫．建筑工程质量事故分析．北京：中国建筑工业出版社，1999（6）
83 谢建民，肖备．脚手架、模板倒塌事故分析与预防对策．建筑安全．1991（1），Vol.14：45～46
84 李惠明．高层建筑施工过程中安全性分析：[博士学位论文]．北京：清华大学，1992
85 佟晓利．钢筋混凝土结构施工期可靠性研究：[博士学位论文]．大连：大连理工大学土木系
86 朱伯芳．混凝土极限拉伸变形与龄期及抗拉、抗压强度的关系．土木工程学报，1996（5）：72～75
87 朱伯芳．大体积混凝土温度应力与温度控制，北京：中国电力出版社，1999
88 巴松涛，贡金鑫，佟晓利．钢筋混凝土结构施工期可靠性分析方法．大连理工大学学报，2000，Vol.40，No.4：479～482
89 [日] 临时设施工业会编，牛清山，陈风英译校．模板及支撑工程实务手册．北京：地震工业出版社，1995
90 C.K.Austin 著，徐鄸鄸译．混凝土模板工程．台湾科技股份有限公司，1976（8）
91 徐茂波，李惠明，刘西拉．钢筋混凝土结构施工过程中安全性分析与控制．工程力学增刊，1996：568～572
92 朱伯芳．再论混凝土弹性模量的表达式．水利学报，1996（3）：89～91
93 J.L.Peng，D.V.Rosowsky，A.D.Pan，W.F. Chen，S.L.Chen and T.S.Yen，Analysis of Concrete Placement Load Effects Using Influence Surfaces，ACI Structural Journal，Vol.93，No.2，1996，pp71～84
94 D.V.Rosowsky，M.G.Seewart，E.H.Khor，Early-age loading and long term deflections of reinforced concrete beams，ACI Structural Journal，Vol.97，No.3，2000，pp517～524
95 石洞，石志源，黄东洲．桥梁结构电算．上海：同济大学出版社，1987
96 冯紫良，戴仁杰．杆系结构的计算机分析．上海：同济大学出版社，1991
97 丁大钧，刘忠德．弹性地基梁计算理论和方法．南京：南京工学院出版社，1986
98 赵挺生，赵伟，顾祥林，张誉．高层混凝土结构施工阶段安全性分析的简化模型．建筑结构．2002（3）
99 赵挺生，顾祥林，张誉．梁板柱体系混凝土建筑施工时变结构体系简化计算．建筑结构．2003（8）
100 赵挺生，方东平，顾祥林，张誉．施工期现浇钢筋混凝土结构的受力特性．工程力学．2004（2）
101 赵挺生，方东平，顾祥林，张誉．钢筋混凝土建筑结构施工短暂状况设计分析．工程力学．2004（4）
102 姚兵等．建设工程重大质量事故警士录．北京：中国建筑工业出版社，1998
103 上海大舞台商厦（亚洲大厦）土建工程质量检测鉴定报告．上海同济建设工程质量检测站，2001（2）
104 宋晓滨．高层建筑混凝土框架结构施工期安全性的三维有限元分析软件：[同济大学申请硕士学位论文]2003（3）
105 Fraucis A.Oluokun，Edwin G.Burdette，and J.Harold Deatherage，Elastic modulus，Poisson's Ratio，and Compressive Strength Relationships at Early Ages，ACI Materails Journal，Vol.88. No. 1 1991，pp3～10